普通高等教育"十二五"规划教材

石油化工过程概论

主　编　程丽华

副主编　谢　颖　李春海　李多民

中国石化出版社

内 容 提 要

　　本书简要介绍了石油的组成及性质、主要石油产品和石油化工产品的性能和用途，在此基础上阐述了石油的各种加工方法、基本原理、工艺过程及典型设备，并概述了"三烯""三苯"以及三大合成材料的生产过程。

　　本书取材广泛，内容丰富，可作为高等院校相关专业的教材；还可作为一本石油化学工业的普及性读物，供石油加工、石油化工企业的生产及管理人员参考。

图书在版编目(CIP)数据

　　石油化工过程概论/程丽华主编. —北京:中国
石化出版社,2012.6(2018.7重印)
　　普通高等教育"十二五"规划教材
　　ISBN 978-7-5114-1541-7

　　Ⅰ.①石… Ⅱ.①程… Ⅲ.①石油化工-化工过程-
高等学校-教材 Ⅳ.①TE65

　　中国版本图书馆 CIP 数据核字(2012)第 101157 号

中国石化出版社出版发行
地址:北京市朝阳区吉市口路 9 号
邮编:100020　电话:(010)59964500
发行部电话:(010)59964526
http://www.sinopec-press.com
E-mail:press@ sinopec.com
北京柏力行彩印有限公司印刷
全国各地新华书店经销
＊
787×1092 毫米 16 开本 10.75 印张 269 千字
2012 年 7 月第 1 版　2018 年 7 月第 2 次印刷
定价:28.00 元

前　言

　　石油化学工业主要生产汽油、煤油、柴油等石油产品和石油化学品，是国民经济最重要的支柱产业之一，关系国家的经济命脉和能源安全，在国民经济、国防和社会发展中具有极其重要的地位和作用。为满足石油化工高等院校相关专业的教学需求，我们编写了本书。本书简要介绍了主要石油产品和石油化工产品的性能和用途，在此基础上阐述了石油的各种加工方法、基本原理、工艺过程及典型设备；并概述了"三烯""三苯"以及三大合成材料的生产过程。该书语言简练、通俗易懂，可作为普通高等院校石油化工类相关专业的教科书，以了解石油炼制与石油化工生产过程。

　　本书第一章、第二章、第三章由程丽华编写，第四章、第五章、第六章由谢颖、李多民、王平编写，第七章、第八章、第九章由李春海、张世杰编写，全书由程丽华统稿。

　　本书编写时参考了国内外许多文献，在此不能全部列出，仅在书末列出主要的参考文献，请原著者谅解。另外，由于编者知识水平、收集资料的局限性及时间仓促，书中不妥之处和片面性在所难免，恳请读者能将对本书的宝贵意见通过中国石化出版社转告我们，以祈加以改正。

目　　录

第一章　绪　论

第一节　石油化学工业

一、石油化学工业的含义

通常情况下，将以石油和天然气为原料经过物理、化学加工过程生产石油产品和石油化工产品的加工工业称为石油化学工业（简称石化工业或石油化工），其主要由石油炼制、有机化工原料、合成橡胶、合成树脂、合成纤维和化肥等几个部分组成。

按加工与用途划分，石化工业可分为石油炼制工业体系和石油化工体系，见图1-1。石油炼制工业体系是指石油经过炼制生产石油产品的过程（常被称为石油炼制，简称炼油）。石油产品又称油品，主要包括各种燃料油（汽油、煤油、柴油等）、润滑油、石蜡、沥青、焦炭和各种石油化工原料。石油化工体系是以炼油过程提供的原料如各种石油馏分和炼厂气，以及油田气、天然气等进一步进行化学加工的过程。生产石油化工产品的第一步是对原料进行裂解等过程，生成以乙烯、丙烯、丁二烯、苯、甲苯、二甲苯为代表的基本有机化工原料；第二步是以基本有机化工原料生产多种有机化工原料（约200多种）如醇、酮、醛、酸类及环氧化合物等及合成材料（塑料、合成纤维、合成橡胶）。炼油与化工二者相互依存相互联系以提高经济效益，石油化学工业是一个非常庞大而复杂的工业部门。

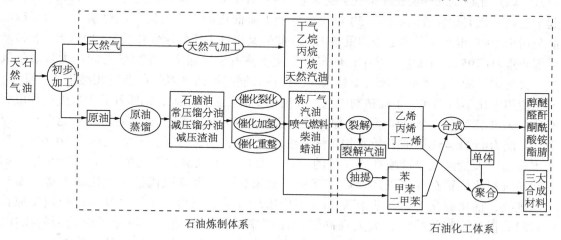

图1-1　石油化学工业生产体系示意图

二、石油化学工业发展概况

（一）石油炼制工业体系的发展

石油炼制工业是把原油通过石油炼制过程加工为各种石油产品的工业，包括炼油厂、石油炼制的研究和设计机构等。炼油厂中的主要生产装置通常有：原油蒸馏（常、减压蒸馏）、催化裂化、加氢裂化、延迟焦化、催化重整以及炼厂气加工、石油产品精制等装置。

石油炼制工业始于19世纪初的欧美，经过100多年的发展，特别是第二次世界大战的刺激，现在石油炼制工业已成为最大的加工工业之一。

1823年，俄国建立了第一座釜式蒸馏工厂炼制石油。1854年，美国建立了最早的原油分馏装置。1860年，在宾夕法尼亚州的泰特斯维尔建造了美国第一座炼油厂，投资15000美元。至19世纪末全世界已建设了许多炼油厂或炼油装置，大都采用釜式间歇蒸馏或釜式连续蒸馏，主要生产照明用的煤油。当时，汽油和重质油没有找到用途，一度成了炼油厂难以处理的废料。1876年，俄国建造了一座从重质油中大规模炼制润滑油的工厂。不久，石油润滑油开始在各个应用领域取代动植物油脂。随后，发明了燃烧重质油的喷嘴(燃烧器)，重质油开始用作锅炉燃料，并逐渐成了各工业部门以至铁路和水运部门不可缺少的燃料。

19世纪80年代初，煤油灯因电灯的出现而逐渐被淘汰。特别当19世纪末叶，汽车发动机和柴油发动机相继问世以后，汽油和柴油很快取代灯用煤油的地位。由于汽车工业的突飞猛进，以及第一次世界大战的刺激，汽油需要量激增，仅从原油蒸馏(即一次加工)中得到的汽油已远不能满足需要，人们进行了把大分子烃类裂化成小分子烃类的试验。1913年液相裂化工艺首先实现了工业化，在一定的压力和温度下进行石油馏分的热裂解，获得了更多的汽油。1930年，美国建成延迟焦化装置，利用减压渣油生产轻质油品和石油焦。自20世纪20年代初，一系列热裂化装置先后投产，炼油技术开始从一次加工发展到二次加工。1925年后，化学工程的发展和实际应用，管式炉、泡罩塔、汽提塔等设备的采用，促进了炼油技术的发展。

现代炼油工业开始于第二次世界大战前后。20世纪40年代是炼油工业由热加工转向催化加工的时期。1936年固定床催化裂化工艺实现工业化，这是炼油工业发展中的一项重大突破。以后相继出现的流化床催化裂化装置(1942年)和移动床催化裂化装置(1943年)，掀起了建设催化裂化装置的高潮。50年代是炼油工业催化加工全面发展的时期。美国环球油品公司于1949年开发了固定床铂重整工艺；此后又出现了流化床催化重整(1952年)和移动床催化重整(1955年)工艺，其中以固定床催化重整占主导地位。重整装置副产大量廉价氢气，又促进了加氢技术的发展，于是汽油、柴油和润滑油的加氢精制装置相继投产。此外，开始使用电化学精制和分子筛精制工艺，并出现了流化焦化装置，同时开始大量生产合成润滑油。60年代初期，全世界原油年加工能力已达到10.46亿吨，催化裂化加工能力约占原油加工能力的21.45%，催化重整加工能力约占9.9%，加氢精制加工能力约占10.6%。催化重整副产大量氢气以及喷气式飞机的发展，促进了加氢裂化工艺的开发。1959年，第一套加氢裂化装置在美国投产以后，其发展愈来愈快，大有取代催化裂化的趋势。面对这一挑战，催化裂化工艺不断革新；60年代出现分子筛催化裂化，以及采用极短反应接触时间的提升管裂化技术，大大提高了产品产率、油品质量，并降低了催化剂的损耗，使催化裂化工艺经受住了考验。70年代，中东战争开始后，随之而来的两次石油价格上涨给炼油工业带来了冲击，迫使一些炼油公司停建新炼油厂，并关闭一部分炼油厂，而致力于增加二次加工能力，以便充分利用原油，提高石油产品的产率。因此，全世界的原油加工总能力上升速度明显减慢，并从1982年起，出现了逐年下降的情况。另一方面，催化裂化、催化重整、延迟焦化等加工能力却继续增加。这使得炼油工业的装置结构发生了变化，加工深度增加了。随着原油日益变重变差，各炼油公司都大力改进催化剂、革新工艺流程、改变操作条件、采用高效节能设备，以适应原料变劣、操作变苛刻、产品方案要求灵活、环保要求日益严格的需要。出现了更多的含硫重质油转化新工艺，各种产品的加氢精制和重质油加氢脱硫工艺的应用更加普遍，同时也研制出不少新型催化剂。这使炼油装置的能耗明显下降，并且使世界炼油工业在节能和环保方面都取得了大进展。

虽然我国最早发现和应用石油，但近代石油工业起步却较晚，大量进口石油产品。1949年全国解放时，我国仅延长、玉门、独山子等地有小型炼油厂，加工当地产的天然石油。东北地区的大连、锦西建有150万吨/年处理进口天然石油装置，在抚顺等地建有部分人造石油装置。到1948年为止，全国累计生产石油仅308万吨。

全国解放以后我国石油炼制工业得到了飞速的发展，大体经历了四个阶段：

(1) 探索成长阶段

20世纪50年代。在1958年我国建立了第一座现代化的处理量为100万吨/年的炼油厂，并于1959年发现了有重要标志性的大庆油田。

(2) 快速发展阶段

从20世纪60年代到70年代。主要是1965年结束对进口石油的依赖，实现自给，还相继发现并建成了胜利、大港、长庆等一批油气田，全国原油产量迅猛增长，1978年突破1亿吨大关，我国从此进入世界主要产油大国行列。掌握了原油常减压蒸馏、延迟焦化、催化裂化、加氢裂化、催化重整、溶剂精制、脱蜡等炼油技术。

(3) 稳步发展阶段

20世纪80年代。这一阶段石油工业的主要任务是稳定1亿吨原油产量。这10年间我国探明的石油储量和建成的原油生产能力相当于前30年的总和，油气总产量相当于前30年的1.6倍。石油炼制技术进入了一个崭新的发展阶段，基本依靠自主开发的技术和装备建设了我国的炼油工业。

(4) 战略转移阶段

从20世纪90年代至今。90年代初我国提出了稳定东部、发展西部、开发海洋、开拓国际的战略方针，东部油田成功实现高产稳产，特别是大庆油田连续27年原油产量超过5000万吨，创造了世界奇迹；西部和海上油田、海外石油项目正在成为符合中国现实的油气资源战略接替区。在炼油技术方面先后成功开发包括重油催化裂化、加氢裂化、加氢精制、渣油加氢处理、加氢改质等一系列有特色的成套技术，取得了一批重大的工业化成果。其中重油催化裂化和渣油加氢处理技术已达到国际先进水平。

截至2009年底，我国拥有炼厂150多个，原油一次加工能力达到4.51亿吨/年，居世界第二位，其中规模达到千万吨级的炼厂14家，占总能力的37.3%。随着我国原油加工能力的提高，炼油技术水平也取得较快发展，依靠自主创新，目前已经掌握了建设千万吨级炼厂的能力。近期我国建设的单套炼油装置规模不断提高，如1200万吨/年常减压蒸馏、300万吨/年重油催化、210万吨/年加氢裂化、420万吨/年延迟焦化、410万吨/年加氢精制、150万吨/年催化重整等。

到2020年，我国原油年加工能力要增加2亿吨左右，即相当于每年有1个大型炼油厂投产。届时工业生产的竞争日益激烈，因此要进一步提高装置对高硫、高酸以及重质原油加工的适应性，降低原油成本。依靠技术创新，加大技术改造力度，为提高企业竞争能力提供支撑；同时搞好原油的深度加工和炼化一体化整体协调发展，优化资源配置，最大限度增加运输燃料和石油化工原料供给，利用先进工艺生产优质、低硫直至无硫的清洁燃料，不断提高原油加工的竞争力。

（二）石油化工体系的发展

石油化工作为一个新兴工业，是 20 世纪 20 年代随石油炼制工业的发展而形成，于第二次世界大战期间成长起来的。战后，石油化工的高速发展，使大量化学品的生产从传统的以煤及农林产品为原料，转移到以石油及天然气为原料的基础上来。

石油化工始于 20 世纪 20 年代的美国。初创时期是因为石油炼制工业的兴起，产生了越来越多的炼厂气。1920 年，美国采用炼厂气中的丙烯合成异丙醇进行工业生产。这是第一个石油化学品，它标志着石油化工发展的开始。在 20～30 年代，美国石油化学工业主要利用单烯烃生产化学品。如丙烯水合制异丙醇、再脱氢制丙酮，次氯酸法乙烯制环氧乙烷，丙烯制环氧丙烷等。这些原来由煤和农副产品生产的新产品，大大刺激了石油化工的发展，这些发展使美国的乙烯消费量由 1930 年的 1.4 万吨增加到 1940 年的 12 万吨。第二次世界大战前夕至 40 年代末，美国石油化工在芳烃产品生产及合成橡胶等高分子材料方面取得了很大进展。战争对橡胶的需要，促使丁苯、丁腈等合成橡胶生产技术的迅速发展。石油化工的不断发展，使美国在 1950 年的乙烯产量增至 68 万吨，重要产品品种超过 100 种，石油化工产品占有机化工产品的 60%（1940 年仅占 5%）。50 年代迎来了石油化工的蓬勃发展，世界经济由战后恢复转入发展时期。合成橡胶、塑料、合成纤维等材料的迅速发展，使石油化工在欧洲、日本及世界其他地区受到广泛的重视。在发展高分子化工方面，欧洲在 50 年代开发成功一些关键性的新技术，并迅速投入了工业生产。进入 60 年代，先后投入生产的还有乙烯氧化制醋酸乙烯酯、乙烯氧氯化制氯乙烯等重要化工产品。石油化工新工艺技术的不断开发成功，使传统上以电石乙炔为起始原料的大宗产品，先后转到石油化工的原料路线上。在此期间，日本、前苏联也都开始建设石油化学工业。日本发展较快，仅十多年时间，其石油化工生产技术已达到国际先进水平。前苏联在合成橡胶、合成氨、石油蛋白等生产上，有突出成就。石油化工新技术特别是合成材料方面的成就，使生产上对原料的需求量猛增，推动了烃类裂解和裂解气分离技术的迅速发展。在此期间，围绕各种类型的裂解方法开展了广泛的探索工作，开发了多种管式裂解炉和多种裂解气分离流程，使产品乙烯收率大大提高、能耗下降。西欧各国与日本，由于石油和天然气资源贫乏，裂解原料采用了价格低廉并易于运输的中东石脑油，以此为基础，建立了大型乙烯生产装置，大踏步地走上发展石油化工的道路。70 年代是石油化工发展的新阶段，1973 年后世界原油价格不断上涨，1983 年以来又趋下跌，价格大起大落，使石油化工企业者对原料稳定、持久供应产生忧虑。发达国家改革生产结构，调整设备开工率，以适应新的经济形势。发展中国家尤其是产油国近年也在大力发展石油化工。

我国石化工业于 50 年代末 60 年代初开始起步。随着大庆油田的开发，原油产量的大幅度增长，炼油工业的崛起，推动了石油化工的迅速发展。我国石油化工 40 多年的发展大致可以分为三个阶段：起步阶段、发展初期和快速发展时期。

（1）起步阶段

从 60 年代初到 1975 年，这阶段以兰化公司和上海高桥的炼厂气利用为起点，随后兰化公司引进砂子炉裂解制乙烯技术，与此同时，地方上又建起了一批蓄热炉中冷油吸收制乙烯装置。在这 15 年时间里，乙烯从无到有发展，产量由 0.07 万吨增长到 6.47 万吨，年增长率为 32.7%。虽然年增长率高，但乙烯产量的绝对值仍很低。这阶段的特征是以重质油裂解为主，装置规模小，下游产品品种单一。

(2) 发展初期

1976 年至 1985 年近 10 年时间，是以北京燕山 30 万吨/年大型管式裂解深冷分离装置投产为标志，先后建成燕山石化、上海金山、辽阳化纤、四川维尼纶厂和吉化五大石油化工基地，其中上海、辽化和四川是大型化纤企业。这时期以乙烯为代表的石化工业发展初具规模：乙烯生产能力由 1976 年的 38.29 万吨，增长到 1985 年的 73.54 万吨，生产能力年均增长率 6.7%，同期产量由 13.35 万吨，增长到 65.21 万吨，产量年均增长率 17.2%。这时期的发展特征是乙烯初具规模，下游三大合成材料和有机原料配套发展，规模化生产。以轻油管式裂解分离为主的乙烯工艺技术选择，使我国石化工业较快地跟上国际石化工业的技术水平和发展步伐，不仅为我国石化工业发展开了一个好头，而且促进和推动了相关工业的发展，初步显示出石化工业在我国国民经济中的作用和地位。

(3) 快速发展时期

从 1986 年至今为我国乙烯工业的快速发展时期，也是我国向世界石油化工大国迈进的关键时期，这时期以 70 年代末引进的 4 套 30 万吨/年乙烯 (大庆、齐鲁、南京扬子、上海金山) 联合装置陆续建成投产为重要标志。这时期的发展特征是乙烯及其下游产品三大合成材料和有机原料能力产量大幅度增长，主要品种跃居世界前列，拥有一批具有一定竞争力的特大型石油化工联合企业，石化产品结构基本适应市场需求。

以石油和天然气原料为基础的石油化学工业，产品应用已深入国防、国民经济和人民生活各领域，今后石油化工仍将得到继续发展。为了适应近年原料价格波动，石油化工企业正在采取多种措施。例如，生产乙烯的原料多样化，使烃类裂解装置具有适应多种原料的灵活性；石油化工和炼油的整体化结合更为密切，以便于利用各种原料；工艺技术的改进和新催化剂的采用，提高产品收率，降低生产过程的能耗及原料消耗；调整产品结构，发展精细化工，开发具有特殊性能、技术密集型新产品、新材料，以提高经济效益，并对石油化工生产环境污染进行防治等。

世界经济强国无一不是炼油和石化工业强国。目前我国原油加工能力居世界第二位，乙烯生产能力居世界第三位，但人均生产能力不高。大力发展炼油化工是高速发展国民经济的需要。

三、石油化学工业在国民经济中的作用

石油化学工业是基础性产业，它为农业、能源、交通、机械、电子、纺织、轻工、建筑、建材等工农业和人民日常生活提供配套及服务，人们的吃穿住行离不开它，在国民经济中占有举足轻重的地位。是化学工业的重要组成部分，在国民经济的发展中有重要作用，是我国的支柱产业部门之一。

(一) 石油化学工业是能源的主要提供者

1859 年，Drake 油井钻探成功标志着石油工业的诞生。自此，石油便逐渐取代木柴和煤成为世界最为重要的能源和化工原料，且被称之为"工业的血液"。从 20 世纪 50 年代开始石油就跃居在世界能源消费首位。到目前为止，石油炼制生产的汽油、煤油、柴油、重油以及天然气仍是当前主要能源的主要供应者之一。目前，全世界石油和天然气消费量约占总能耗量 60%。石油燃料是使用方便、较洁净、能量利用效率较高的液体燃料。各种高速度、大功率的交通运输工具和军用机动设备，如飞机、汽车、内燃机车、拖拉机、坦克、船舶和

舰艇，它们的燃料主要都是石油炼制工业提供的。

(二)石油化学工业是材料工业的支柱

金属、无机非金属材料和高分子合成材料，被称为三大材料。除合成材料外，石油化工还提供了绝大多数的有机化工原料，在属于化工领域的范畴内，除化学矿物提供的化工产品外，石油化工生产的原料，在各个部门大显身手。

(三)石油化学工业是农业的保障

农业是我国国民经济的基础产业。石化工业提供的氮肥占化肥总量的80%，农用塑料薄膜的推广使用，加上农药的合理使用以及大量农业机械所需各类燃料，形成了石化工业支援农业的主力军。

(四)石化工业与各行业息息相关

现代交通工业的发展与燃料供应息息相关，可以毫不夸张地说，没有燃料，就没有现代交通工业。金属加工、各类处在运动中的机械，都需要一定数量的各种润滑剂(润滑油、润滑脂)，以减少机件的摩擦和延长使用寿命。当前，润滑剂的品种达数百种，绝大多数是由石油炼制工业生产的。建材工业是石化产品的新领域，如塑料门窗、铺地材料、涂料被称为化学建材。轻工、纺织工业是石化产品的传统用户，新材料、新工艺、新产品的开发与推广，甚至航天，无不有石化产品的身影。当前，高速发展的电子工业以及诸多的高新技术产业，对石化产品，尤其是以石化产品为原料生产的精细化工产品提出了新要求，这对发展石化工业是个巨大的促进。

同时，石化企业都是集中建设一批生产装置，形成大型石化工业区。在区内，炼油装置为"龙头"，为石化装置提供裂解原料，如轻油、柴油，并生产石化产品；裂解装置生产乙烯、丙烯、苯、二甲苯等石化基本原料；根据需求建设以上述原料为主生产合成材料和有机原料的系列生产装置，其产品、原料有一定比例关系。建设石化工业区要投入大量资金，厂区选址适当，不但要保证原料和产品的运输，而且要有充分的电力、水供应及其他配套的基础工程设施。各生产装置需要大量标准、定型的机械、设备、仪表、管道和非定型专用设备。制造机械设备涉及材料品种多，要求各异，有些关键设备需在国际市场采购。所有这些都需要冶金、电力、机械、仪表、建筑、环保各行业支持。石化行业是个技术密集型产业。生产方法和生产工艺的确定，关键设备的选型、选用、制造等一系列技术，都要求由专有或独特的技术标准所规定，如从国外引进，要支付专利或技术使用费。因此，只有加强基础学科，尤其是有机化学、高分子化学、催化、化学工程、电子计算机、自动化等方面的研究工作，加强相关专业技术人员的培养，使之掌握和采用先进科研成果，再配合相关的工程技术，石化工业才有可能不断发展，登上新台阶。

第二节　石油的来源及开采

一、石油的形成

石油一词来源于拉丁语petro(岩石)与oleum(油)，二者拼起来即石油(petroleum)。石油是由碳氢化合物组成的复杂混合物，它包括气体、液体及固体(煤炭除外)，能从中提取汽油、煤油、柴油、润滑油、石蜡、沥青等。原油是指从地下开采出来的液体油料。按这个定义，石油包括原油、天然气、油页岩干馏油等。不过，习惯上一般将石油与原油二词交换使用或相提并论。

目前就石油的成因有两种说法：①无机论，即石油是在基性岩浆中形成的；②有机论，即各种有机物如动物、植物、特别是低等的动植物像藻类、细菌、蚌壳、鱼类等死后埋藏在不断下沉缺氧的海湾、三角洲、湖泊等地，在高温高压与厌氧细菌的多种因素共同作用下经过漫长的演化形成的混合物。石油与煤一样属于化石燃料。

最早提出"石油"一词的是公元977年中国北宋编著的《太平广记》。最早给石油以科学命名的是我国宋代著名科学家沈括（1031~1095年，浙江钱塘人）。他在百科全书《梦溪笔谈》中，把历史上沿用的石漆、石脂水、火油、猛火油等名称统一命名为石油，并对石油作了极为详细的论述。"延境内有石油……予疑其烟可用，试扫其煤以为墨，黑光如漆，松墨不及也。……此物后必大行于世，自予始为之。盖石油至多，生于地中无穷，不若松木有时而竭。""石油"一词，首用于此，沿用至今。沈括曾于1080~1082年任延安路经略使，对延安、延长县一带的石油资源亲自作了考察，还第一次用石油制成石油炭黑（黑色颜料），并建议用石油炭黑取代过去用松木、桐木炭黑制墨，以节省林业资源。他首创的用石油炭黑制作的墨，久负盛名，被誉为"延州石液"。事实证明，我国有大量的石油蕴藏，石油和石油产品不仅自给有余，还出口国外几十个国家和地区，确实"生于地中无穷"，并"大行于世"。900多年前，我国人民对石油就有了这样的评价，在世界上是罕见的，尤其是对未来石油潜力的预言，更是难能可贵的。

二、石油的勘探

从寻找石油到利用石油，大致要经过寻找、开采、输送和加工等环节，它们一般又分别称为"石油勘探"、"油田开发"、"油气集输"和"石油加工"。

"石油勘探"是在石油地质学理论指导下利用各种物探设备并结合在可能含油气的区域内确定油气层的位置。它有许多方法，但地下是否有油，最终要靠钻井的机械设备在含油气的区域钻探出一口石油井并录取该地区的地质资料以确定是否有油。一个国家在钻井技术上的进步程度，往往反映了这个国家石油工业的发展状况，因此，有的国家竞相宣布本国钻了世界上第一口油井，以表示他们在石油工业发展上迈出了最早的一步。

我国石油资源集中分布在渤海湾、松辽、塔里木、鄂尔多斯、准噶尔、珠江口、柴达木和东海陆架八大盆地，其可采资源量172亿吨，占全国的81.13%；天然气资源集中分布在塔里木、四川、鄂尔多斯、东海陆架、柴达木、松辽、莺歌海、琼东南和渤海湾九大盆地，其可采资源量18.4万亿立方米，占全国的83.64%。

自20世纪50年代初期以来，我国先后在80多个主要的大中型沉积盆地开展了油气勘探，发现油田500多个。

在全世界范围内，经过近100年的勘探活动，未经勘探的处女地所剩无几，容易寻找的油气田大多被发现。对能源不断增长的需求，以及勘探难度的越来越大，是摆在全世界石油勘探者面前的一大矛盾。世界石油勘探面临着极为严峻的挑战，向新的深度（深层勘探）、新的领域（天然气、非常规气、非构造油气藏）进军是当今油气勘探的总趋势。

三、石油的开采

油田开发是指在认识和掌握油田地质及其变化规律的基础上，在油藏上合理的分布油井和投产顺序，以及通过调整采油井的工作制度和其他技术措施，把地下石油资源采到地面的全过程。

采油井分两种类型：即自喷井和机械采油井。自喷井井口的设备一般有采油树、清蜡设备（如绞车、钢丝、刮蜡片）、油嘴、水套加热炉、油气计量分离器等。机械采油井目前一般采用有深井泵（即管式泵）、水力活塞泵、电动潜油泵和射流泵四种采油方式。机械采油井场的工艺设备和辅助设备主要有采油树、油气计量分离器、加热和清蜡设备及采油机械。

油田开采过程中要根据开发目标通过生产井和注入井对油藏采取各项工程技术措施，提高注采量，改善油层渗流条件及油、水井技术状况，提高采油速度和最终采收率，高效率地将石油举升到地面进行分离和计量。

四、石油集输

石油和天然气由油井流到地面以后，又如何把它们从一口口油井上集中起来，并把油和气分离开来，再经初步加工成为合格的原油和天然气分别储存起来或者输送到炼油厂，这就是通常称之为"油田集输技术"和"油田地面建设工程"。

油田的集输技术和建设，是据不同油田的地质特点和原油性质，不同的地理气候环境，以及油田开发进程的变化而选定、而变化的。例如，由于原油黏度大小、凝固点高低的不同，高寒与炎热地区的差别，对原油的集输技术就有很大的影响；又如，有的原油和天然气中，因含硫化氢，需经脱硫后才能储存和输送出去，这就要有相应的脱硫技术和建设；再如，当油田开发进入中、后期，油井中既有油、气，又有大量的水，不仅要把油、气分离开来，而且还要把水分离出来，把油、气处理成合格的产品，把水也要处理干净，以免污染环境……如此等等的众多问题所涉及的众多技术与工程建设，都是油田建设的主要内容。

原油集输就是把油井生产的油气收集、输送和处理成合格原油的过程。这一过程从油井井口开始，将油井生产出来的原油和伴生的天然气产品，在油田上进行集中和必要的处理或初加工。使之成为合格的原油后，再送往长距离输油管线的首站外输，或者送往矿场油库经其他运输方式送到炼油厂或转运码头；合格的天然气集中到输气管线首站，再送往石油化工厂、液化气厂或其他用户。

概括地说油气集输的工作范围是指以油井为起点，矿场原油库或输油、输气管线首站为终点的矿场业务。

一般油气集输系统包括：油井、计量站、接转站、集中处理站，这叫三级布站。也有的是从计量站直接到集中处理站，这叫二级布站。集中处理、注水、污水处理及变电建在一起的叫做联合站。

油井、计量站、集中处理站是收集油气并对油气进行初步加工的主要场所，它们之间由油气收集和输送管线联接。

五、石油加工

将输送到炼油厂的原油按要求炼制出不同的石油产品如汽油、柴油、煤油等。本书第三章至第六章将对此部分内容进行详细介绍。

第三节 石油的组成及性质

一、天然气的化学组成

天然气的主要成分是甲烷，分子式为 CH_4，此外还含有少量 $C_2 \sim C_4$ 烷烃和更少量较高碳原子数的烷烃或其他烃类。除烃类之外，天然气一般还含有少量非烃气体，如 CO_2、H_2S、N_2、He 和 Ar。多数天然气中甲烷含量超过 80%，因此天然气的热值非常高。有的天然气经加工处理可以回收液化石油气或天然汽油。经处理的天然气在组成上有较大的变化。H_2S 在各地天然气中的含量往往差别很大，高含硫的天然气在使用中存在设备腐蚀和大气污染问题，在使用前应先通过净化处理。He 在天然气中的含量也因产地而异，但总的来看 He 在天然气中的含量远高于它在大气中的含量，因此天然气是工业氦的主要来源。

二、原油的化学组成

(一)原油的一般性质和元素组成

1. 原油的一般性质

石油的性质因产地而异，大部分原油是暗色的，通常呈黑色、褐色，少数为暗绿、黄色，并且有特殊气味。原油在常温下多为流动或半流动的黏稠液体。相对密度 d_4^{20} 在 $0.800 \sim 0.980$ 之间，黏度范围很宽，凝固点差别很大（$30 \sim -60\,℃$），沸点范围为常温到 $500\,℃$ 以上，可溶于多种有机溶剂，不溶于水，但可与水形成乳状液。我国主要原油的相对密度多在 $0.850 \sim 0.950$ 之间，特点是含蜡较多，凝固点高，硫含量低，镍、氮含量中等，钒含量极少。除个别油田外，原油中汽油馏分较少，渣油占 1/3，属偏重的常规原油。表 1-1 为我国主要原油的一般性质。

原油之所以在外观和物理性质上存在差异，根本原因在于其化学组分不完全相同。原油既不是由单一元素组成的单质，也不是由两种以上元素组成的化合物，而是由各种元素组成的多种化合物的混合物。因此，其性质就不像单质和纯化合物那样确定，而是所含各种化合物性质的综合体现。

2. 原油的元素组成

世界上各国油田所产原油的性质虽然千差万别，但它们的元素组成基本一致。最主要的元素是碳和氢。碳氢两种元素占 96% ~ 99%，其中碳占 83% ~ 87%，氢占 11% ~ 14%。其余的硫、氮、氧和微量元素总含量不超过 1% ~ 4%。原油中所含各种元素并不是以单质形式存在，而是以相互结合的各种碳氢及非碳氢化合物的形式存在。

(二)原油的化学组成

原油是一种主要由碳氢化合物组成的复杂混合物，原油中包含的化合物种类数以万计。但它们主要由烃类和非烃类组成，此外还有少量无机物。

1. 烃类化合物

烃类化合物(即碳氢化合物)是石油的主要成分，是石油加工和利用的主要对象。石油中的烃类包括烷烃、环烷烃、芳烃。石油中一般不含烯烃和炔烃，二次加工产物中常含有一定数量的烯烃。

表 1-1 我国主要原油的一般性质

原油名称	大庆	胜利	大港	孤岛	辽河	华北	中原	塔里木	塔河
密度（20℃）/g·cm^{-3}	0.8554	0.9005	0.8697	0.9495	0.9204	0.8837	0.8466	0.8649	0.9269
运动黏度（50℃）/mm^2·s^{-1}	20.19	83.36	10.38	333.7	109.0	57.1	10.32	8.169	629.8
凝点/℃	30	28	22	2	17(倾点)	36	33	−2	−17
蜡含量（质量分数）/%	26.2	14.6	11.6	4.9	9.5	22.8	19.7	—	3.4
庚烷沥青质（质量分数）/%	0	<1	0	2.9	0	<0.1	0	—	8.5
残炭（质量分数）/%	2.9	6.4	2.9	7.4	6.8	6.7	3.8	5.10	12.17
灰分（质量分数）/%	0.0027	0.02	—	0.096	0.01	0.0097		0.03	0.041
硫含量（质量分数）/%	0.10	0.80	0.13	2.09	0.31	0.31	0.52	0.701	1.94
氮含量（质量分数）/%	0.16	0.41	0.24	0.43	0.40	0.38	0.17	0.284	0.28
镍含量/μg·g^{-1}	3.1	26.0	7.0	21.1	32.5	15.0	3.3	2.98	27.3
钒含量/μg·g^{-1}	0.04	1.6	0.10	2.0	0.6	0.7	2.4	15.60	194.6

（1）烷烃

凡是分子结构中碳原子之间均以单键相互结合，其余碳价都为氢原子所饱和的烃叫做烷烃，由于碳原子的键被氢原子占满，所以烷烃又称为饱和烃，其分子通式为 C_nH_{2n+2}。式中 n 表示碳原子数，$2n+2$ 为氢原子数。由通式可以写出任意一个烷烃的分子式。由于组成烃的碳和氢的原子数目不同，结果就使石油中含有大大小小差别悬殊的烃分子。烷烃是组成原油的基本组分之一。某些原油中烷烃含量高达 50%~70%。也有一些原油的烷烃含量较低，只有 10%~15%。原油中的烷烃包括正构烷烃和异构烷烃，凡烷烃分子主碳链上没有支碳链的称为正构烷烃，而有支链结构的称为异构烷烃。烷烃存在于原油整个沸点范围中，但随着馏分沸点升高，烷烃含量逐渐减少。

常温常压下烷烃有气态、液态、固态三种状态。C_1~C_4 的烷烃是气态，C_5~C_{15} 的烷烃是液态，C_{16} 以上的烷烃是固态。

C_1~C_4 的气态烷烃主要存在于石油气体中。石油气体可分为天然气和石油炼厂气两类。炼厂气是石油加工过程中产生的，主要含有气态烷烃以及烯烃、氢气、硫化氢等。石油气通常含有少量易挥发的液态烃蒸气，液态烃含量低于 100g/m^3 的石油气称为干气，含量高于 100g/m^3 的石油气称为湿气。

C_5~C_{11} 的烷烃存在于汽油馏分中，C_{11}~C_{20} 的烷烃存在于煤、柴油馏分中，C_{20}~C_{36} 的烷烃存在于润滑油馏分中。

烷烃的化学性质较安定，但在加热或催化剂以及光的作用下，会发生氧化、卤化、硝化、热分解以及催化脱氢、异构化等反应。这些反应是石油深度加工的理论基础。

（2）环烷烃

环烷烃的化学结构与烷烃有相同之处，分子中的碳原子之间均以单键相互结合，其余碳价均与氢原子结合。其碳原子相互连接成环状，故称为环烷烃。由于环烷烃分子中所有碳价都已饱和，因而它也是饱和烃。其分子通式为 C_nH_{2n}。环烷烃也是原油的主要组分之一，含量仅次于烷烃。最常见的是五个碳原子或六个碳原子组成的环，前者叫环戊烷，后者叫环己烷，原油中的环烷烃主要是环戊烷和环己烷的同系物。环烷烃有单环、双环和多环，有的还含有苯环。环烷烃大多含有长短不等的烷基侧链。

环烷烃在石油馏分中的含量一般随馏分沸点的升高而增多，但在沸点较高的润滑油馏分中，由于芳烃含量的增加，环烷烃含量逐渐减少。

单环环烷烃主要存在于轻汽油等低沸点石油馏分中，重汽油中含有少量双环环烷烃。煤油、柴油馏分中除含有单环环烷烃外，还含有双环及三环环烷烃。在高沸点石油馏分中，还有三环以上的稠环环烷烃。

环烷烃的化学性质与烷烃相似，但活泼些。在一定条件下同样可以发生氧化、卤化、硝化、热分解等反应。环烷烃在一定条件下能脱氢生成芳烃，是生产芳烃的重要原料。

（3）芳香烃

由六个碳原子和六个氢原子组成的环状化合物称为苯，含有苯环结构的烃类化合物，称为芳香烃化合物，简称芳烃。是一种碳原子为环状联结结构，单双键交替的不饱和烃，其分子通式有 C_nH_{2n-6}、C_nH_{2n-12}、C_nH_{2n-18} 等，最简单的芳香烃是苯、甲苯、二甲苯。它最初是由天然树脂、树胶或香精油中提炼出来的，具有芳香气味，所以把这类化合物叫做芳香烃。芳香烃都具有苯环结构，但芳香烃并不都有芳香味。芳烃有单环、双环和多环，也是原油的主要组分之一。含量通常比烷烃和环烷烃少。有的芳烃含有长短不等的烷基侧链。有些多环芳烃具有荧光，这是有些油品能发出荧光的原因。

芳烃在石油馏分中的含量随馏分沸点的升高而增多。

石油中的烷烃、环烷烃、芳烃常常是互相包含，一个分子中往往同时含有芳香环、环烷环及烷基侧链。

（4）不饱和烃

不饱和烃在原油中含量极少，主要是在二次加工过程中产生的。催化裂化产品中含有较多的不饱和烃，主要是烯烃，也有少量二烯烃，但没有炔烃。

烯烃的分子结构与烷烃相似，即呈直链或直链上带支链。但烯烃的碳原子间有双价键。凡是分子结构中碳原子间含有双价键的烃称为烯烃，分子通式有 C_nH_{2n}、C_nH_{2n-2} 等。分子间有两对碳原子间为双键结合的则称为二烯烃。

烯烃的化学安定性差，易氧化生成胶质。

2. 非烃类化合物

原油中还含有相当数量的非烃类有机物——烃的衍生物。这类化合物的分子中除含有碳氢元素外，还含有氧、硫、氮等，其元素含量虽然很少，但组成化合物的量一般占原油总量的 10%~20%；少数原油中非烃类有机物的含量甚至高达 60%。这些非烃类有机物含量虽然不同，但大都对原油的加工及产品质量带来不利影响，在原油的炼制过程中应尽可能将它们除去。此外，原油中所含微量的氯、碘、砷、磷、镍、钒、铁、钾等元素，也是以化合物的形式存在。其含量少，对石油产品的影响不大。

非烃化合物主要包括含硫、含氮、含氧化合物以及胶状沥青状物质。

（1）含硫化合物

硫含量常作为评价石油的一项重要指标，原油硫含量一般低于 0.5%。含硫化合物在石油馏分中的分布一般是随着石油馏分沸程的升高而增加，其种类和复杂性也随着馏分沸程升高而增加。汽油馏分的硫含量最低，减压渣油中的硫含量最高，我国大多数原油中约有

70%的硫集中在减压渣油中。

原油中的硫多以有机硫的形态存在，极少以元素硫存在，含硫化合物按性质划分时，可分为酸性含硫化合物如元素硫（S）、硫化氢（H_2S）、硫醇（RSH）等；中性含硫化合物如硫醚（RSR′）和二硫化物（RSSR′）等；还有对热稳定含硫化合物如噻吩及其同系物。

酸性含硫化合物是活性硫化物，对金属设备有较强的腐蚀作用。硫醇主要存在于汽油馏分中，具有极难闻的特殊臭味，对热不稳定；中性硫化合物是非活性硫化物，对金属设备无腐蚀作用，但受热分解后会转变成活性硫化物，主要存在于轻馏分和中间馏分中；对热稳定性硫化合物也是非活性硫化物，对金属设备无腐蚀作用，主要存在于石油的中间馏分和高沸点馏分中。原油中的含硫化合物会给石油加工过程和石油产品质量带来腐蚀设备、影响产品质量、污染环境以及使催化剂中毒等许多危害。炼油厂常采用碱精制、催化氧化、加氢精制等方法除去油品中的硫化物。

（2）含氮化合物

原油氮含量通常在 0.05% ~ 0.5% 之间。我国原油含氮量偏高，在 0.1% ~ 0.5% 之间。氮化合物含量随石油馏分沸点的升高而迅速增加，约有 80% 的氮集中在 400℃ 以上的渣油中。我国大多数原油的渣油集中了约 90% 的氮。

原油中的氮化合物可分为碱性含氮化合物和非碱性含氮化合物两大类。碱性含氮化合物主要有吡啶系、喹啉系、异喹啉系和吖啶系；弱碱性和非碱性含氮化合物主要有吡咯系、吲哚系和咔唑系以及卟啉化合物。卟啉化合物是重要的生物标志物质，在研究石油的成因中有重要的意义。

原油中的非碱性含氮化合物性质不稳定，易被氧化和聚合生成胶质，是导致石油二次加工油品颜色变深和产生沉淀的主要原因。在石油加工过程中碱性氮化物会使催化剂中毒。石油及石油馏分中的氮化物应精制予以脱除。

（3）含氧化合物

原油中的氧含量很少，一般在千分之几范围内，只有个别地区原油含氧量达 2% ~ 3%。原油中的氧含量随馏分沸点升高而增加，主要集中在高沸点馏分中，大部分富集在胶状沥青状物质中。胶状沥青状物质中的氧含量约占原油总含氧量的 90% ~ 95%。

原油中的含氧化合物包括酸性含氧化合物和中性含氧化合物，以酸性含氧化合物为主。酸性含氧化合物包括环烷酸、芳香酸、脂肪酸和酚类等，总称为石油酸。中性含氧化合物包括酮、醛和酯类等，可氧化生成胶质，影响油品的使用性能。

环烷酸在石油馏分中的分布较特殊，中间馏分（沸程 250 ~ 400℃）环烷酸含量最高，低沸点馏分及高沸点重馏分中含量都比较低。环烷酸呈弱酸性，容易与碱反应生成各种盐类，也可与很多金属作用而腐蚀设备；酚有强烈的气味，呈弱酸性。石油馏分中的酚可以用碱洗法除去。酚能溶于水，炼油厂污水中常含有酚，导致环境污染。

（4）胶状沥青状物质

胶状沥青状物质是结构复杂、组成不明的高分子化合物的复杂混合物。胶状沥青状物质大量存在于减压渣油中。原油中的大部分硫、氮、氧以及绝大多数金属均集中在胶状沥青状物质中。一般把石油中不溶于低分子（$C_5 \sim C_7$）正构烷烃，但能溶于热苯的物质称为沥青质。既能溶于苯，又能溶于低分子（$C_5 \sim C_7$）正构烷烃的物质称为可溶质，渣油中的可溶质实际上包括了饱和分、芳香分和胶质。

胶质通常为褐色至暗褐色的黏稠且流动性很差的液体或无定形固体，受热时熔融，具有很强的着色能力，油品的颜色主要是由于胶质的存在而造成的。胶质是不稳定的物质，在常温下易被空气氧化而缩合为沥青质。胶质很容易磺化而溶解在硫酸中，可用硫酸来脱除油料中的胶质。

胶质是道路沥青、建筑沥青、防腐沥青等沥青产品的重要组分之一。胶质能提高石油沥青的延展性。但在油品中含有胶质，会使油品在使用时生成积炭，造成机器零件磨损和输油管路系统堵塞。

沥青质是石油中相对分子质量最大、结构最为复杂、含杂原子最多的物质。从石油或渣油中用 $C_5 \sim C_7$ 正构烷烃沉淀分离出的沥青质是暗褐色或黑色的脆性无定形固体。沥青质加热不熔融，当温度升到 350℃ 以上时，会分解为气态、液态物质以及缩合为焦炭状物质。沥青质没有挥发性。石油中的沥青质全部集中在减压渣油中。

胶状沥青状物质对石油加工和产品使用有一定的影响。含有大量胶状沥青状物质的减压渣油可用来生产沥青。

3. 无机物

除烃类及其衍生物外，原油中还含有少量无机物，主要是水及 Na、Ca、Mg 的氯化物，硫酸盐和碳酸盐以及少量污泥等。它们分别呈溶解、悬浮状态或以油包水型乳化液分散于原油中。其危害主要是增加原油储运的能量消耗，加速设备腐蚀和磨损，促进结垢和生焦，影响深度加工催化剂的活性等。

原油经过加工可得到炼厂气及各种燃料油、润滑油、石蜡、石油焦和沥青等石油产品以及橡胶、塑料、合成纤维等石油化工产品。

第二章　石油及石油化工产品

　　1987年，我国颁布了 GB 498—87《石油产品及润滑剂的总分类》，根据石油产品的主要特征对石油产品进行分类，其类别名称分为燃料、溶剂和化工原料、润滑剂及有关产品、蜡、沥青以及焦等六大类。其类别名称代号是按反映各类产品主要特征的英文名称的第一个前缀字母确定的，见表2-1。

表2-1　石油产品总分类

GB 498—87 标准			ISO 8681 标准	
序号	类别	各类别含义	Class	Designation
1	F	燃料	F	fuels
2	S	溶剂和化工原料	S	solvents and raw materials for the chemical industry
3	L	润滑剂及有关产品	L	lubricants, industrial oil and related products
4	W	蜡	W	waxes
5	B	沥青	B	bitumen
6	C	焦	C	cokes

　　石油燃料占石油产品总量的90%以上，其中以车用汽油、柴油、喷气燃料等发动机燃料为主。而润滑剂是一类很重要的石油产品，可以说所有带有运动部件的机器都需要润滑剂。因此在这里我们只介绍石油燃料和润滑剂中的主要知识。

第一节　石油燃料

　　各种高速度、大功率的交通运输工具和军用机动设备，如飞机、汽车、内燃机车、拖拉机、坦克、船舶和舰艇，都使用石油燃料。它具有使用方便、较洁净、能量利用效率较高的特点。

一、车用汽油

　　汽油是点燃式发动机即汽油机的燃料。外观为无色至淡黄色的透明液体，主要成分为 $C_5 \sim C_{12}$ 烷烃和环烃类，并含少量芳香烃和硫化物，很难溶解于水，易燃，空气中含量为 $74 \sim 123g/m^3$ 时遇火爆炸，是消耗量最大的轻质石油产品之一。

(一)汽油发动机对汽油的使用性能要求

　　车用汽油在发动机的工作过程中要经历雾化、汽化、燃烧过程。在正常燃烧的情况下，以火花塞为中心，逐层发火燃烧，平稳地向未燃区传播，火焰速度约为 $20 \sim 50m/s$。在这种情况下，气体温度、压力均匀稳定升高，发动机的活塞被均匀地推动，发动机处于良好的工作状态。

　　汽油机在某种情况下会发生不正常的燃烧，即在汽缸内出现剧烈的压力振荡，从而产生速度很高的冲击波，如同重锤敲击活塞和汽缸各部件，发出金属撞击声，此时燃料燃烧不完全，排出带炭粒的黑烟，此即爆震现象。

爆震的原因除机械结构、驾驶操作和气候条件等因素外，主要与汽油化学组成有关。烃类可因发生氧化反应产生过氧化物而自燃。当汽油组分太易被氧化，自燃点低于混合气压缩后温度时，可发生自燃而产生爆震。

爆震的结果使机械零部件损坏，缩短发动机寿命；燃料燃烧不完全，增加油耗量；发动机工作不稳定，效率降低。因此，汽油发动机的爆震现象必须予以避免。

从以上汽油的工作过程来看，汽油机对汽油的性能要求有：

①具有良好的蒸发性　汽油只有具有良好的蒸发性才能在进气过程中由液体蒸发为气体，与空气组成可燃混合气，经过压缩、点燃而作功；

②具有良好的抗爆性　在燃烧过程中汽油要具有良好的抗爆性，以避免发动机产生爆震现象；

③具有良好的抗氧化安定性　汽油在使用及储存过程中，要保证不易氧化生成胶质；

④具有较小的腐蚀性　保证发动机零件和容器不被腐蚀；

⑤要求汽油不含机械杂质和水分，以保证发动机正常工作。

（二）车用汽油的主要性能

1. 抗爆性

（1）评定汽油抗爆性的指标

汽油在各种使用条件下抗爆震燃烧的能力称为抗爆性，是汽油最重要的使用性能之一。

评价汽油抗爆性的指标为辛烷值（ON），有研究法（RON）与马达法（MON）两种。我国车用汽油的牌号按其 RON 的大小来划分，例如 93 号汽油即为汽油的 RON 为 93。汽油牌号的高低只是表示汽油辛烷值的大小，应根据发动机压缩比的不同来选择适宜牌号的汽油。压缩比在 8.5~9.5 之间的中档轿车一般应使用 93 号汽油；压缩比大于 9.5 的轿车应使用 97 号汽油。目前轿车的压缩比一般都在 9 以上，最好使用 93 号或 97 号汽油。

高压缩比的发动机如果选用低牌号汽油，会使汽缸温度剧升，汽油燃烧不完全，机器强烈震动，从而使输出功率下降，机件受损。低压缩比的发动机如果用高牌号油，就会出现"滞燃"现象，即压到了头它还不到自燃点，一样会出现燃烧不完全现象。

（2）汽油的抗爆性与化学组成的关系

汽油的辛烷值愈高，抗爆性愈好。对于同族烃类，其辛烷值随相对分子质量的增大而降低。当相对分子质量相近时，各族烃类抗爆性优劣的大致顺序如下：芳香烃>异构烷烃和异构烯烃>正构烯烃及环烷烃>正构烷烃。

同一种原油蒸馏得到的直馏汽油馏分，其终馏点温度越低，抗爆性越好。不同原油中的直馏汽油馏分由于化学组成不同，其辛烷值有较大差别。例如，大庆原油的直馏汽油馏分由于其中正构烷烃的含量较高，其辛烷值很低，MON 只有 37，而欢喜岭原油的直馏汽油馏分由于含异构烷烃和环烷烃较多，其辛烷值就较高，MON 可达 60。

商品汽油一般由辛烷值较高的催化裂化汽油和催化重整汽油以及高辛烷值的组分（烷基化油和甲基叔丁基醚等）调合而成。目前我国车用汽油的主要组分是催化裂化汽油，因含有较多的芳香烃、异构烷烃和烯烃，所以其抗爆性较好，RON 接近 90。

2. 蒸发性

指汽油在汽化器中蒸发的难易程度。它对发动机的启动、暖机、加速、气阻、燃料耗量等有重要影响。汽油蒸发性能由其馏程和饱和蒸气压指标来评定。

（1）馏程

不论是石油还是其馏分都是由多种化合物组成的复杂混合物，在表示它们的沸腾情况时，不能用像表示纯水那样只有一个温度，而只能用一个温度范围来表示，这个温度范围即为某馏分的沸程，也称为馏程。它是通过特定的方法通过实验测定出来的，即指油品从初馏点到终馏点的温度范围。汽油的馏程能大体表示该汽油的沸点范围和蒸发性能。其主要蒸发温度的意义如下：

①10%蒸发温度（T_{10}）　判断汽油中低沸点组分的含量，它反映发动机燃料的启动性能和形成气阻的倾向。其值越低，则表明汽油中所含低沸点组分越多、蒸发性越强、启动性越好，在低温下也具有足够的挥发性以形成可燃混合气而易于启动。但若过低，则易于在输油管道汽化形成气泡而影响油品的正常输送，即产生气阻。

②50%蒸发温度（T_{50}）　表示汽油的平均蒸发性能，它影响发动机启动后升温时间和加速性能。汽油的50%馏出温度低，在正常温度下便能较多地蒸发，从而能缩短汽油机的升温时间，同时，还可使发动机加速灵敏、运转柔和。如果50%蒸发温度过高，当发动机需要由低速转换为高速，供油量急剧增加时，汽油来不及完全汽化，导致燃烧不完全，严重时甚至会突然熄火。

③90%蒸发温度（T_{90}）和终馏点（或干点）　表示汽油中重组分含量的多少。如该温度过高，说明汽油中含有重质组分过多，不易保证汽油在使用条件下完全蒸发和完全燃烧。这将导致汽缸积炭增多，耗油率上升；同时蒸发不完全的汽油还会沿汽缸壁流入曲轴箱，使润滑油稀释而加大磨损。

（2）饱和蒸气压

汽油的饱和蒸气压是衡量汽油在汽油机燃料供给系统中是否易于产生气阻的指标，同时还可相对地衡量汽油在储存运输中的损耗倾向。汽油的饱和蒸气压越大，蒸发性越强，发动机就容易冷启动，但蒸气压过大，将使汽油在输油管中过早汽化产生气阻而不能通畅供油，蒸发损耗以及火灾危险性也越大。

3. 汽油的安定性

汽油在常温和液相条件下抵抗氧化的能力称为汽油的氧化安定性，简称安定性。安定性好的汽油，在储存和使用过程中不会发生明显的质量变化；安定性差的汽油，在运输、储存及使用过程中会发生氧化反应，生成酸性物质、黏稠的胶状物质，使汽油的颜色变深，导致辛烷值下降且腐蚀金属设备。汽油中生成的胶质较多时，会使发动机油路阻塞，供油不畅，混合气变稀，气门被黏着而关闭不严；还会使积炭增加，导致散热不良而引起爆震和早燃等；沉积于火花塞上的积炭，有可能造成点火不良，甚至不能产生电火花。以上原因都会引起发动机工作不正常，增大油耗。

评定汽油安定性的指标为实际胶质和诱导期。汽油在储存和使用过程中形成的黏稠、不易挥发的褐色胶状物质称为胶质。在规定的实验条件下，以100mL试油中所得残余物的质量（mg）来表示的。诱导期是指在规定的加速氧化条件下，油品处于稳定状态所经历的时间，以min表示，如图2-1所示。

汽油中的各种不饱和烃是影响汽油安定性的首要原因。在不饱和烃中，产生胶质的倾向依下列次序递增：链烯烃<环烯烃<二

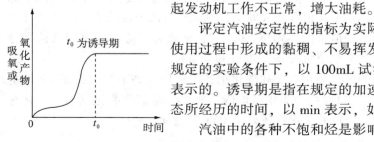

图2-1　汽油的诱导期

烯烃。在链烯烃中，直链的α-烯烃比双键位于中心附近的异构烯烃更不稳定。在二烯烃中，尤以共轭二烯烃、环二烯烃(如环戊二烯)最不安定，燃料中如含有此类二烯烃，除它们本身很容易生成胶质外，还会促使其他烃类氧化。此外，带有不饱和侧链的芳香烃也较易氧化。

除不饱和烃外，汽油中某些含硫化合物和含氮化合物也能促进胶质的生成。

汽油的变质除与其本身的化学组成密切相关外，还和许多外界条件有关，例如温度、金属表面的催化作用以及与空气接触面积的大小等。提高汽油安定性，一方面可以采取适当的方法加以精制，以除去其中某些不饱和烃(主要是二烯烃)和非烃化合物等不安定组分；另一方面可以加入适量的抗氧剂和金属钝化剂。

4. 汽油的腐蚀性

评定汽油腐蚀性的指标有硫含量、硫醇硫含量、铜片腐蚀和水溶性酸或碱。

硫及各类含硫化合物在燃烧后均生成 SO_2 及 SO_3，它们对金属有腐蚀作用，特别是当温度较低遇冷凝水形成亚硫酸及硫酸后，更具有强烈腐蚀性。硫的氧化物排放到大气中还会造成环境污染，因此对汽油的硫含量有严格要求。

表2-2和表2-3为国家标准对车用汽油的质量要求。除以上所述的各种对车用汽油使用要求外，还对汽油提出了机械杂质及水分、苯含量、芳烃含量、烯烃含量等清洁性要求。

随着全球汽车产业的发展，我国的汽车产业也正以相当快的速度发展，机动车排放污染已经成为中国污染物的主要来源之一。解决汽车尾气对环境带来的不利影响最重要的就是提高燃料质量，使用清洁汽油就是从源头上减少汽车尾气对环境的不利影响。清洁汽油是一种新配方汽油，是指产品标号为90号及以上规格，其中：车用汽油中硫含量不大于0.08m/m；铅含量不大于0.005g/L；苯含量不大于2.5%(体积)；芳烃含量不大于40%(体积)；烯烃含量不大于35%(体积)等。清洁汽油既能为汽车提供有效的动力，又能减少有害气体的排放。我国清洁汽油硫与烯烃含量偏高，与欧美及世界燃油规范汽油标准相差较远，我国汽油质量正面临着日益提高的环保要求和世界清洁汽油标准的严峻挑战。低硫、低烯烃、低苯、高辛烷值汽油是清洁汽油产品质量发展的总体趋势。

二、柴油

柴油是压燃式发动机即柴油机的燃料，是由复杂的烃类($C_{11} \sim C_{20}$左右)组成的混合物，分为轻柴油(沸点范围约180~370℃)和重柴油(沸点范围约350~410℃)两大类。由于高速柴油机燃料耗量(50~75g/MJ)低于汽油机(75~100g/MJ)，使用柴油机的大型运载工具日益增多。以柴油为燃料的柴油机广泛用于载重货车、公交大客车、铁路机车、发电机、拖拉机、矿山机械、建筑用工程机械、船舶、军用坦克等，其功率从小到大一应俱全。

(一)柴油发动机对柴油的使用性能要求

柴油在发动机的工作过程中同汽油一样也要经历雾化、汽化、燃烧过程，但不同的是柴油在汽缸中是靠其达到自燃点而自行燃烧的(柴油机由此而又称为压燃式发动机)。

柴油在汽缸中燃烧是一个连续而又复杂的雾化、蒸发、混合和氧化燃烧过程，从喷油开始到全部燃烧为止，大体可分为四个阶段，即滞燃期、急燃期、缓燃期和后燃期。

表 2-2　车用汽油(Ⅲ)的技术要求和试验方法(GB 17930—2011)

项　目		质量指标			试 验 方 法
		90	93	97	
抗爆性					
研究法辛烷值(RON)	不小于	90	93	97	GB/T 5487
抗爆指数(RON+MON)/2	不小于	85	88	报告	GB/T 503、GB/T 5487
铅含量[a]/(g/L)	不大于	0.005			GB/T 8020
馏程					
10%蒸发温度/℃	不高于	70			GB/T 6536
50%蒸发温度/℃	不高于	120			
90%蒸发温度/℃	不高于	190			
终馏点/℃	不高于	205			
残留量(体积分数)/%	不大于	2			
蒸气压/kPa					GB/T 8017
11月1日至4月30日	不大于	88			
5月1日至10月31日	不大于	72			
溶剂洗胶质含量/(mg/100 mL)	不大于	5			GB/T 8019
诱导期/min	不小于	480			GB/T 8018
硫含量[b](质量分数)/%	不大于	0.015			SH/T 0689
硫醇(满足下列指标之一,即判断为合格)					
博士试验		通过			SH/T 0174
硫醇硫含量(质量分数)/%	不大于	0.001			GB/T 1792
铜片腐蚀(50℃,3 h)/级	不大于	1			GB/T 5096
水溶性酸或碱		无			GB/T 259
机械杂质及水分		无			目测[c]
苯含量[d](体积分数)/%	不大于	1.0			SH/T 0713
芳烃含量[e](体积分数)/%	不大于	40			GB/T 11132
烯烃含量[e](体积分数)/%	不大于	30			GB/T 11132
氧含量(质量分数)/%	不大于	2.7			SH/T 0663
甲醇含量[a](质量分数)/%	不大于	0.3			SH/T 0663
锰含量[f]/(g/L)	不大于	0.016			SH/T 0711
铁含量[a]/(g/L)	不大于	0.01			SH/T 0712

　a 车用汽油中,不得人为加入甲醇以及含铅或含铁的添加剂。

　b 允许采用 GB/T 380、GB/T 11140、SH/T 0253、SH/T 0742。有异议时,以 SH/T 0689 测定结果为准。

　c 将试样注入 100 mL 玻璃量筒中观察,应当透明,没有悬浮和沉降的机械杂质和水分。有异议时,以 GB/T 511
　　和 GB/T 260 方法测定结果为准。

　d 允许采用 SH/T 0693,有异议时,以 SH/T 0713 测定结果为准。

　e 对于 97 号车用汽油,在烯烃、芳烃总含量控制不变的前提下,可允许芳烃的量大值为 42%(体积分数)。允许采
　　用 SH/T 0741,有异议时,以 GB/T 11132 测定结果为准。

　f 锰含量是指汽油中以甲基环戊二烯三羰基锰形式存在的总锰含量,不得加入其他类型的含锰添加剂。

表 2-3 车用汽油(Ⅳ)的技术要求和试验方法(GB 17930—2011)

项 目		质量指标			试 验 方 法
		90	93	97	
抗爆性					
研究法辛烷值(RON)	不小于	90	93	97	GB/T 5487
抗爆指数(RON+MON)/2	不小于	85	88	报告	GB/T 503、GB/T 5487
铅含量^a/(g/L)	不大于	0.005			GB/T 8020
馏程					
10%蒸发温度/℃	不高于	70			
50%蒸发温度/℃	不高于	120			
90%蒸发温度/℃	不高于	190			GB/T 6536
终馏点/℃	不高于	205			
残留量(体积分数)/%	不大于	2			
蒸气压^b/kPa					
11 月 1 日至 4 月 30 日		42~85			GB/T 8017
5 月 1 日至 10 月 31 日		40~68			
溶剂洗胶质含量/(mg/100 mL)	不大于	5			GB/T 8019
诱导期/min	不小于	480			GB/T 8018
硫含量^c/(mg/kg)	不大于	50			SH/T 0689
硫醇(满足下列指标之一,即判断为合格)					
博士试验		通过			SH/T 0174
硫醇硫含量(质量分数)/%	不大于	0.001			GB/T 1792
铜片腐蚀(50℃,3 h)/级	不小于	1			GB/T 5096
水溶性酸或碱		无			GB/T 259
机械杂质及水分		无			目测^d
苯含量^e(体积分数)/%	不大于	1.0			SH/T 0713
芳烃含量^f(体积分数)/%	不大于	40			GB/T 11132
烯烃含量^f(体积分数)/%	不大于	28			GB/T 11132
氧含量(质量分数)/%	不大于	2.7			SH/T 0663
甲醇含量^a(质量分数)/%	不大于	0.3			SH/T 0663
锰含量^g/(g/L)	不大于	0.008			SH/T 0711
铁含量^a/(g/L)	不大于	0.01			SH/T 0712

a 车用汽油中,不得人为加入甲醇以及含铅或含铁的添加剂。

b 允许采用 SH/T 0794,有异议时,以 GB/T 8017 测定结果为准。

c 允许采用 GB/T 11140、SH/T 0253。有异议时,以 SH/T 0689 测定结果为准。

d 将试样注入 100 mL 玻璃量筒中观察,应当透明,没有悬浮和沉降的机械杂质和水分。有异议时,以 GB/T 511 和 GB/T 260 测定结果为准。

e 允许采用 SH/T 0693,有异议时,以 SH/T 0713 测定结果为准。

f 对于 97 号车用汽油,在烯烃、芳烃总含量控制不变的前提下,可允许芳烃的最大值为 42%(体积分数)。允许采用 SH/T 0741,有异议时,以 GB/T 11132 测定结果为准。

g 锰含量是指汽油中以甲基环戊二烯三羰基锰形式存在的总锰含量,不得加入其他类型的含锰添加剂。

1. 滞燃期(发火延迟期)

是指从喷油开始到混合气开始着火之间的一段时间。这个时期极短，只有 1~3ms。在这一时期的前段，柴油喷入汽缸后进行雾化、受热、蒸发、扩散以及与空气混合而形成可燃混合气等一系列燃烧前的物理过程。所以，这段时间又称为物理延迟。在这一时期的后段，燃料受热后开始进行燃烧前的氧化链反应，生成过氧化物，过氧化物达到一定浓度便自燃着火，这就是化学延迟。这两种延迟互相影响，在时间上是部分重叠的。这一时期结束时，汽缸内已积累了一定量的柴油和性质很活泼的过氧化物。因此，滞燃期虽然很短促，但它对发动机的工作有决定性的影响。

2. 急燃期

是指发动机中柴油开始燃烧直至汽缸中压力不再急剧升高为止的时间。在急燃期内，燃料着火燃烧，其燃烧速度极快，单位时间内放出的热量很多，汽缸内温度和压力上升很快。若滞燃期过长，着火前喷入的柴油及产生的过氧化物积累过多，一旦燃烧起来则温度、压力就会剧烈增高，冲击活塞头剧烈运动而发出金属敲击声，这就是柴油机的爆震。柴油机的爆震同样会使柴油燃烧不完全，形成黑烟，油耗增大，功率降低，并使机件磨损加剧，甚至损坏。

因此，缩短滞燃期有利于改善柴油机的燃烧性能。这就要求燃料具有较低的自燃点，发动机应具有较高的压缩比以及较高的进气温度等等。

3. 缓燃期(主燃期)

缓燃期是柴油机中燃烧过程的主要阶段，此时期内烧掉大量的燃料(约占 50%~60%)。所谓缓燃期就是指从汽缸压力不再急剧升高时起，到压力开始迅速下降时(通常也即喷油终止时)为止的这一段时间。

这个时期的特点是汽缸内的压力变化不大，在后期还稍有下降。经过急燃期后，汽缸中的压力、温度都已上升得很高，这时喷入的燃料的发火延迟期大大缩短，几乎随喷随着火。燃料在柴油机中燃烧时应保证在缓燃期内燃烧掉大部分，从而取得较大的功率和较高的效率，而最大压力又不致过高。

4. 后燃期

后燃期是燃烧的最后阶段，指从压力迅速下降到燃烧结束为止。在后燃期中，喷油虽已停止，汽缸中尚未燃完的燃料仍继续燃烧。但此时的燃烧是在膨胀过程中进行的，压力和温度都逐渐降低，产生的能量不能得到有效利用。因此，后燃期中释放的热量不宜超过燃料释放出的全部热量的 20%。

由此可见，柴油在柴油机中的燃烧与汽油在汽油机中的燃烧是有原则区别的，前者是靠自燃发火，后者是靠点火燃烧。也就是说从燃烧角度看，对柴油的要求是自燃点低，容易自燃，而对汽油则要求其自燃点高，难以自燃。当柴油的自燃点过高时，会造成滞燃期过长，产生爆震，这种情况发生在燃烧阶段的初期；而汽油机的爆震则是由于汽油的自燃点过低而引起的，这种情况并不发生在燃烧阶段的初期，而是出现在火焰的传播过程中。

柴油机燃料系统中供油配件构造精密、燃烧过程短暂复杂，对柴油提出如下要求：

①凝点低、黏度适中，以保证不间断地供油和雾化；

②燃烧性能好，以保证在柴油机中能迅速自行发火，燃烧完全、稳定、不产生爆震；

③在燃烧过程中，不在喷嘴上生成积炭堵塞喷油孔；

④柴油及燃烧产物不腐蚀发动机零件;

⑤不含有机械杂质,以免加速高压油泵和喷油嘴磨损,降低寿命或堵塞喷油嘴。不含水分,以免造成柴油机运转不稳定和在低温下结冰。

(二)柴油的主要性能

1. 柴油的抗爆性

(1)评定柴油抗爆性的指标

柴油在发动机汽缸内燃烧时抵抗爆震的能力,称柴油的抗爆性,换言之,就是柴油燃烧的平稳性。柴油抗爆性(或称为着火性质)通常用十六烷值(CN)表示。十六烷值高的柴油,抗爆性能好,燃烧均匀,不易发生爆震现象,使发动机热功效率提高,使用寿命延长。但是柴油的十六烷值也并不是越高越好,使用十六烷值过高(如大于65)的柴油同样会形成黑烟,燃料消耗反而增加,这是因为燃料的着火滞燃期太短,自燃时还未与空气混合均匀,致使燃料燃烧不完全,部分烃类因热分解而形成带炭粒的黑烟;另外,柴油的十六烷值太高,还会减少燃料的来源。因此,从使用性和经济性两方面考虑,使用十六烷值适当的柴油才合理。

对十六烷值的要求取决于发动机的设计,特别是发动机的转速及负荷变化大小、启动情况和环境温度等因素。不同转速的柴油机对柴油的十六烷值有不同的要求。高速柴油机的燃料其十六烷值应为40~60,一般使用40~45的燃料;中速柴油机可使用具有30~35的燃料;对于低速柴油机,即使用十六烷值低于25的燃料,其燃烧也不会发生特别的困难。

柴油的十六烷值测定与汽油的辛烷值测定相似。它是在规定操作条件的标准发动机试验中,将柴油试样与标准燃料进行比较测定,当两者具有相同的着火滞燃期时,标准燃料的正十六烷值即为试样的十六烷值。标准燃料是用抗爆性好的正十六烷和抗爆性差的七甲基壬烷按不同体积比配制成的混合物。规定正十六烷的十六烷值为100,七甲基壬烷的十六烷值为15。例如,某试样经规定试验比较测定,其着火滞燃期与含正十六烷体积分数为48%、七甲基壬烷体积分数为52%的标准燃料相同,则该试样的十六烷值可按下式计算:

$$CN = \varphi_1 + 0.15\varphi_2 \qquad\qquad (2-1)$$

式中　CN——标准燃料的十六烷值;

　　　φ_1——正十六烷的体积分数,%;

　　　φ_2——七甲基壬烷的体积分数,%。

也可用十六烷指数、柴油指数经验公式来表示柴油的燃烧性能,进行生产过程的质量控制,但柴油规格指标中的十六烷值必须以实测为准。

(2)柴油的十六烷值与化学组成的关系

柴油的十六烷值与其化学组成和馏分组成密切相关。通常,相同碳原子数的不同烃类,以烷烃的十六烷值最高,烯烃、异构烷烃和环烷烃居中,芳烃特别是无侧链稠环芳烃的十六烷值最小;烃类的异构化程度越高,环数越多,其十六烷值越低;环烷烃和芳烃随侧链长度的增加,其十六烷值增加,而随侧链分支的增多,十六烷值显著减小;对于同类烃来说,相对分子质量越大,热稳定性越差,自燃点越低,十六烷值越高。

由于化学组成的差异,产自石蜡基原油(大庆油)的直馏柴油(富含直链烃)的十六烷值接近70,而产自环烷-中间基原油(孤岛油)的直馏柴油(富含环烷烃)的十六烷值还不到40。

2. 柴油的流动性

为保证柴油机能正常工作，首先需保证及时定量给汽缸供油。良好的流动性有利于柴油的储存、运输和使用。由于柴油供油系统设有供油泵、粗细过滤器、高压泵等设备，一般温度下供油不成问题。但在低温下能否正常供油，就依赖于柴油的低温流动性。柴油的低温流动性与其化学组成有关，其中正构烷烃的含量越高，则低温流动性越差。我国评定柴油低温流动性能的指标为凝点（或倾点）和冷滤点。

①凝点　是指试样在试验规定的条件下，冷却至液面不移动时的最高温度，以℃表示。因为油品的凝固过程是一个渐变过程，柴油在凝固之前就已出现石蜡晶体，所以严格说凝点并不能确切表明柴油实际使用的最低温度。凝点是柴油质量中一个重要指标，轻柴油的牌号就是按凝点划分的。

②倾点　是指在试验规定的条件下冷却时，油品能够流动的最低温度，又称流动极限，以℃表示。

③冷滤点　是指在试验规定的条件下，柴油试样在 60s 内开始不能通过过滤器 20mL 时的最高温度，以℃（按 1℃ 的整数倍）表示。它是保证车用柴油输送和过滤性的指标，是柴油的最低极限使用温度，并且能正确判断添加低温流动改进剂（降凝剂）后的车用柴油质量，一般冷滤点比凝点高 2~6℃。为保证柴油发动机的正常工作，户外作业时通常选用凝点低于环境温度 7℃ 以上的柴油。

凝点、倾点及冷滤点与柴油的烃类组成、表面活性剂及柴油的含水量有关。柴油中正构烷烃的含量越多，其倾点、凝点和冷滤点就越高；表面活性剂能吸附在石蜡结晶中心的表面上，阻止石蜡结晶的生长，致使油品的凝点、倾点下降。所以当柴油中加入某些表面活性物质（降凝添加剂），则可以降低油品的凝点，使油品的低温流动性能得到改善；柴油在精制过程中会与水接触，若脱水后的柴油含水量超标，则柴油的倾点、凝点和冷滤点会明显提高。

3. 柴油的雾化和蒸发性能

为了保证燃料迅速、完全地燃烧，要求柴油喷入汽缸即能尽快形成均匀的混合气，所以要求柴油具有良好的雾化和蒸发性能。影响柴油雾化和蒸发性能的主要因素是柴油的黏度和馏程。

（1）黏度

柴油的黏度对在柴油机中供油量的大小以及雾化的好坏有密切的关系。

柴油的黏度过小时，就容易从高压油泵的柱塞和泵筒之间的间隙中漏出，因而会使喷入汽缸的燃料减少，造成发动机功率下降。同时，柴油的黏度越小，雾化后液滴直径就越小，喷出的油流射程也越短，喷油射角大，因而不能与汽缸中全部空气均匀混合，造成燃烧不完全。黏度过小还会影响油泵的润滑。

柴油的黏度过大会造成供油困难，同时，喷出的油滴的直径过大，油流的射程过长，喷油射角小，使油滴的有效蒸发面积减小，蒸发速度减慢，这样也会使混合气组成不均匀、燃烧不完全、燃料的消耗量增大。

一般含烷烃较多的石蜡基原油的柴油黏度较小，而环烷基原油的柴油黏度较大。

（2）馏程

馏分重，则热值高，经济性好，但可引起发动机内部积炭增加，磨损增大及尾气排放黑烟。如柴油的馏分过重，则蒸发速度太慢，从而使燃烧不完全，导致功率下降、油耗增大以及润滑油被稀释而磨损加重；馏分轻，则蒸发速度快，柴油机越易于启动。馏分过轻，则蒸发损失大，也不安全。

4. 柴油的安定性、腐蚀性和洁净度

（1）柴油的安定性

与汽油相似，影响柴油安定性的主要原因是油品中存在不饱和烃以及含硫、含氮化合物等不安定组分。柴油的安定性对柴油机工作的影响与汽油的安定性对汽油机工作的影响也基本相同。

（2）柴油的腐蚀性

评定柴油腐蚀性的指标有硫含量、水分、铜片腐蚀等。

（3）柴油的洁净度

影响柴油洁净度的物质主要是水分和机械杂质。精制良好的柴油一般不含水分和机械杂质，但在储存、运输和加注过程中都有可能混入。柴油中如有较多的水分，在燃烧时将降低柴油的发热值，在低温下会结冰，从而使柴油机的燃料供给系统堵塞。而机械杂质的存在除了会引起油路堵塞外，还可能加剧喷油泵和喷油器中精密零件的磨损。

我国的柴油产品分为轻柴油和重柴油。轻柴油按凝点划分为 10 号、5 号、0 号、-10 号、-20 号、-35 号和-50 号七个牌号；重柴油则按其 50℃运动黏度（mm^2/s）划分为 10 号、20 号、30 号三个牌号。不同凝点的轻柴油适用于不同的地区和季节，不同黏度的重柴油适用于不同类型和不同转速的柴油发动机。我国一些重要牌号的轻柴油的质量标准见表2-4，要求项目与国外标准相当，并与国际水平基本一致。

（三）清洁柴油

随着石化工业和汽车工业的不断发展，我国轻柴油质量升级经历了七个阶段，清洁化水平不断提高。GB/T 19147—2009 要求硫含量≯0.035%。国内外轻柴油最新标准及世界燃料规范见表2-5。

国内清洁柴油质量与世界燃料规范相比有较大差距，主要表现在国产柴油当中直馏柴油组分占 60%，催化裂化柴油组分占 29%，焦化柴油等其他组分占 11%。由于催化裂化柴油组分和未加氢柴油比例偏高，致使柴油的十六烷值低、硫平均含量高、芳烃含量高、密度大、氧化安定性差。

根据生产超低硫柴油的发展趋势，脱硫、脱芳烃、烯烃饱和将是今后生产清洁柴油需重点解决的问题。

三、喷气燃料

喷气燃料即喷气发动机燃料，是当今在军事和民航上广泛使用的喷气式飞机上的航空涡轮发动机的燃油，是一种轻质石油产品。

（一）喷气式发动机对喷气燃料的使用性能要求

喷气式发动机是和汽油机、柴油机完全不同的一类发动机，按发动机结构和工作原理的不同分为涡轮喷气式、涡轮螺旋桨式和充压式三种类型。应用最广泛的涡轮喷气式发动机是由空气压缩机、燃烧室、燃气涡轮和尾喷管等部分构成。

涡轮喷气式发动机工作时，空气从进气道进入离心式压缩机，经加压升温后进入燃烧室，与喷嘴喷出的燃料混合并在燃烧室内连续不断燃烧，燃烧室中心的燃气温度可达 1900～

2200℃。燃烧后的高温气体与冷空气混合，温度降至750~800℃左右后进入燃气涡轮，推动涡轮以8000~16000r/min高速旋转，从而带动空气压缩机工作。燃气最后进入尾喷管，并在500~600℃的温度下高速喷入大气，产生的反作用力推动飞机前进。

表2-4　车用柴油技术要求和试验方法（GB 19147—2009）

项　目		5号	0号	-10号	-20号	-35号	-50号	试验方法
氧化安定性/（总不溶物）（mg/100mL）	不大于	2.5						SH/T 0175
硫含量[a]（质量分数）/%	不大于	0.035						SH/T 0689
10%蒸余物残炭[b]（质量分数）/%	不大于	0.3						GB/T 268
灰分（质量分数）/%	不大于	0.01						GB/T 508
铜片腐蚀（50℃，3h）/级	不大于	1						GB/T 5096
水分[c]（体积分数）/%	不大于	痕迹						GB/T 260
机械杂质[c]		无						GB/T 511
润滑性 　磨痕直径（60℃）/μm	不大于	460						SH/T 0765
多环芳烃含量[d]（质量分数）/%	不大于	11						SH/T 0606
运动黏度（20℃）/（mm²/s）		3.0~8.0		2.5~8.0		1.8~7.0		GB/T 265
凝点/℃	不高于	5	0	-10	-20	-35	-50	GB/T 510
冷滤点/℃	不高于	8	4	-5	-14	-29	-44	SH/T 0248
闪点（闭口）/℃	不低于	55			50	45		GB/T 261
着火性[e]（需满足下列要求之一） 　十六烷值 　十六烷指数	不小于 不小于	49 46			46 46	45 43		GB/T 386 SH/T 0694
馏程 　50%回收温度/℃ 　90%回收温度/℃ 　95%回收温度/℃	不高于 不高于 不高于	300 355 365						GB/T 6536
密度（20℃）/（kg/m³）[f]		810~850			790~840			GB/T 1884 GB/T 1885
脂肪酸甲酯[g]（体积分数）/%	不大于	0.5						GB/T 23801

a 也可采用GB/T 380、GB/T 11140和GB/T 17040进行测定，结果有争议时，以SH/T 0689方法为准。

b 也可采用GB/T 17144进行测定，结果有争议时，以GB/T 268方法为准。若柴油中含有硝酸酯型十六烷值改进剂，10%蒸余物残炭的测定，应用不加硝酸酯的基础燃料进行。柴油中是否含有硝酸酯型十六烷值改进剂的检验方法见附录B。

c 可用目测法，即将试样注入100mL玻璃量筒中，在室温（20℃±5℃）下观察，应当透明，没有悬浮和沉降的水分及机械杂质。结果有争议时，按GB/T 260或GB/T 511测定。

d 也可采用SH/T 0806，结果有争议时，以SH/T 0606方法为准。

e 十六烷指数的测定也可采用GB/T 11139。结果有异议时，仲裁以GB/T 386方法为准。

f 也可采用SH/T 0604，结果有争议时，以GB/T 1884方法为准。

g 不得人为加入。

表 2-5　国内外轻柴油最新标准及世界燃料规范

项　目		中国 0 号柴油	欧Ⅲ	世　界　燃　料　规　范			
标准牌号级别		GB/T 19147—2009	EN590—2004	级别 1	级别 2	级别 3	级别 4
十六烷值	不小于	49	51	48	53	55	55
十六烷指数	不小于	46		45	50	52	52
密度(15℃)/kg·m^{-3}		820~860	820~845	820~860	820~850	820~840	820~840
运动黏度(40℃)/mm^2·s^{-1}		20℃时 3.0~8.0		2.0~4.5	2.0~4.0	2.0~4.0	2.0~4.0
硫含量/μg·g^{-1}	不大于	350		3000	300	30	5~10
总芳烃含量/%	不大于			—	25	15	15
多环芳烃含量(双环+三环)/%不大于					5	2.0	2.0
T_{90}/℃	不高于	355			340	320	320
T_{95}/℃	不高于	365		370	355	340	340
终馏点/℃	不高于			—	365	350	350
闪点(闭口)/℃	不低于	55		55	55	55	55
冷滤点或 LTFT 或浊点/℃		冷滤点不高于 4℃		必须不超过要达到的大气温度			
10%蒸余物残炭/%	不大于	0.3		0.3	0.3	0.2	0.2
氧化安定性/mg·100mL^{-1}	不大于	2.5		2.5	2.5	2.5	2.5
水含量/μg·g^{-1}	不大于	痕迹		500	200	200	200
气泡时间/mL	不大于			—	—	100	100
消泡时间/s	不大于					15	25
生物生长					0	0	0
脂肪酸甲脂含量/%	不大于			5	5	5	
乙醇/甲醇含量/%		不能测出					
总酸值/mgKOH·g^{-1}	不大于	0.07			0.08	0.08	不能测出
铁腐蚀				轻锈或更低			
铜片腐蚀/级	不大于	1			1	1	1
灰分/%(质量)	不大于	0.01		0.01	0.01	0.01	0.01
微粒/mg·L^{-1}	不大于			10	10	10	10
外观		透明清亮					
喷嘴清净性能(气流损失)/%	不大于	—		85	85	85	
润滑性 HFRR 法 60℃磨痕直径/μm	不大于	460		400	400	400	400

注：① T_{90}、T_{95} 只要符合 1 个指标即可；② 冷滤点不得低于浊点 10℃；③ 方法待定。

25

这种发动机没有汽缸，燃料在压力下连续喷入到高速的空气流中，一经点燃便连续燃烧，并不像活塞式发动机那样，燃料的供应、燃烧间歇进行。另外，活塞式发动机燃料的燃烧在密闭的空间进行，而喷气式发动机燃料的燃烧是在35~40m/s的高速气流中进行的，所以燃烧速度必须大于气流速度，否则会造成火焰中断。发动机工作原理的特殊性决定其所用燃料使用性能的特殊性。

喷气燃料的最主要功能是通过燃烧产生热能作功，此外还有其他功能，如用作压缩机和尾喷管的某些部件的工作液体，在燃油-润滑油换热器中用作润滑油冷却剂，在供油部件中用作润滑介质。这些功能都是在高空飞行条件下实现的，所以对燃料的质量要求非常严格，以确保安全可靠。喷气式发动机对燃料性能的主要要求有：

①良好的燃烧性能；

②适当的蒸发性；

③较高的热值和密度；

④良好的安定性；

⑤良好的低温性；

⑥无腐蚀性；

⑦良好的洁净性；

⑧较小的起电性和着火危险性；

⑨适当的润滑性。

(二)喷气燃料的主要性能

1. 喷气燃料的燃烧性能

喷气发动机对燃料的要求非常严格，要求燃料在任何情况下都要进行连续、平稳、迅速和完全燃烧。评定喷气燃料燃烧性能的指标有热值、密度、烟点、辉光值、萘系芳烃含量等。

(1)热值、密度

单位质量燃料完全燃烧时所放出的热量，称为质量热值，单位是 kJ/kg；单位体积燃料完全燃烧时所放出的热量，称为体积热值，单位是 kJ/m³。

喷气燃料的热值和密度与其化学组成和馏分组成有关。由于氢的质量热值远比碳高，因此，氢碳比越高的燃料其质量热值也越大。在各类烃中，烷烃的氢碳比最高，芳烃最低。因此对碳原子数相同的烃类来说，其质量热值的顺序为烷烃>环烷烃、烯烃>芳香烃。但对于体积热值来说，其顺序正好与此相反，芳烃>环烷烃、烯烃>烷烃。这主要是由于芳烃的密度较大，而烷烃密度较小的缘故。对于同类烃而言，随沸点增高，密度增大，则其体积热值变大，而质量热值变小。兼顾这两方面，环烷烃是喷气燃料较理想的组分。

热值表示喷气燃料的能量性质，喷气式飞机的飞行高，速度快，续航远，这些都需要燃料具有足够的热能转化为作功保障。按发动机的用途不同，对热值的要求也略有差异。例如，对于远程飞行的民航飞机宜采用体积热值大(密度大)的燃料，这样，在一定容量的油箱中可装有更多质量的燃料，储备更多的热量，可供飞行的时间和距离越长；而对于续航时间不长的歼击机，为减少飞机载荷，应尽量使用质量热值高的燃料。

(2)烟点

又称无烟火焰高度，是指规定条件下，试样在标准灯具中燃烧时，产生无烟火焰的最大高度，单位为 mm。它是评定喷气燃料在燃烧过程中生成积炭倾向的指标。积炭是指积聚在喷嘴、火焰筒壁上的在燃烧过程中产生的炭质微粒。喷嘴上的积炭会恶化燃料的雾化质量，使燃烧过程变坏，严重影响燃料燃烧完全度。附在火焰筒壁上的积炭，会使火焰筒因受热不均匀而变形，甚至产生裂纹。此外，在发动机工作时，火焰筒壁上剥落下来的积炭碎片会进入涡轮，擦伤叶片。

喷气燃料烟点的高低与生成积炭的大小有密切关系，烟点越高，积炭越小。因此，烟点与油品组成的关系，就是积炭与组成的关系。烃类的 H/C 越小，生成积炭的倾向越大。各种烃类生成积炭的倾向为：双环芳烃>单环芳烃>带侧链芳烃>环烷烃>烯烃>烷烃。油品中芳烃特别是双环芳烃含量增高，生成积炭的倾向显著增大。

（3）辉光值

辉光值是在标准仪器内，用规定的方法测定火焰辐射强度的一个相对值，用固定火焰辐射强度下火焰温度升高的相对值表示。辉光值反映燃料燃烧时的辐射强度，用它可以评定燃料生成积炭的倾向。

辉光值与燃料的化学组成有关。当烃类碳原子数相同时，各种烃类辉光值大小顺序为：烷烃>环烷烃、烯烃>芳烃。

2. 燃料的启动性能

喷气燃料除了应保证发动机在严寒冬季能迅速启动外，还需保证发动机在高空一旦熄火时也能迅速再点燃，恢复正常燃烧，以保证飞行安全。要保证发动机在高空低温下再次启动，必须要求燃料能在 0.01~0.02MPa 和−55℃的低温下形成可燃混合气并能顺利点燃，且稳定地燃烧。燃料的启动性能与其黏度、蒸发性有关。

（1）黏度

燃料的雾化程度越好，越能加快可燃混合气的形成，因而也就加快了燃烧速度，有利于燃烧的稳定和完全。而燃料的雾化质量与其黏度有直接联系，黏度过大，则喷射角小而射程远，液滴大，雾化不良，以致燃烧不均匀，不完全，同时低温流动性差，供油量减少。燃烧不完全的气体进入燃气涡轮后继续燃烧，容易使涡轮叶片过热或烧坏；黏度过小，喷射角大而射程近，火焰燃烧区宽而短，易引起局部过热，同时黏度过小使燃料泵的磨损加大。因此要求燃料有适宜的黏度范围。

（2）蒸发性

馏分较轻的喷气燃料蒸发性好，能较快地与空气形成可燃混合气，其燃烧启动性好；馏分过重，则不利混合，喷入燃烧室的燃料不能立即蒸发燃烧，待积累相当多时，发生突然燃烧造成发动机受震击而损伤，同时未蒸发的燃料受热分解，形成积炭。

3. 喷气燃料的安定姓

（1）储存安定性

喷气燃料的不饱和烃与非烃化合物含量相对较少，贮存安定性较好。喷气燃料的贮存安定性与汽油、柴油的指标有些类似，如实际胶质、诱导期、碘值等。

（2）热安定性

当飞行速度超过音速以后，由于与空气摩擦生热，使飞机表面温度上升，油箱内燃料的温度也上升，可达100℃以上。在这样高的温度下，燃料中的不安定组分更容易氧化而生成胶质和沉淀物。这些胶质沉积在热交换器表面上，导致冷却效率降低；沉积在过滤器和喷嘴上，则会使过滤器和喷嘴堵塞，并使喷射的燃料分配不均，引起燃烧不完全等。因此，对长时间作超音速飞行的喷气燃料，要求具有良好的热安定性。

4. 喷气燃料的低温性能

喷气燃料的低温性能，是指在低温下燃料在飞机燃料系统中能否顺利地泵送和过滤的性能，即不能因产生烃类结晶体或所含水分结冰而堵塞过滤器，影响供油。喷气燃料的低温性能是用结晶点或冰点来表示的，结晶点是燃料在低温下出现肉眼可辨的结晶时的最高温度；冰点是在燃料出现结晶后，再升高温度至原来的结晶消失时的最低温度。

不同烃类的结晶点相差悬殊，相对分子质量较大的正构烷烃及某些芳香烃的结晶点较高，而环烷烃和烯烃的结晶点则较低；在同族烃中，结晶点大多随其相对分子质量的增大而升高。燃料中含有的水分在低温下形成冰晶，也会造成过滤器堵塞、供油不畅等问题。在相同温度下，芳香烃特别是苯对水的溶解度最高。因而从降低燃料对水的溶解度的角度来看，需要限制芳香烃的含量。

5. 喷气燃料的腐蚀性

喷气燃料的腐蚀主要是指喷气燃料对储运设备和发动机燃料系统产生的腐蚀。对金属材料有腐蚀作用的主要是燃料中的含氧、含硫化合物和水分。需要注意的是，喷气发动机的高压燃料油泵一般都采用了镀银机件，而银对于硫化物的腐蚀极为敏感。因此，喷气燃料质量标准中增加了银片腐蚀试验。

6. 喷气燃料的洁净度

喷气发动机燃料系统机件的精密度很高，即使较细的颗粒物质也会造成燃料系统的故障。引起燃料脏污的物质主要是水、表面活性物质、固体杂质及微生物。

水的存在，除了对燃料的腐蚀性、低温性产生不良影响外，还会破坏燃料在系统部件中所起的润滑作用，并能导致絮状物的生成和微生物的滋长。燃料中的表面活性物质会增强油水乳化，使油中的水不易分离，并且会促使一些细微的杂质聚集在过滤器上，使过滤器的使用周期大大缩短。固体杂质对于燃料系统中的高压油泵和喷油嘴等精密部件危害极大。喷气燃料中若含有细菌不但会加速油料容器的腐蚀和使涂层松软，如果条件合适，还会大量繁殖，以致堵塞过滤器。

7. 喷气燃料的起电性及着火危险性

喷气发动机的耗油量很大，在机场往往采用高速加油。在泵送燃料时，燃料和管壁、阀门、过滤器等高速摩擦，油面就会产生和积累大量的静电荷，其电势可达到数千伏甚至上万伏。这样，到一定程度就会产生火花放电，如果遇到可燃混合气，就会引起爆炸失火，往往酿成重大灾害。影响静电荷积累的因素很多，其中之一是燃料本身的电导率。同时考虑到防火安全性，质量标准对燃料的电导率及闪点提出了要求。

8. 喷气燃料的润滑性

喷气发动机燃料泵依靠自身泵送的燃料润滑，因此要求燃料具有较好的润滑性。燃料组分的润滑性能按照：非烃化合物>多环芳烃>单环芳烃>环烷烃>烷烃的顺序依次降低。可见，含有少量的极性物质，对喷气燃料的润滑性能是有利的。当然，含量不能过多，否则会引起腐蚀等其他弊病。由此可见，对喷气燃料的精制深度要适当，若精制过深，则会使其润滑性能变差。

(三) 喷气燃料牌号

喷气燃料又称航空煤油，按生产方法可分为直馏喷气燃料和二次加工喷气燃料两类；按馏分的宽窄、轻重又可分为宽馏分型、煤油型及重煤油型，共分为1号、2号、3

号、4号、5号、6号六个牌号。3号喷气燃料为较重煤油型燃料，民航飞机、军用飞机通用，已逐步取代1号和2号喷气燃料，成为产量最大的喷气燃料，其质量标准见表2-6。

表2-6　3号喷气燃料的技术要求

项　目		指　标	试　验　方　法
外观		室温下清澈透明，目视无不溶解水及固体物质	目测
颜色	不小于	+25[a]	GB/T 3555
组成			
总酸值/(mgKOH/g)	不大于	0.015	GB/T 12574
芳烃含量(体积分数)/%	不大于	20.0[b]	GB/T 11132
烯烃含量(体积分数)/%	不大于	5.0	GB/T 11132
总硫含量(质量分数)/%	不大于	0.20[c]	GB/T 380
			GB/T 11140
			GB/T 17040
			SH/T 0253
			SH/T 0689
硫醇性硫(质量分数)/%	不大于	0.0020	GB/T 1792
或博士试验[d]		通过	SH/T 0174
直馏组分(体积分数)/%		报告	
加氢精制组分(体积分数)/%		报告	
加氢裂化组分(体积分数)/%		报告	
挥发性			
馏程:			GB/T 6536
初馏点/℃		报告	
10%回收温度/℃	不高于	205	
20%回收温度/℃		报告	
50%回收温度/℃	不高于	232	
90%回收温度/℃		报告	
终馏点/℃	不高于	300	
残留量(体积分数)/%	不大于	1.5	
损失量(体积分数)/%	不大于	1.5	
闪点(闭口)/℃	不低于	38	GB/T 261
密度(20℃)/(kg/m³)		775~830	GB/T 1884，GB/T 1885
流动性			
冰点/℃	不高于	-47	GB/T 2430，SH/T 0770[e]
黏度/(mm²/s)			GB/T 265
20℃	不小于	1.25[f]	
-20℃	不大于	8.0	

项　目		指　标	试　验　方　法
燃烧性			
净热值/（MJ/kg）	不小于	42.8	GB/T 384^g，GB/T 2429
烟点/mm	不小于	25.0	GB/T 382
或烟点最小为 20mm 时，			
萘系烃含量（体积分数）/%	不大于	3.0	SH/T 0181
或辉光值	不小于	45	GB/T 11128
腐蚀性			
铜片腐蚀（100℃，2h）/级	不大于	1	GB/T 5096
银片腐蚀（50℃，4h）/级	不大于	1^h	SH/T 0023
安定性			
热安定性（260℃，2.5h）			GB/T 9169
压力降/kPa	不大于	3.3	
管壁评级		小于 3，且无孔雀蓝色 或异常沉淀物	
洁净性			
实际胶质/（mg/100mL）	不大于	7	GB/T 8019，GB/T 509ⁱ
水反应			GB/T 1793
界面情况/级	不大于	1b	
分离程度/级	不大于	2^j	
固体颗粒污染物含量/（mg/L）	不大于	1.0	SH/T 0093
导电性			
电导率（20℃）/（pS/m）		50~450^k	GB/T 6539
水分离指数			SH/T 0616
未加抗静电剂	不小于	85	
加入抗静电剂	不小于	70	
润滑性			
磨痕直径 WSD/mm	不大于	0.65^l	SH/T 0687

经铜精制工艺的喷气燃料，油样应按 SH/T 0182 方法测定铜离子含量，不大于 150μg/kg。

a　对于民用航空燃料，从炼油厂输送到客户，输送过程中的颜色变化不允许超出以下要求：初始赛波特颜色大于+25，变化不大于 8；初始赛波特颜色在 25~15 之间，变化不大于 5；初始赛波特颜色小于 15 时，变化不大于 3。

b　对于民用航空燃料的芳烃含量（体积分数）规定为不大于 25.0%。

c　如有争议时，以 GB/T 380 为准。

d　硫醇性硫和博士试验可任做一项，当硫醇性硫和博士试验发生争议时，以硫醇性硫为准。

e　如有争议以 GB/T 2430 为准。

f　对于民用航空燃料，20℃的黏度指标不作要求。

g　如有争议时，以 GB/T 384 为准。

h　对于民用航空燃料，此项指标可不要求。

i　如有争议时，以 GB/T 8019 为准。

j　对于民用航空燃料不要求报告分离程度。

k　如燃料不要求加抗静电剂，对此项指标不作要求。燃料离厂时要求大于 150pS/m。

l　民用航空燃料要求 WSD 不大于 0.85mm。

从喷气燃料的使用性能来看，喷气燃料的理想组分应是环烷烃。这是因为虽然正构烷烃质量热值大、积炭生成倾向小，但体积热值小，并且低温性能差，所以不甚理想；芳烃虽然有较高的体积热值，但质量热值低，且燃烧不完全，易形成积炭，吸水性大，所以更不是理想的烃类，规格中限定芳烃含量不能大于20%；烯烃虽然具有较好的燃烧性能，但安定性差，生成胶质的倾向大，也被限制使用，因此说，综合考虑各方面的因素，环烷烃是喷气燃料的理想组分。

第二节　润滑油

两个相互接触的物体，当接触表面在外力作用下发生相对运动时，存在一个阻止物体相对运动的作用力，此作用力叫摩擦力，两个相对的接触面，叫摩擦副。

物体摩擦的种类很多，有外摩擦、内摩擦、滑动摩擦、滚动摩擦、干摩擦、边界润滑摩擦、流体润滑摩擦、混合润滑摩擦等。摩擦带来的表观现象有高温、高压、噪音、磨损，其中危害最大的是磨损，它直接影响机械设备的正常运转甚至失效。

润滑就是在相对运动的摩擦接触面之间加入润滑剂，使两接触表面之间形成润滑膜，变干摩擦为润滑剂内部分子间的内摩擦，以达到减少摩擦，降低磨损，延长机械设备使用寿命的目的。润滑剂有润滑油、润滑脂、固体润滑剂、气体润滑剂四大类，其中润滑油和润滑脂为石油产品。

润滑油是指在各种发动机和机器设备上使用的石油基液体润滑剂。虽然润滑油的产量仅占原油加工量的2%左右，但因其使用对象、条件千差万别，品种繁多，应用广泛，而且使用要求严格，是除石油燃料之外的最重要的一类石油产品。与汽车、机械、交通运输等行业的发展密切相关，各国都十分重视润滑油的研究与生产。

一、润滑油的作用

润滑油的作用主要有：

①降低摩擦　在摩擦面之间加入润滑油，形成吸附膜，将摩擦表面隔开，使金属表面间的摩擦转化成具有较低抗剪强度的油膜分子之间的内摩擦，从而降低摩擦阻力和能源消耗，使摩擦副运转平稳。但对于汽车自动变速装置和制动器等，润滑的作用则是控制摩擦。

②减少磨损　摩擦面间具有一定强度的吸附膜，可降低摩擦并承载负荷，因此可以减少表面磨损及划伤，保持零件的配合精度。

③冷却降温　可以将摩擦时产生的热量带走，降低机械发热。

④防止腐蚀　摩擦表面的吸附膜可以隔绝空气、水蒸气及腐蚀性气体等环境介质对摩擦表面的侵蚀，防止或减缓生锈。

此外，某些润滑油可以将冲击振动的机械能转变为液压能，起阻尼、减振或缓冲作用。随着润滑油的流动，可将摩擦表面上的污染物、磨屑等冲洗带走，起到洗涤的作用。有的润滑油还可起密封作用，防止冷凝水、灰尘及其他杂质的侵入。

二、润滑油的基本性能

根据润滑油的基本功能，要求润滑油具备以下基本性能：

①摩擦性能　一般要求润滑油具有尽可能小的摩擦系数，保证机械运行敏捷而平稳，减少能耗。

②适宜的黏度　黏度是润滑油最重要的性能，因此选择润滑油时首先考虑黏度是否合适。高黏度易于形成动压膜，油膜较厚，能支承较大负荷，防止磨损。但黏度太大，即内摩擦太大，会造成摩擦热增大，摩擦面温度升高，而且在低温下不易流动，不利于低温启动；低黏度时，摩擦阻力小，能耗低，机械运行稳定，温升不高。但如黏度太低，则油膜太薄，承受负荷的能力小，易于磨损，且易渗漏流失，特别是容易渗入疲劳裂纹，加速疲劳扩展，从而加速疲劳磨损，降低机械零件寿命。

③极压性　当摩擦件之间处于边界润滑状态时，黏度作用不大，主要靠边界膜强度支承载荷，因此要求润滑油具有良好的极压性，以保证在边界润滑状态下，如启动和低速重负荷时，仍具有良好的润滑。

④化学安定性和热稳定性　润滑油从生产、销售、贮存到使用有一个过程，因此要求润滑油具有良好的化学安定性和热稳定性，使其不易被氧化、分解变质。对某些特殊用途的润滑油还要求耐强化学腐蚀性能和耐辐射。

⑤材料适应性　润滑油在使用中必然与金属和密封材料相接触，因此要求其对接触的金属材料不腐蚀，对橡胶等密封材料不溶胀。

⑥纯净度　要求润滑油不含水和杂质。因水能造成润滑油乳化，使油膜变薄或破坏，造成磨损，而且使金属生锈；杂质可堵塞油滤和喷嘴，造成断油事故，杂质进入摩擦面能引起磨粒磨损。因此，一般润滑油的规格标准中都要求油色透明，且不含机械杂质和水分。

三、润滑油的组成

润滑油是由基础油和各类添加剂组成的，一般而言，基础油占 70%~95%，添加剂占 5%~30%。

常见的基础油有矿物油、合成油及半合成油，添加剂则有抗氧化剂、抗腐蚀剂、抗磨剂、清净分散剂、防锈剂、极压剂、抗泡沫剂、乳化剂、金属钝化剂、黏度指数改进剂等。

润滑油的基础油具备了润滑油的基本特征和某些使用性能，但仅仅依靠提高润滑油的加工技术，并不能生产出各种性能都符合使用要求的润滑油。为弥补润滑油某些性质上的缺陷并赋予润滑油一些新的优良性质，润滑油中要加入各种功能不同的添加剂。添加剂的作用主要有两个方面：一是改变了润滑油的物理性能，如黏度、凝点等；二是增加或增强了润滑油的化学性质，如抗氧抗腐性能等。添加剂的使用，不仅满足了各种新型机械和发动机的要求，而且延长了润滑油的使用寿命。

四、润滑油基础油

基础油是润滑剂的最重要成分。按所有润滑油的质量平均计算，基础油占润滑剂配方的95%以上。有些润滑油系列(如某些液压油和压缩机润滑油)，其化学添加剂仅占1%。因而基础油决定着润滑油的基本性质。基础油分为矿物油和合成油两大类。所谓矿物油，就是以原油的减压馏分或减压渣油为原料，经过脱沥青、脱蜡和精制等过程而制得。矿物润滑油约占全部润滑油的97%左右。

1995 年原中国石化总公司提出了新的基础油分类方法，见表 2-7。

表 2-7 润滑油基础油分类及代号(Q/SHR 001—1995)

黏度指数 品种代号 类别	超高黏度指数 $VI \geqslant 140$	很高黏度指数 $120 \leqslant VI < 140$	高黏度指数 $90 \leqslant VI < 120$	中黏度指数 $40 \leqslant VI < 90$	低黏度指数 $VI < 40$
通用基础油	UHVI	VHVI	HVI	MVI	LVI
专用基础油 低凝	UHVIW	VHVIW	HVIW	MVIW	—
专用基础油 深度精制	UHVIS	VHVIS	HVIS	MVIS	—

注：表 2-7 中，VI 为黏度指数(Viscosity Index)的英文缩写，L、M、H、VH、UH 分别为低(Low)、中(Middle)、高(High)、很高(Very High)、超高(Ultra High)的英文字头；W 为 Winter 的字头，表示其低凝特性；S 为 Super 的字头，表示其深度精制特性。

基础油性质对润滑油使用性能的影响见表 2-8。随着科学技术的发展，润滑油朝着节能、环保型方向发展，对新一代基础油也提出了更高要求，见表 2-9。除此之外，润滑油基础油还需低硫或无硫、无环境污染。

表 2-8 基础油性质对润滑油使用性能的影响

基础油性质	对润滑油使用性能的影响
黏度	低温性能，摩擦损失，磨损
化学活性	腐蚀趋势，磨损
热氧化安定性	摩擦损失，酸和油泥的生成
挥发性	残渣和积炭的生成
溶解能力	残渣和积炭的生成，与密封材料的相容性
表面活性	起泡趋向，抗乳化能力，摩擦损失

表 2-9 新一代润滑油对基础油的要求

润滑油	性能要求	对基础油的要求
内燃机油	低排放	低黏度时，油的挥发性低
内燃机油	低油耗	低黏度时，油的挥发性低
内燃机油	省燃料	低黏度，高黏度指数
内燃机油	延长换油期	抗氧性好
齿轮油	不换油	抗氧性好
齿轮油	省燃油	高黏度指数
传动液	流动性好	高黏度指数
传动液	省燃料	低黏度，低挥发性

润滑油基础油是成品润滑油的主体，在润滑油的质量提高及升级换代中发挥重要作用。

特别是随着环保及节能法规的日益严格，发动机的动力性能要求越来越高，基础油的作用日益明显。

五、内燃机润滑油

燃料在汽缸内直接燃烧，靠燃气膨胀推动活塞对外做功的热机称内燃机。内燃机在做机械运动时，其活塞环与缸套、曲轴连杆及轴承都需要润滑油进行润滑，这种润滑油统称为内燃机润滑油简称内燃机油，也称发动机润滑油或曲轴箱油，它是润滑油中用量最大、性能要求较高、品种规格繁多、工作条件相当苛刻的一种油品。内燃机油广泛用于汽车、内燃机车、船舶、摩托车等。

(一) 内燃机的工作特点

内燃机润滑系统是由下曲轴箱、润滑油泵、润滑油散热器、粗滤清器、细滤清器组成。内燃机润滑油通过油泵的压力循环或通过激溅等方法，被送到汽缸和活塞之间，以及连杆轴承、曲轴轴承等摩擦部位，以保证发动机的正常润滑和运转。随着内燃机向高速和大功率的方向发展，它的工作条件越来越苛刻，其主要特点见表2-10。

内燃机的工作特点要求内燃机油要具有润滑作用、冷却作用、洗涤作用、密封作用、防锈作用、缓冲作用等。

表2-10 内燃机的工作特点

特 点	含 义
使用温度高	汽缸和活塞都直接与2000℃以上燃气接触，汽油机活塞顶部温度可达180~270℃，曲轴箱平均油温85~95℃
摩擦件间的负荷较大	主轴承处的负荷为5~12MPa，连杆轴承处可达35MPa
运动速度多变	活塞在汽缸中的运动速度周期性变化，最快速度达每秒数十米，而在上止点和下止点时其速度为零
所处的环境复杂	润滑油循环使用，长时间与空气中的氧以及多种能对氧化反应起催化作用的金属相接触

(二) 内燃机油的主要性能

1. 适宜的黏度和良好的黏温性能

内燃机油的黏度主要关系到发动机在低温下的启动性(又称低温泵送性)和机件的磨损程度、燃油和润滑油的消耗量和功率损耗的大小。

内燃机油黏度过大，流动性差，进入摩擦副所需时间长，燃料消耗增大，机件磨损加大，清洗和冷却性差，但密封性能好；黏度过小不能形成可靠油膜，既不能保证润滑，密封又差，磨损大，功率下降，因此要求内燃机油黏度适宜。由于内燃机各部位工作温度范围比较宽广，可从室温(冬季可达-40℃以下)到300℃以上的温度，因此要求内燃机油应有良好的黏温性能(黏度随温度变化的性质)，也就是说，要考虑到在低温下要求它有足够的流动性，以保证顺利启动；在高温下要求它有足够的黏度以保证润滑。特别是那些要求南北方通用，冬夏通用的多级润滑油，对黏温特性的要求更高。

为改善油品的黏温特性，通常需选择黏温特性较好的基础油，可通过加入黏度指数改进剂来提高油品的黏温特性，加入降凝剂来改善润滑油的低温流动性。

2. 良好的氧化安定性

内燃机油在高温工作条件下，氧化速度加快，易于变质生成腐蚀金属的酸性物质和使黏度变大的胶质、油泥等而失去润滑作用，造成黏环、拉缸和机件腐蚀。为防止氧化，通常在油中添加抗氧剂、抗腐蚀剂等。

3. 良好的清净分散性

燃料在内燃机燃烧室中燃烧而生成的炭粒烟尘、未燃燃料及润滑油氧化生成的积炭和油泥等，集结在一起会在活塞、活塞环槽、气缸壁和排气口处沉积、结焦或堵塞滤清器和油孔，使发动机磨损增加、散热不良、活塞环黏着、换气不良、排气不畅、供油不足而造成润滑不良、油耗增大、功率下降。为了避免这些不良影响，需要往油中加油溶性的清净分散添加剂。它可以将积炭和漆膜从活塞等部件上清洗下来，并均匀地分散于油中，生成的油泥也可以被分散在油而不形成大颗粒影响润滑。内燃机油的这种清净分散作用对保证发动机正常工作至关重要，这是发动机油与其他工业用油最重要的不同点之一。

4. 良好的润滑性、抗磨性

内燃机承受的负荷较大，特别是曲轴主轴承、连杆轴承、活塞销轴承、凸轮挺杆间间隙处等，常常承受冲击载荷而处于边界润滑状态，容易产生擦伤性磨损，因此，要求内燃机具有完善的润滑系统，内燃机油具有良好的润滑性和抗磨性。

5. 良好的抗腐蚀性和酸中和性

内燃机油在使用过程中由于受温度、空气及某些金属的影响，自身会氧化生成具有腐蚀作用的酸性物质和油泥，对金属有腐蚀性，另外燃料的燃烧产物，如含硫燃料燃烧后产生的硫酸易使内燃机零件产生腐蚀性磨损和其他故障。因此要求内燃机油具有良好的抗腐蚀性和酸中和性。为了防止上述缺点，要在油中添加碱性化合物（金属型清净剂）以抑制腐蚀。所以在内燃机油的技术指标中规定了总碱值(TBN)，总碱值大的油，其酸中和能力强，防止金属腐蚀的能力也强。

6. 良好的抗泡沫性

内燃机油在油底壳中，由于曲轴的强烈搅动和进行飞溅润滑，很容易生成气泡而影响其润滑性能，同时会使油泵抽空，导致故障，因此现代的内燃机油中都添加抗泡沫剂以提高其抗泡沫性能。

（三）内燃机油的种类

内燃机油按用途可分为汽油机油、柴油机油、船用内燃机油以及气体燃料发动机油、醇燃发动机油、绝热发动机油。目前在我国生产量最大的是汽油机油，约占内燃机油总量的一半以上。

我国国家标准规定的汽油机油包括 SE、SF、SG、SH、GF-1、SJ、GF-2、SL 和 GF-3 等 9 个品种，每个品种又按黏度划分等级，见表 2-11 及表 2-12。

商品牌号综合了内燃机油的使用场合、黏度等级和质量等级等信息。如 CD10W/30 中 CD 为质量级，表示柴油机油"D"级；10W/30 是多级油的黏度级别，表示冬夏季通用油；10W 指黏度等级为"10"级；30 指 100℃时黏度等级为"30"级。

内燃机油质量标准中除规定了其理化性能外，还提出了发动机试验要求。内燃机油的发动机试验包括轴瓦腐蚀试验、剪切安定性试验、低温锈蚀试验、高温清净性和抗磨性试验以及按照不同程序进行的发动机性能评定试验。除符合上述要求外，对于新研制的内燃机油，往往还要进行长距离的实地行车试验，才能评定其质量是否合格。每类润滑油都有特定的评定方法和指标体系，柴油机油的要求比汽油机油的要求更为苛刻。

除此以外，对于二冲程汽油机润滑油、铁路内燃机车柴油机润滑油、船用柴油机油和航空润滑油还各有品种牌号及质量指标。

表 2-11　汽油机油黏温性能要求（GB 11121—2006）

项　　目		低温动力黏度/ (mPa·s) 不大于	边界泵送温度/ ℃ 不大于	运动黏度 (100℃)/ (mm²/s)	黏度指数 不小于	倾点/ ℃ 不高于
试验方法		GB/T 6538	GB/T 9171	GB/T 265	GB/T 1995、 GB/T 2541	GB/T 3535
质量等级	黏度等级	—	—	—	—	—
SE、SF	0W-20	3250(-30℃)	-35	5.6～<9.3	—	-40
	0W-30	3250(-30℃)	-35	9.3～<12.5	—	
	5W-20	3500(-25℃)	-30	5.6～<9.3	—	-35
	5W-30	3500(-25℃)	-30	9.3～<12.5	—	
	5W-40	3500(-25℃)	-30	12.5～<16.3	—	
	5W-50	3500(-25℃)	-30	16.3～<21.9	—	
	10W-30	3500(-20℃)	-25	9.3～<12.5	—	-30
	10W-40	3500(-20℃)	-25	12.5～<16.3	—	
	10W-50	3500(-20℃)	-25	16.3～<21.9	—	
	15W-30	3500(-15℃)	-20	9.3～<12.5	—	-23
	15W-40	3500(-15℃)	-20	12.5～<16.3	—	
	15W-50	3500(-15℃)	-20	16.3～<21.9	—	
	20W-40	4500(-10℃)	-15	12.5～<16.3	—	-18
	20W-50	4500(-10℃)	-15	16.3～<21.9	—	
	30	—	—	9.3～<12.5	75	-15
	40	—	—	12.5～<16.3	80	-10
	50	—	—	16.3～<21.9	80	-5

项 目		低温动力黏度/(mPa·s) 不大于	低温泵送黏度/(mPa·s) 在无屈服应力时,不大于	运动黏度(100℃)/(mm²/s)	高温高剪切黏度(150℃,$10^6 s^{-1}$)/(mPa·s) 不小于	黏度指数 不小于	倾点/℃ 不高于
试验方法		GB/T 6538、ASTM D5293[c]	SH/T 0562	GB/T 265	SH/T 0618[d]、SH/T 0703、SH/T 0751	GB/T 1995、GB/T 2541	GB/T 3535
质量等级	黏度等级	—	—	—	—	—	—
SG、SH、GF-1[a]、SJ、GF-2[b]、SL、GF-3	0W-20	6200(-35℃)	60000(-40℃)	5.6~<9.3	2.6	—	-40
	0W-30	6200(-35℃)	60000(-40℃)	9.3~<12.5	2.9	—	-40
	5W-20	6600(-30℃)	60000(-35℃)	5.6~<9.3	2.6	—	-35
	5W-30	6600(-30℃)	60000(-35℃)	9.3~<12.5	2.9	—	-35
	5W-40	6600(-30℃)	60000(-35℃)	12.5~<16.3	2.9	—	-35
	5W-50	6600(-30℃)	60000(-35℃)	16.3~<21.9	3.7	—	-35
	10W-30	7000(-25℃)	60000(-30℃)	9.3~<12.5	2.9	—	-30
	10W-40	7000(-25℃)	60000(-30℃)	12.5~<16.3	2.9	—	-30
	10W-50	7000(-25℃)	60000(-30℃)	16.3~<21.9	3.7	—	-30
	15W-30	7000(-20℃)	60000(-25℃)	9.3~<12.5	2.9	—	-25
	15W-40	7000(-20℃)	60000(-25℃)	12.5~<16.3	3.7	—	-25
	15W-50	7000(-20℃)	60000(-25℃)	16.3~<21.9	3.7	—	-25
	20W-40	9500(-15℃)	60000(-20℃)	12.5~<16.3	3.7	—	-20
	20W-50	9500(-15℃)	60000(-20℃)	16.3~<21.9	3.7	—	-20
	30	—	—	9.3~<12.5	—	75	-15
	40	—	—	12.5~<16.3	—	80	-10
	50	—	—	16.3~<21.9	—	80	-5

a 10W 黏度等级低温动力黏度和低温泵送黏度的试验温度均升高 5℃,指标分别为:不大于 3500mPa·s 和 30000mPa·s。

b 10W 黏度等级低温动力黏度的试验温度升高 5℃,指标为:不大于 3500mPa·s。

c GB/T 6538—2000 正在修订中,在新标准正式发布前 0W 油使用 ASTM D5293:2004 方法测定。

d 为仲裁方法。

表 2-12　柴油机油黏温性能要求(GB 11122—2006)

项　　目		低温动力黏度/ (mPa·s) 不大于	边界泵送温度/ ℃ 不高于	运动黏度 (100℃)/ (mm²/s)	高温高剪切黏度(150℃, $10^6 s^{-1}$)/ (mPa·s) 不小于	黏度指数 不小于	倾点/ ℃ 不高于
试验方法		GB/T 6538	GB/T 9171	GB/T 265	SH/T 0618[b] SH/T 0703、 SH/T 0751	GB/T 1995、 GB/T 2541	GB/T 3535
质量等级	黏度等级	—	—	—	—	—	—
CC[a]、CD	0W-20	3250(-30℃)	-35	5.6~<9.3	2.6	—	-40
	0W-30	3250(-30℃)	-35	9.3~<12.5	2.9	—	
	0W-40	3250(-30℃)	-35	12.5~<16.3	2.9	—	
	5W-20	3500(-25℃)	-30	5.6~<9.3	2.6	—	-35
	5W-30	3500(-25℃)	-30	9.3~<12.5	2.9	—	
	5W-40	3500(-25℃)	-30	12.5~<16.3	2.9	—	
	5W-50	3500(-25℃)	-30	16.3~<21.9	3.7	—	
	10W-30	3500(-20℃)	-25	9.3~<21.5	2.9	—	-30
	10W-40	3500(-20℃)	-25	12.5~<16.3	2.9	—	
	10W-50	3500(-20℃)	-30	16.3~<21.9	3.7	—	
	15W-30	3500(-15℃)	-20	9.3~<12.5	2.9	—	-23
	15W-40	3500(-15℃)	-20	12.5~<16.3	3.7	—	
	15W-50	3500(-15℃)	-20	16.3~<21.9	3.7	—	
	20W-40	4500(-10℃)	-15	12.5~<16.3	3.7	—	-18
	20W-50	4500(-10℃)	-15	16.3~<21.9	3.7	—	
	20W-60	4500(-10℃)	-15	21.9~<26.1	3.7	—	
	30	—	—	9.3~<12.5	—	75	-15
	40	—	—	12.5~<16.3	—	80	-10
	50	—	—	16.3~<21.9	—	80	-5
	60	—	—	21.9~<26.1	—	80	-5

a　CC 不要求测定高温高剪切黏度。

b　为仲裁方法。

项目		低温动力黏度/(mPa·s) 不大于	低温泵送黏度/(mPa·s) 在无屈服应力时，不大于	运动黏度(100℃)/(mm²/s)	高温高剪切黏度(150℃, 10^6 s^{-1})/(mPa·s) 不小于	黏度指数 不小于	倾点/℃ 不高于
试验方法		GB/T 6538、ASTM D5293[b]	SH/T 0562	GB/T 265	SH/T 0618[c] SH/T 0703 SH/T 0751	GB/T 1995 GB/T 2541	GB/T 3535
质量等级	黏度等级	—	—	—	—	—	—
CF、CF-4、CH-4、CI-4[a]	0W-20	6200(-35℃)	60000(-40℃)	5.6~<9.3	2.6	—	-40
	0W-30	6200(-35℃)	60000(-40℃)	9.3~<12.5	2.9	—	
	0W-40	6200(-35℃)	60000(-40℃)	12.5~<16.3	2.9	—	
	5W-20	6600(-30℃)	60000(-35℃)	5.6~<9.3	2.6	—	-35
	5W-30	6600(-30℃)	60000(-35℃)	9.3~<12.5	2.9	—	
	5W-40	6600(-30℃)	60000(-35℃)	12.5~<16.3	2.9	—	
	5W-50	6600(-30℃)	60000(-35℃)	16.3~<21.9	3.7	—	
	10W-30	7000(-25℃)	60000(-30℃)	9.3~<12.5	2.9	—	-30
	10W-40	7000(-25℃)	60000(-30℃)	12.5~<16.3	2.9	—	
	10W-50	7000(-25℃)	60000(-30℃)	16.3~<21.9	3.7	—	
	15W-30	7000(-20℃)	60000(-25℃)	9.3~<12.5	2.9	—	-25
	15W-40	7000(-20℃)	60000(-25℃)	12.5~<16.3	3.7	—	
	15W-50	7000(-20℃)	60000(-25℃)	16.3~<21.9	3.7	—	
	20W-40	9500(-15℃)	60000(-20℃)	12.5~<16.3	3.7	—	-20
	20W-50	9500(-15℃)	60000(-20℃)	16.3~<21.9	3.7	—	
	20W-60	9500(-15℃)	60000(-20℃)	21.9~<26.1	3.7	—	
	30	—	—	9.3~<12.5	—	75	-15
	40	—	—	12.5~<16.3	—	80	-10
	50	—	—	16.3~<21.9	—	80	-5
	60	—	—	21.9~<26.1	—	80	-5

a CI-4 所有黏度等级的高温高剪切黏度均为不小于 3.5mPa·s，但当 SAE J300 指标高于 3.5mPa·s 时，允许以 SAE J300 为准。

b GB/T 6538—2000 正在修订中，在新标准正式发布前 0W 油使用 ASTM D 5293：2004 方法测定。

c 为仲裁方法。

六、齿轮油

齿轮机构是机械中最主要的传动机构，用于传递运动和动力，在汽车、拖拉机、机床和轧钢机等机械设备中得到广泛应用。

(一) 齿轮的工作特点

运动和动力的传递是在齿轮机构中每对啮合齿面的相互作用、相互运动中完成的。齿轮的当量半径小，难形成油楔；齿轮之间的接触面积很小，基本是线接触，所以其承受的压力大，如汽车传动装置中双曲线齿轮其接触部位的压力可高达1000~4000MPa。在运动过程中既有滚动摩擦，又有滑动摩擦，而且滑动的方向和速度急剧变化。齿轮的工作条件使齿轮油极易从齿间被挤压出来，容易引起齿面的擦伤和磨损。为此，齿轮油要具有在高负荷下使齿面处于边界润滑和弹性流体动力润滑状态的性能。

由齿轮的工作特点可知，齿轮油要具有减少齿轮及轴承的磨损，以保证齿轮装置的正常运转和齿轮寿命的作用；降低摩擦，以减少功率损失作用；分散热量，有冷却作用，降低工作温度作用；防止腐蚀和生锈作用；减少噪声、振动和齿轮之间的冲击作用；冲洗污染物，特别是冲洗齿面上的固体颗粒，以免造成磨粒磨损的作用。

(二) 齿轮油的主要性能

为了保证齿轮传动的正常运转，满足各种使用条件，达到齿轮油的各种作用，对齿轮油提出以下性能要求。

1. 优良的油性、极压性及抗磨性

润滑油分子在摩擦副上的吸附力称为油性。极压性是指润滑油在低速高负荷或高速冲击负荷条件下(摩擦面接触压力非常高、油膜容易破裂)，即在边界润滑条件下，防止擦伤和烧结的能力。抗磨性是指润滑油在轻负荷和中等负荷条件下，即在流体润滑或混合润滑条件下，能在摩擦表面形成薄膜，防止磨损的能力。

齿轮在工作时，齿面所处于的润滑状态比较复杂，既有流体动力润滑和弹性流体润滑，又有边界润滑，在如此苛刻的工况下，齿轮油必须能在齿轮机高速、低速重载或冲击负荷下迅速形成边界吸附膜或化学反应膜，以防齿面磨损、擦伤、胶合。因此需要齿轮油具有良好的油性、极压性和抗磨性。

2. 良好的热氧化安定性

齿轮油在工作中被激烈搅动，工作温度也比较宽。如重型载重汽车齿轮装置的工作温度相当高，可达到160~180℃，而小汽车变速箱的操作温度却不很高。在与空气、金属、杂质等的接触中，在高温下齿轮油会发生氧化，造成油品黏度增加、酸值增大、表面张力下降等现象，进一步氧化则会生成沉淀及酸性物质，从而引起金属腐蚀。氧化生成的极性沉淀物质还会吸附油中的极性添加剂，降低油品的使用性能。

热氧化安定性越好，油就可以延长使用期，而且不会因氧化生成的氧化产物造成对金属的腐蚀或磨损。

3. 适宜的黏度及良好的黏温性能

黏度是齿轮油最基本的性质。齿轮油的黏度应该使传动机构工作时，消耗于润滑油内摩擦的能量少，同时又能保证齿轮及轴承摩擦面不发生擦伤及噪声、漏油。黏度大，形成的润滑油膜厚，有利于齿面保护，抗负载能力强且对减小噪声及漏油有利。但是黏度不是越高越好。因为，齿轮工作时搅动齿轮油，液体内摩擦发生摩擦热，会使油温升高。油温升高，齿轮整体温度和齿面温度随之升高，油膜容易被破坏，所以齿轮油的黏度不可太大。齿轮油的黏度要适当。例如，对车辆齿轮油来说应满足如下要求：在最低工作温度下的最大黏度须能保证汽车不经预热可以顺利起步；在一般运行工况下齿轮油内摩擦消耗不应使所传递的功率明显下降；在最高工作温度时的黏度须保证齿轮的可靠润滑。因此要根据齿轮所在部位及工作条件，选择合适的黏度。除此之外，还必须具有较大的黏度指数，即具有良好的黏温性能，以保证摩擦面高温下，齿轮油黏度不致降低太多，以形成足够厚的润滑油膜，防止摩擦面擦伤；低温下具有较好的流动性，保证齿轮转动时将足够量的油带到齿面及轴承，防止出现损伤。

4. 良好的抗腐蚀、抗锈蚀性能

腐蚀主要是指金属在环境介质下发生化学作用或电化学作用而引起的破坏。锈蚀是指黑色金属在大气中受到氧和水的化学作用而引起的破坏(表面生锈)。

在齿轮装置中某些部件是用铜或其他铜合金制成的，它极易与齿轮油中的极性添加剂发生反应，造成腐蚀；另外，空气中的水蒸气会冷凝在齿轮装置中，引起齿面及油箱锈蚀。腐蚀与锈蚀不仅破坏了润滑状态，还会引起齿轮油变质，产生恶性循环。

5. 良好的抗泡沫性

齿轮转动时，不可避免地会将空气带入油中，齿轮油在空气存在的情况下受到激烈的搅拌会产生许多小气泡，油和空气一起到达润滑部位，油就不能充分供给，造成齿轮磨损和咬合；另外，泡沫的导热性差，易引起齿面过热，使油膜受到破坏。泡沫严重时，上升到液面的气泡则会从齿轮箱的通气孔中逸出，发生溢流事故。或堵塞油路，使供油量减少。所以齿轮油在工作中生成的泡沫要少，并且生成的泡沫能很快消失。

6. 良好的抗乳化性

齿轮油在使用中不可避免会与水接触，如果齿轮油的分水能力差，油与水混在一起，齿轮油乳化变质，严重影响润滑油膜的形成，将会造成齿面擦伤和磨损。因此齿轮油应具有良好的抗乳化性。

7. 良好的储存安定性

齿轮油中添加了不少极性添加剂，其中一些添加剂在低温储存时，容易析出，而在高温下添加剂之间又可能会相互反应生成沉淀，降低使用性能。因此齿轮油要具有良好的储存安定性。

8. 与密封材料的适应性

如果齿轮油与密封材料的适应性不好，会造成密封材料溶胀、硬化，导致密封材料发生变形，密封作用变差，同时机械强度和使用寿命下降。因此齿轮油必须与密封材料有很好的相容性。

(三)齿轮油的种类

齿轮油分为车辆齿轮油和工业齿轮油两大类。我国根据 GB/T 7631.7—1995 润滑剂和有关产品(L类)的分类原则，把车辆齿轮油分为普通车辆齿轮油、中负荷车辆齿轮油、重负荷车辆齿轮油三类；工业齿轮油按使用场合不同分为工业闭式齿轮油和工业开式齿轮油。近年来，标号为 80W/90、85W/90、85W/140 等多级齿轮油应用日益广泛，它们同时具有良好的低温启动性和高温润滑性。

第三节　石油化工产品

一、碳一化学品

1. 甲醇

甲醇为无色透明液体，分子式 CH_4O，相对分子质量 32.04，熔点 $-97.6℃$，沸点

64.8℃，相对密度 d_4^{20} 为 0.791。纯甲醇是无色、易流动、易挥发的可燃液体，带有与乙醇相似的气味。可与水、乙醚、苯、酮等互溶。由于甲醇分子中含有烷基和羟基，因此，氮、氢、氧等气体在甲醇中有良好的可溶性。

甲醇是重要的有机化工原料，是碳一化学、有机及精细化工的基础，又是优良的能源载体，可作为甲醇汽车的主要燃料。在发达国家，甲醇产量仅次于乙烯、丙烯和苯，居第 4 位，在我国其即将跃为第 1 位。它广泛用于生产塑料、合成纤维、合成橡胶、染料、涂料、香料、医药和农药等。甲醇还是一种重要的有机溶剂。从甲醇出发生产的化工产品达数百种。甲醇的主要衍生物有甲醛、醋酸、甲胺类、氯甲烷类、对苯二甲酸二甲酯、甲基丙烯酸甲酯、合成燃料（MTBE）等。上述产品又可形成各自的产品系列。今后，随着石油资源日渐减少和枯竭，甲醇用作汽车发动机燃料，即甲醇汽油，将成为甲醇燃料的最大需求量。

甲醇是最重要的工业合成原料之一，是三大合成材料及农药、医药、染料的原料，它大量用于生产甲醛和对苯二甲酸二甲酯。甲醇法合成醋酸的产量已占整个醋酸产量的 50%，甲醇经醚化生成的甲基叔丁基醚已成为当前高辛烷值汽油的主要添加剂。目前用甲醇为原料制汽油、低碳烯烃、芳烃，以及甲醇与甲苯反应制对二甲苯等过程，已先后工业化，用甲醇还可以合成人造蛋白即 SCP，以代替粮食作为禽畜的饲料。

2. 甲醛

在室温下，甲醛为无色气体，分子式 CH_2O，相对分子质量 30.016，熔点 91.5℃，沸点 −23.4℃，相对密度 d_4^{20} 为 0.815。能与空气形成爆炸性混合物，其爆炸极限为 7.0%～73%。甲醛中常含有微量杂质，很容易聚合。这种单体在工业上一般有三种形态：①35%～55% 的水溶液，其中 99% 以上的甲醛作为水合物或多聚的混合物。②甲醛经酸催化反应可聚合生成环状三聚物，即三聚甲醛。③甲醛的聚合物，也称为聚甲醛，用甲醛水溶液蒸发制得。在热或酸作用下，可逆向分解为甲醛单体。

除了直接使用甲醛溶液福尔马林作消毒剂、防腐剂以及作纺织、皮革、毛皮、造纸和木材工业的助剂外，甲醛大部分用于制造酚醛、脲醛和三聚氰胺-甲醛树脂。无水纯甲醛或其三聚物可用来生产高分子热塑性塑料聚甲醛。此外，甲醛水合羰化可合成制乙醇酸，经酯化加氢后生产乙二醇。

二、乙烯及其衍生物

1. 乙烯

乙烯在常温下为无色可燃性气体，具有烃类特有的臭味。微溶于水，其物理化学性质见表 2-13。

乙烯在石油化工产品中占重要地位，乙烯最主要的用途是生产聚乙烯，其耗量约占总量的 1/2。

乙烯最初由乙醇脱水制得的。自从石油烃裂解制乙烯技术工业化后，石油化工得到迅速发展。从而使乙烯生产成为石油化学工业的基础。一个国家乙烯产量是衡量该国石油化工发展水平的重要标志。

炼厂催化裂化或热裂化装置的裂化气中含有大量乙烯，是乙烯的一个重要来源。含 C_2 馏分的干气中含有 8%～12% 的乙烯，也可回收乙烯。焦炉气中大约含 3% 的乙烯，由焦炉气进行深冷分离可得乙烯。

乙烯是烯烃中最简单也是最重要的化合物之一，它具有活泼的双键结构，容易起各种加成聚合等反应。随着我国大型乙烯装置的不断增建，乙烯系列产品的开发利用领域更加开阔。

表 2-13　乙烯的物理化学性质

分子式	C_2H_4	低热值(气体，0.089MPa，15.6℃)/	55852
结构式	$CH_2\!=\!CH_2$	$(kJ/m^3$ 标态气体$)$	
相对分子质量	28.025	临界温度/℃	9.9
常压下沸点/℃	-103.71	临界压力/MPa	4.95
熔点/℃	-169.15	临界密度/$kg \cdot L^{-1}$	0.227
相对密度，气体(空气=1)	0.9852	折光率($n_D^{-100℃}$，-100℃)	1.3622
液体($d_4^{-103.8}$)	0.5699	辛烷值(马达法)	75.6
闪点/℃	<-66.9	爆炸范围，在空气中体积分数/%	
气体黏度(20)/$Pa \cdot s$	9.3	上限	28.6
自燃点/℃	540	下限	3.05
蒸发相变焓(沸点时)/$J \cdot g^{-1}$	482.7	蒸气压 $\lg p = -646.275/T + 1.880742 \lg T - 0.00224072$	
生成热(25)/$J \cdot mol^{-1}$	523327	式中 p—压力，atm；T—温度，K	

2. 环氧乙烷、乙二醇

环氧乙烷是最简单的乙烯部分氧化产物，与乙醛互为同分异构体。其化学活性强，是乙烯系主要中间体。

环氧乙烷也称氧化乙烯，是易挥发的具有醚的刺激味的液体，分子式 C_2H_4O，相对分子质量 44.07，凝点为-112.5℃，沸点 10.5℃，相对密度 $d_4^{20}=0.8711$。无色，能与水和大多数有机溶剂相混合。环氧乙烷易燃，与空气能形成爆炸混合物，其爆炸极限为 3%~80%。环氧乙烷有毒，在空气中的允许浓度($STEL$)为 $5mg/m^3$。它对昆虫的毒性更大，可作杀虫剂。环氧乙烷的直接应用量很少，由于它具有易开环的三元结构，化学性质十分活泼，工业上主要用于制乙二醇。另外还可用于生产非离子型表面活性剂、医药、油品的添加剂、抗氧剂、农药乳剂、杀虫剂等。

乙二醇别名甘醇，是环氧乙烷最重要的二次产品，也是最简单的二元醇。分子式 $C_2H_6O_2$，沸点 197.4℃，凝点-12.6℃，相对密度 $d_4^{20}=1.1155$。乙二醇是无色带有甜味的黏稠液体。它对黏膜有刺激性。在 $1m^3$ 空气中乙二醇达 300mg 时对人体有害。与水互溶能大大降低水的冰点，因此它是一种良好的抗冻剂，常用于汽车冷却系统中的抗冻液。乙二醇是合成纤维涤纶的主要原料，另外，它也是工业溶剂、增塑剂、润滑剂、树脂、炸药等的重要原料。

3. 氯乙烯

氯乙烯在常温下是一种无色有乙醚香味的气体，分子式 C_2H_3Cl，相对分子量为 62.5，熔点-159.7℃，沸点-13.9℃，相对密度 $d_4^{20}=0.91$，临界温度 142℃，临界压力 5.60MPa。尽管它的沸点为-13.9℃，但稍加压力就可以得到液体氯乙烯。氯乙烯易燃，闪点<-17.8℃，在空气中爆炸极限为 4%~21.7%，对人体有毒，肝癌与长期吸入和接触氯乙烯有关。易溶于丙酮、乙醇和烃类中，微溶于水。氯乙烯具有活泼的双键和氯原子，但由于氯原子连接在双键上，所以氯乙烯的化学反应主要是发生在双键上的加成和聚合反应。在光作用下就可发生聚合反

应。所以氯乙烯在储存或运输时，应当加阻聚剂。

氯乙烯是聚氯乙烯塑料的单体，是目前塑料产量最大的品种之一。在工农业、交通运输业、人民日常生活各方面，氯乙烯制品的使用已越来越广泛。

4. 乙醛

乙醛是一种无色透明液体，具有特殊刺激性的气味，分子式 C_2H_4O，相对分子质量 44.06，熔点 -123.5℃，沸点 20.8℃，闪点 -27～-38℃，自燃点 140℃，相对密度 d_4^{18} = 0.783。溶于水，易燃与空气能形成爆炸混合物，爆炸极限为 4%～57%（体），乙醛对眼、皮肤有刺激作用，在厂房中最大允许浓度为 0.1mg/L。浓度很大时会引起气喘、咳嗽、头痛。

乙醛的沸点较低，极易挥发，因此在运输过程，先使乙醛聚合为沸点较高的三聚乙醛，到目的地后再解聚为乙醛。乙醛和甲醛一样是极宝贵的有机合成中间体，乙醛氧化可制醋酸、醋酐和过醋酸；乙醛与氢氰酸反应，得氰醇，由它转化得乳酸、丙烯腈、丙烯酸酯。可利用醇醛缩合反应制季戊四醇、1，3-丁二醇、丁烯醛、正丁醇、2-乙基己醇、三氯乙醛、三羟甲基丙烷等。与氨缩合可生产吡啶同系物和各种乙烯基吡啶（聚合物单体）。

5. 醋酸

醋酸化学名为乙酸，分子式 $C_2H_4O_2$，相对分子质量 60.05，沸点 118℃，熔点 16.6℃，闪点 38℃，自燃点 426℃，相对密度 d_4^{20} = 1.092，是具有特殊刺激气味的无色液体。纯醋酸（无水醋酸）在 16.58℃ 时就凝结成冰状固体，故称冰醋酸。醋酸能与水以任何比例互溶，醋酸溶于水后，冰点降低。醋酸也能与醇、苯及许多有机液体相混合。醋酸不燃烧，但其蒸气是易燃的，醋酸蒸气在空气中爆炸极限是 4%。醋酸蒸气对黏膜特别对眼睛的黏膜有刺激作用，浓醋酸能引起灼伤。

醋酸是最重要的中间体之一，它与乙烯作用生成的醋酸乙烯酯是制造合成纤维维尼纶的主要原料。由醋酸制得的醋酐进而制成醋酸纤维素是合成人造纤维、塑料和电影胶片片基的原料。另外，醋酸还广泛应用于医药、染料、农药、工业等方面。

6. 醋酸乙烯

醋酸乙烯又称醋酸乙烯酯，分子式 $C_4H_6O_2$，相对分子质量 86.05，沸点 72.5℃，熔点 -100.2℃，闪点 -5℃，自燃点 427℃，相对密度 d_4^{20} = 0.9312。它是一种无色透明流动的液体，在空气中的爆炸极限 2.56%～38%。醋酸乙烯酯是酯中最简单，也是最重要的代表物，它具有加成聚合反应的能力。

醋酸乙烯的主要用途是合成维尼纶，其过程为醋酸乙烯在过氧化物引发下先聚合为聚醋酸乙烯，后者在 $NaOH-CH_3OH$ 溶液中醇解得到聚乙烯醇，然后聚乙烯醇抽丝在甲醛溶液中进行缩化处理即可得维尼纶。另外，醋酸乙烯可与各种烯基化合物进行共聚，得到性能优良的高分子材料，已广泛用于国民经济各部门。

7. 乙醇

通常被称作为酒精，分子式为 C_2H_6O，相对分子质量 46.07，熔点 -117.1℃，沸点 78.5℃，相对密度 d_4^{20} = 0.785。乙醇为无色透明易挥发易燃液体，其蒸气能与空气形成爆炸性混合物，爆炸极限（体积分数）为 3.3%～19.0%。在低级醇中乙醇的产量次于甲醇和异丙醇，居第三位。其主要用途是作为溶剂，用于医药、农药、化工领域。另一重要用途是合成醋酸乙酯，也可用于合成单细胞蛋白质，在有些国家使用，乙醇仍然是生产乙醛的重要原料。

三、丙烯及其衍生物

1. 丙烯

分子式 C_3H_6，相对分子质量 54。在常温、常压下为无色、可燃性气体，具有烃类特有的臭味。在高浓度下对人有麻醉性，严重时可导致窒息。目前丙烯生产主要由乙烯装置联产。

2. 丙烯腈

分子式 C_3H_3N，相对分子质量 53.6，沸点 77.3℃，凝固点 -83.6℃，闪点 0℃，自燃点 481℃，相对密度 $d_4^{20}=0.8060$。丙烯腈在室温和常压下，是具有刺激性臭味的无色液体。有毒，在空气中的爆炸极限为 3.05%～17.0%。能溶于许多有机溶剂中，与水能部分互溶，丙烯腈在水中溶解度为 3.3%，水在丙烯腈中溶解度 3.1%，与水形成最低共沸物，沸点 71℃。在丙烯腈分子中有双键和氰基存在，性质活泼，易聚合，也易与其他不饱和化合物共聚，是三大合成材料的重要单体。

3. 环氧丙烷

分子式 C_3H_6O，相对分子质量 58.05，沸点 34.2℃，闪点 -37.20℃，自燃点 465℃，相对密度 $=d_4^{20}$。环氧丙烷是无色易燃易挥发的液体。有毒，在空气中的爆炸极限为 3.1%～27.5%。与水能部分互溶。长期以来环氧丙烷主要用于生产丙二醇，近年来主要用于生产聚氨酯泡沫塑料，也用于生产非离子型表面活性剂、破乳剂。由于聚氨酯泡沫的迅速发展，环氧丙烷的生产也得到迅速发展，产量在丙烯系列产品中仅次于聚丙烯和丙烯腈，占第三位。

4. 丙酮、苯酚

分子式 C_3H_6O，相对分子质量 58.07，凝点 -94.6℃，沸点 56.5℃，闪点(密闭) -20℃，相对密度 $d_4^{20}=0.7898$。丙酮是无色透明易挥发的液体，易燃。其蒸气与空气形成的混合物其爆炸极限是 2.55%～12.80%。丙酮和水以及大部分有机溶剂如醚、醇、酯能完全混合，是油脂、树脂、纤维素醚的良好溶剂，它能溶解 25 倍体积的乙炔。其化学性质很活泼，能发生取代、加成、缩合等反应。丙酮是酮类最简单也是最重要的物质，主要用作有机溶剂，并且是合成其他有机溶剂、表面活性剂、药物、有机玻璃、环氧树脂、双酚 A 的重要原料。

苯酚俗名石炭酸，分子式 C_6H_6O，相对分子质量 94。熔点 41.2℃，沸点 182℃，相对密度 $d_4^{20}=1.0722$。为无色针状或白色块状有芳香味的晶体。可溶解于乙醇、乙醚、氯仿、甘油等有机溶剂中，室温时稍溶于水，当温度在 65.3℃以上时，可和水互溶，有毒。苯酚是酚类中最重要的品种，也是最重要的石油化工产品之一。约 60%～65% 用于生产酚醛树脂、聚环氧化物和聚碳酸酯。相当大量的苯酚用于生产双酚 A，它是生产环氧树脂的原料，也是生产耐热聚合物——聚芳基化合物、聚砜等的原料。另外，苯酚还用于生产己二酸和己内酰胺、非离子型洗涤、燃料和油品添加剂、除锈剂及某些医药品等。苯酚应用的新方向是氨氧化法生产苯胺。

5. 正丁醇

正丁醇分子式 $C_4H_{10}O$，相对分子质量 74.12，凝点 -90.2℃，沸点 117.7℃，闪点 35℃，自燃点 340～420℃，相对密度 $d_4^{20}=0.81337$。正丁醇是无色透明的液体，微臭。其蒸气与空气形成的混合物其爆炸极限是 1.45%～11.25%。30℃时正丁醇在水中的溶解度为 7.08%，而水在正丁醇中的溶解度为 20.62%。正丁醇与水能组成二元共沸物，组成含正丁醇 62%，含水 38%，共沸点 92.6℃。

丁醇是一种重要的化工产品，广泛作为溶剂的制造增塑剂、涂料、香料助剂的原料。此外还可用作选矿用的消泡剂、洗涤剂、脱水剂的原料。其中以正丁醇用途最多而居于重要地位。

四、碳四烯烃

1. C$_4$烃资源

炼油厂和石油化工厂联产大量工业 C$_4$ 烃(馏分)。工业 C$_4$ 烃中包含丁二烯、丁烯、丁烷等共7个主要组分。C$_4$ 烃经化学加工可制成高辛烷值汽油和化工产品，因此综合利用 C$_4$ 烃馏分对于提高企业的经济效益有明显的作用。

工业 C$_4$ 烃来源有四个方面：

(1)炼油厂 C$_4$ 烃。炼油厂催化加工装置和热加工装置所产的 C$_4$ 烃，其中催化裂化装置所产的 C$_4$(包含于液态烃中)是炼厂 C$_4$ 的最重要的组成部分。我国炼厂 C$_4$ 加以回收利用的常限于催化裂化 C$_4$，故炼厂 C$_4$ 往往又指催化裂化 C$_4$。

(2)裂解 C$_4$ 烃。石油化工厂裂解制乙烯的联产 C$_4$ 烃。

(3)油田(天然)气回收的 C$_4$ 烷烃。

(4)其他来源。乙烯制 α-烯烃的联产物(1-丁烯)，乙醇合成的丁二烯等。

其中最重要的来源是(1)、(2)项。就产量而言，炼厂 C$_4$ 高居首位；而裂解 C$_4$ 的烯烃含量高，含硫量低，化工利用价值高。

石油炼制和石油化工发达的国家多拥有相当量的 C$_4$ 资源，美国炼油工业中可提供的 C$_4$ 烃高达原油加工量的5%。美国炼厂加工深度深，催化裂化装置在炼厂又占重要地位，所以 C$_4$ 烃产量较高。德国和日本炼厂 C$_4$ 分别占原油加工量的0.7%及1%。反之，西欧和日本裂解 C$_4$ 产量较美国为多。因美国裂解原料以气体(乙烷、丙烷)为主，西欧和日本以油品(石脑油、柴油)为主，前一种原料与后一种的相比 C$_4$ 产率明显降低。

2. C$_4$烃工业利用的现状

各国 C$_4$ 烃来源及需求不同，C$_4$ 烃利用途径也不尽相同，总的说来，不外乎燃料和化工利用两大方面。

在燃料利用方面，美国催化裂化 C$_4$ 几乎全用于生产烷基化汽油；日本炼厂 C$_4$ 基本上作气体燃料烧掉；西欧的催化裂化 C$_4$ 不到一半用于制烷基化汽油，其余作气体燃料使用。

化工利用途径多而广，各种 C$_4$ 重要衍生物有20余种之多。但是，C$_4$ 衍生物中，除了丁二烯的衍生产品(主要是合成橡胶)外，没有很大吨位的产品。说明目前丁烯化工利用远不及乙烯和丙烯利用那样普遍和重要。

3. 丁二烯

丁二烯有1,2-丁二烯和1,3-丁二烯两种，其中1,3-丁二烯是合成橡胶的主要原料。本文所述均指1,3-丁二烯。丁二烯在室温和常压下为无色略带大蒜味的气体。分子式 C$_4$H$_6$，相对分子质量54.088。凝点 -108.9℃，沸点 -4.41℃，闪点(液体发火温度)<-17.8℃，相对密度 d_4^{20}=0.6274。有毒。其蒸气与空气形成的爆炸极限为2.0%~11.5%。能溶于苯、乙醚、氯仿、汽油、丙酮、糠醛、无水乙腈、二甲基乙酰胺、二甲基酰胺和 N-甲基吡咯烷酮等许多有机溶剂中，微溶于水和醇。

由于丁二烯具有多个反应中心，它可以进行很多反应，特别是加成反应和成环反应，这样可以合成许多重要的中间体。工业上应用丁二烯是由于它易于均聚成顺丁橡胶并能与许多不饱和单体进行共聚。丁二烯主要与苯乙烯和丙烯腈等共聚单体进行聚合。聚合产物包括一系列弹性体即合成橡胶。根据聚合物的结构可得到许多不同性能的橡胶，如不同的弹性、耐磨性、耐久性、耐寒、耐热以及抗氧化、老化和溶剂的性能。

近来，作为一个中间体，丁二烯的重要性日益增加。

4. 丁烯

丁烯有四种异构体。丁烯可燃，与空气可形成爆炸性的混合物。丁烯最重要的二次反应是生产化学中间体水合成醇（正丁烯→仲丁醇，异丁烯→叔丁醇），氢甲酰化生成 C_5 醛和醇，通过正丁烯氧化生成顺丁烯二酸酐，甲醇加异丁烯可生成甲基叔丁基醚，正丁烯氧化降解成醋酸，异丁烯氨氧化成甲基丙烯腈，较次要的是异丁烯氧化为甲基丙烯酸等。

5. 氯丁二烯

作为共轭烯烃，氯丁二烯在工业上的重要性仅次于丁二烯和异戊二烯，位于第三位。其分子式 C_4H_5Cl，相对分子质量88.5，熔点（-130 ± 2）℃，沸点59.4℃，着火点-20℃，相对密度 $d_4^{20}=0.9583$。它是无色透明，挥发性很强的液体，极易燃。在空气中能迅速地氧化为恶臭气味的二聚物和易爆的过氧物以及高聚物。其爆炸极限是 2.5%~12%。它溶于大部分有机溶剂，微溶于水。其化学性质很活泼，在氯仿溶液中能与溴发生加成反应，能使高锰酸钾溶液退色。

氯丁二烯主要用来制造氯丁橡胶。这种合成橡胶非常耐油、耐热溶剂和耐老化。由于它的分子中含有氯原子，所以又有抗燃烧能力。氯丁橡胶还有相当好的弹性和气密性。

五、芳烃

含苯环结构的碳氢化合物的总称，是有机化工的重要原料，包括单环芳烃、多环芳烃及稠环芳烃。单环芳烃只含一个苯环，如苯、甲苯、乙苯、二甲苯、异丙苯、十二烷基苯等。多环芳烃是由两个或两个以上苯环（苯环上没有两环共用的碳原子）组成的，它们之间是以单键或通过碳原子相联，如联苯、三苯甲烷等。稠环芳烃是由两个或两个以上的苯环通过稠合（使两个苯环共用一对碳原子）而成的稠环烃，其中至少一个是苯环，如萘、蒽等。芳烃中最重要的产品是苯（B）、甲苯（T）、二甲苯（X），简称BTX，被称为一级基本有机原料。

1. 苯

苯的分子式 C_6H_6，是组成结构最简单的芳香烃，相对分子质量78.11，熔点5.53℃，沸点80.1℃，相对密度 $d_4^{15.5}=0.8847$。在常温下是一种无色、易挥发、有芳香气味的透明液体。有毒、易燃，微溶于水，易溶于乙醇、乙醚等有机溶剂。

苯是最重要的单环芳烃，最重要的用途是做化工原料。主要用于生产苯乙烯、环己烷和苯酚，三者占苯消费总量的80%~90%，其次是硝基苯、尼龙66盐、苯胺、环己酮、顺酐等衍生物。也用于农药、医药、染料和部分中间体的生产。此外，苯有良好的溶解性能，也是较为廉价的有机溶剂。

2. 甲苯

甲苯的分子式 C_7H_8，相对分子质量92.14。熔点-94.99℃，沸点110.6℃，相对密度 $d_4^{15.5}=0.8719$。在常温下是一种无色透明的液体，有类似于苯的芳香味；微溶于水，可溶于乙醇、醚、甲醛、氯仿、丙酮、冰乙酸和二硫化碳等有机溶剂中。

甲苯是优良的溶剂，也是有机化工的重要原料。甲苯衍生的一系列中间体，主要是生产硝基甲苯、苯甲酸、异氰酸酯等。广泛用于染料、医药、农药、火炸药、助剂、香料等精细化学品的生产，也用于合成材料工业。

3. 二甲苯

二甲苯的分子式 C_8H_{10}，相对分子质量 106.2，熔点 -25.17℃，沸点为 144.4℃，相对密度 $d_4^{20} = 0.880$。在常温下是一种无色透明的油状物，具有芳烃特有的气味；有毒、易燃，不溶于水，溶于乙醇、乙醚等有机溶剂中。

一般的二甲苯是混合二甲苯，为邻二甲苯、间二甲苯、对二甲苯及少量乙苯的混合物。对二甲苯用量最大，是生产聚酯纤维和薄膜的主要原料。邻二甲苯是制造增塑剂、醇酸树脂和不饱和聚酯树脂的原料。大部分间二甲苯异构化制成对二甲苯，也可氧化为间苯二甲酸，以及用于农药、染料、医药的二甲苯胺的生产。

六、三大合成材料

(一)塑料

以有机合成树脂为主要成分，在一定温度和压力下具有流动性、可塑性，并能加工成型，当恢复平常条件时(如除去压力和降温)，则仍保持加工时的形状的有机高分子材料称为塑料。也就是说塑料是以有机合成树脂为基础，再加入添加剂组成的。

1. 聚乙烯(PE)

聚乙烯(PE)由乙烯单体聚合而成，由重复的—CH_2—单元连接形成大分子链，玻璃化温度 -78℃，熔点 100~130℃，无定型态密度(25℃)0.855g/cm³，晶体密度(25℃)1.00g/cm³。

PE 是 1933 年美国 ICI 公司偶然合成的，直到 1940 年初在美国才真正开始工业化生产，很快成为石油化学工业的宠儿，作为通用塑料的代表，现在世界各国发展势头迅猛，聚乙烯产量约占整个塑料总产量的 1/4 左右。根据合成方法不同，简单可分为高压、中压和低压聚乙烯。

高压聚乙烯(LDPE)：精制的乙烯单体中加入少量氧或者过氧化物于 2000MPa 压力下保持 200℃，生成密度为 0.915~0.925g/cm³ 的聚乙烯。高压聚乙烯相对分子质量、结晶度和密度较低，质地柔软。用于制作塑料薄膜、软管和塑料瓶等。

中压聚乙烯：在 2~3MPa 下用催化剂使乙烯在溶液中聚合，生成密度为 0.955~0.965g/cm³ 的聚乙烯。

低压聚乙烯：在温度 60~70℃，压力 0.1~0.5MPa 下，使乙烯在汽油或二甲苯中聚合为聚乙烯。齐格勒开发低压法以后，就开创了具有划时代意义的有机金属化合物催化剂[$TiCl_4$+$Al(C_2H_5)_3$为主成分]，在戊烷、庚烷、己烷等溶剂中分散，在 100~900kPa 压力下通入乙烯，生成聚乙烯，在溶剂中析出呈悬浮状，属于溶剂悬浮法，溶剂和聚乙烯的分离比溶液法容易。

低压聚乙烯质地刚硬，耐磨性、耐蚀性及电绝缘性较好。用于制造塑料管、板材、绳索以及承载不高的零件，如齿轮、轴承等。

2. 聚丙烯(PP)

由丙烯单体聚合而成。PP 为线型碳氢聚合物，分子结构与聚乙烯相似，因此各种性能与聚乙烯非常相似。与高密度聚乙烯比较，PP 软化温度显著提高(纯粹的全同立构聚丙烯熔点 176℃)，拉伸强度、弯曲强度、刚性很大，但是冲击强度不高。

PP 根据结构不同分为全同立构 PP(等规聚丙烯，isotactic)和无规立构 PP(atactic)。在同一等规度下，相对分子质量越大，熔点越高。

等规 PP 是一种构形规整的高结晶性(高达 95%)的热塑性塑料，密度为 0.90~0.91g/cm³，是通用塑料中最轻的一种。相对分子质量约为 8 万~15 万。热变形温度 114℃，软化点大于 140℃。

无规 PP 在室温下是一种非结晶的、微带黏性的白色蜡状物，相对密度 0.86g/cm³。相对分子质量为 3000~10000，能溶于烷烃、芳烃等有机溶剂，不溶于水和低相对分子质量的醇和酮。软化点为 50~90℃。

聚丙烯可用于制作某些零部件，如法兰、齿轮、风扇叶轮、泵叶轮、把手及壳体等，还可制作化工管道、容器、医疗器械等。

3. 聚氯乙烯(PVC)

由乙炔气体和氯化氢合成氯乙烯，再聚合而成。聚氯乙烯(PVC)一般为白色粉末，无定形态密度(25℃)为 1.385g/cm³；晶体密度(25℃)为 1.52g/cm³。PVC 是一种含微晶的无定形热塑性塑料，是用途最广泛的通用塑料之一，产量占第二位(仅次于 PE)。

按材料硬度，PVC 可分为以下两类：一类是硬质聚氯乙烯：具有较高的机械强度和较好的耐蚀性。常用于制作化工、纺织等工业的废气排污塔、气体液体输送管，代替其他耐蚀材料制造贮槽、离心泵、通风机和接头等。另一类是软质聚氯乙烯：当增塑剂加入量达 30%~40% 时，便制得软质聚氯乙烯，伸长率大，制品柔软，并具有良好的耐蚀性和电绝缘性。

PVC 常制成薄膜，用于工业包装、农业育秧和日用雨衣、台布等，也可制作耐酸、耐碱软管、电缆外皮、导线绝缘层等。

4. 聚苯乙烯(PS)

由苯乙烯单体聚合而成。聚苯乙烯是仅次于聚乙烯和聚氯乙烯的第三大塑料品种。聚苯乙烯无色透明、无毒无味，落地时发出清脆类似金属的声音，密度为 1.054g/cm³。热变形温度 70~98℃，只能在不高的温度下使用。聚苯乙烯刚度大、耐蚀性好、电绝缘性好，但抗冲击性差、易脆裂、耐热性不高，因此限制了其在工程上的应用。

PS 可制造齿轮、泵叶轮、轴承、把手、管道、储槽内衬、电机外壳、仪表壳、仪表盘、蓄电池槽、水箱外壳等。在汽车零件上的应用发展很快，如挡泥板、扶手、热空气调节导管、灯罩、透明窗以及小轿车车身等。做纺织器材如纱管、纱锭、线轴等都有很好的效果。

5. ABS 塑料

由丙烯腈、丁二烯、苯乙烯共聚而成。丙烯腈使 ABS 有良好的耐化学腐蚀性及表面硬度，丁二烯使 ABS 坚韧，苯乙烯使其具有良好的加工性和染色性能。ABS 无毒、无味、呈微黄色，塑件光泽好。密度为 1.02~1.05g/cm³。

6. 聚酰胺(PA)

又称尼龙或锦纶，是由二元胺与二元酸缩合而成，或由氨基酸脱水成内酰胺再聚合而得，如己二胺和癸二酸反应所得的缩聚物称尼龙 610，前一个数字指二元胺中的碳原子数，后一个数字为二元酸中的碳原子数；还有尼龙 610、66、6 等多个品种。

PA 具有优良的抗拉、抗压、耐磨性能及良好的消音效果和自润滑性能。耐碱、弱酸，但强酸和氧化剂能侵蚀尼龙。无毒、无味、不霉烂。其吸水性强、收缩率大，常因吸水而引起尺寸变化。其稳定性较差，一般只能在 80~100℃ 以下使用。

PA 主要用于制作轴承、齿轮、滚轮、辊轴、滑轮、泵叶轮、风扇叶片、蜗轮、高压密封扣圈、垫片、阀座、输油管、储油容器、绳索、传动皮带、电池箱、电器线圈等零件。

7. 聚碳酸酯（PC）

聚碳酸酯被誉称"透明金属"，是由双酚 A 与光气聚合而成。其密度为 $1.20g/cm^3$，本色微黄，加点淡蓝色后，得到无色透明塑料，可见光的透光率接近 90%。韧而刚，抗冲击性好。零件尺寸精度高。在很宽的温度变化范围内能保持其尺寸的稳定性。

PC 主要用于制作齿轮、蜗轮、蜗杆、芯轴、轴承、滑轮、铰链、螺母、垫圈、泵叶轮、灯罩、节流阀、润滑油输油管、各种外壳、盖板、容器、冷冻和冷却装置零件、电机零件、风扇部件、拨号盘、仪表壳、接线板、照明灯、高温透镜、防护玻璃等零件。

（二）橡胶

在室温下具有高弹性的高分子材料称为橡胶，也称做弹性体。其弹性变形量可达 100%～1000%，而且回弹性好，回弹速度快。同时，橡胶还有一定的耐磨性，很好的绝缘性和不透气、不透水性。它是常用的弹性材料、密封材料、减震防震材料和传动材料。

1. 通用合成橡胶

丁苯橡胶是以丁二烯和苯乙烯为单体共聚而成，具有较好的耐磨性、耐热性、耐老化性，价格便宜，主要用于制造轮胎、胶带、胶管及生活用品。

顺丁橡胶是由丁二烯聚合而成。顺丁橡胶的弹性、耐磨性、耐热性、耐寒性均优于天然橡胶，是制造轮胎的优良材料。缺点是强度较低、加工性能差。主要用于制造轮胎、胶带、弹簧、减震器、耐热胶管、电绝缘制品等。

氯丁橡胶是由氯丁二烯聚合而成。氯丁橡胶的机械性能和天然橡胶相似，但耐油性、耐磨性、耐热性、耐燃烧性、耐溶剂性、耐老化性能均优于天然橡胶，所以称为"万能橡胶"。它既可作为通用橡胶，又可作为特种橡胶。但氯丁橡胶耐寒性较差（-35℃），密度较大（为 $1.23g/cm^3$），生胶稳定性差，成本较高。它主要用于制造电线、电缆的外皮、胶管、输送带等。

2. 特种橡胶

特种橡胶包括丁腈橡胶、硅橡胶和氟橡胶。丁腈橡胶以其优异的耐油性著称；硅橡胶的性能特点是耐高温和低温；氟橡胶是以碳原子为主链、含有氟原子的高聚物。氟橡胶具有很高的化学稳定性，它在酸、碱、强氧化剂中的耐蚀能力居各类橡胶之首，其耐热性也很好，缺点是价格昂贵、耐寒性差、加工性能不好。主要用于高级密封件、高真空密封件及化工设备中的里衬，火箭、导弹的密封垫圈。

（三）纤维

纤维是具备或保持其本身长度大于直径 1000 倍以上而又具有一定强度的线条或丝状的高分子材料。合成纤维主要有涤纶、锦纶、腈纶、维纶、丙纶和氯纶，通称为六大纶。其中最主要的是涤纶、锦纶和腈纶三个品种，它们的产品占合成纤维总产量的 90% 以上。

1. 涤纶

化学名称为聚酯纤维，商品名称为涤纶或的确良，由对苯二甲酸乙二酯抽丝制成。涤纶的主要特点是弹性好，弹性模量大，不易变形，强度高，抗冲击性能高，耐磨性好，耐光性、化学稳定性和电绝缘性也较好，不发霉，不虫蛀。现在除大量地用作纺织品材料外，工业上广泛地用于运输带、传动带、帆布、渔网、绳索、轮胎帘子线及电器绝缘材料等。涤纶的缺点是吸水性差、染色性差、不透气、织物穿着感到不舒服、摩擦易起静电，容易把脏物吸附，不宜暴晒。

2. 锦纶

化学名称为聚酰胺纤维，商品名称为锦纶或尼龙。由聚酰胺树脂抽丝制成，主要品种有锦纶6、锦纶66和锦纶1010等。锦纶的特点是质轻、强度高、弹性和耐磨性好、良好的耐碱性和电绝缘性，但耐酸、耐热、耐光性能较差。主要缺点是弹性模量低，容易变形，缺乏刚性。锦纶纤维多用于轮胎帘子线、降落伞、宇航飞行服、渔网、针织内衣、尼龙袜、手套等工农业及日常生活用品。

3. 腈纶

化学名称为聚丙烯腈纤维，商品名称为腈纶或奥纶。它是丙烯腈的聚合物-聚丙烯腈树脂经湿纺或干纺制成。腈纶质轻，密度为 $1.14 \sim 1.17 g/cm^3$。柔软，保暖性好，犹如羊毛。腈纶不发霉，不虫蛀，弹性好，吸湿小，耐光性能特别好，多数用来制造毛线和膨体纱及室外用的帐蓬、幕布、船帆等织物，还可与羊毛混纺，织成各种衣料。腈纶的缺点是耐磨性差，弹性不如羊毛，摩擦后容易在表面产生许多小球，不易脱落，且因摩擦、静电积聚小球容易吸收尘土使织物弄脏。

4. 维纶

化学名称为聚乙烯醇纤维，商品名称为维尼纶或维纶。由聚乙烯醇树脂经混纺制成。维纶的最大特点是吸湿性好，具有较高的强度，耐磨性、耐酸、碱腐蚀均较好，耐日晒、不发霉、不虫蛀，其纺织品柔软保暖，结实耐磨，穿着时没有闷气感觉，是一种很好的衣着原料。主要用作帆布、包装材料、输送带、背包、床单和窗帘等。

5. 丙纶

化学名称为聚丙烯纤维，商品名称为丙纶。由丙烯的聚合物-聚丙烯制成。丙纶的特点是质轻强度大，相对密度只有 $0.91 g/cm^3$，比腈纶还轻，能浮在水面上，故是渔网的理想材料，也是军用蚊帐的好材料。丙纶耐磨性优良，吸湿性很小，还能耐酸、碱腐蚀。用丙纶制的织物，易洗快干，经久耐用，故用于衣料、毛毯、地毯、工作服外，还用作包装薄膜、降落伞、医用纱布和手术衣等。

6. 氯纶

化学名称为聚氯乙烯纤维，商品名称为氯纶。由聚氯乙烯树脂制成。这种纤维的特点是保暖性好，遇火不易燃烧，化学稳定性好，能耐强酸和强碱，弹性、耐磨性、耐水性和电绝缘性均很好，并能耐日光照射，不霉烂，不虫蛀，故常用作化工防腐和防火衣着的用品，以及绝缘布、窗帘、地毯、渔网、绳索等。又因氯纶的保暖性好，静电作用强，做成贴身内衣。氯纶的缺点是耐热性差。

第三章　原油蒸馏

原油是极其复杂的混合物，通过原油的蒸馏可以按所制定的产品方案将其分割成直馏汽油、煤油、轻柴油或重柴油馏分及各种润滑油馏分和渣油等。蒸馏过程得到的这些半成品经过适当的精制和调合便成为合格的产品，也可以按不同的生产方案分割出一些二次加工过程所用的原料，如重整原料、催化裂化原料、加氢裂化原料等，以便进一步提高轻质油的产率或改善产品质量。

原油的一次加工能力即原油蒸馏装置的处理能力，常被视为一个国家炼油工业发展水平的标志。2009 年底，我国炼油厂 150 多个，原油一次加工能力达到 4.51 亿吨/年，居世界第二位，其中规模达到千万吨级的炼厂 14 家，占总能力的 37.3%。随着我国原油加工能力的提高，炼油技术水平也取得较快发展，依靠自主创新，目前已经掌握了建设千万吨级炼油厂的能力。

第一节　原油的脱盐脱水

原油是从地下开采出来的，因而会含有一些地下水，同时在油轮运输过程中也会携带一些压舱水，水中带盐，因而原油中会含有一定的水量和盐分。在进行常减压蒸馏时，须对原油进行脱盐脱水。

一、原油含盐含水的危害

①增加能量消耗　原油在蒸馏过程中要经历汽化、冷凝的相变化，若水与原油一起发生相变时，必然要消耗大量的燃料和冷却水。且原油在通过换热、加热等设备时，溶解于水中的盐类由于水分的蒸发而析出且在管壁上形成盐垢，这不仅降低了传热效率，也会减小管内流通面积而增大流动阻力，水汽化之后体积明显增大，系统压力上升，导致泵出口压力增大，动力消耗增大。

②干扰蒸馏塔的平稳操作　水的相对分子质量比油小得多，水汽化后使塔内气相负荷增大，含水量的波动必然会打乱塔内的正常操作，轻则影响产品分离质量，重则因水的"爆沸"而造成冲塔事故。

③腐蚀设备　氯化物，尤其是氯化钙和氯化镁，在加热并有水存在时，可发生水解反应放出 HCl，后者在有液相水存在时即成盐酸，造成蒸馏塔顶部低温部位的腐蚀。

$$CaCl_2 + 2H_2O \longrightarrow Ca(OH)_2 + 2HCl$$
$$MgCl_2 + 2H_2O \longrightarrow Mg(OH)_2 + 2HCl$$

当加工含硫原油时，虽然生成的 FeS 能附着在金属表面上起保护作用，可是，当有 HCl 存在时，FeS 对金属的保护作用不但被破坏，而且还加剧了腐蚀。

$$Fe + H_2S \longrightarrow FeS + H_2$$
$$FeS + 2HCl \longrightarrow FeCl_2 + H_2S$$

④影响二次加工原料的质量　集中于减压渣油中的盐类将使二次加工的催化剂中毒，从

而影响产品的质量。

为了减少原油含盐含水对加工的危害，目前对设有重油催化裂化装置的炼厂提出了深度电脱盐的要求：脱后原油含盐量要小于 3mg/L，含水量小于 0.2%。

二、原油脱盐脱水原理

原油中的盐大部分能溶于水，为了能脱除悬浮在原油中的盐细粒，在脱盐脱水之前向原油中注入一定量不含盐的清水，充分混合，然后在破乳剂和高压电场的作用下，使微小水滴聚集成较大水滴，借重力从油中分离，达到脱盐脱水的目的，这通常称为电化学脱盐脱水过程。

水滴的沉降速度符合球形粒子在静止流体中自由沉降的斯托克斯定律：

$$u = \frac{d^2(\rho_1 - \rho_2)}{18\mu\rho_2}g \qquad (3-1)$$

式中　u ——水滴沉降速度，m/s；

d ——水滴直径，m；

ρ_1 ——水的密度，kg/m³；

ρ_2 ——油的密度，kg/m³；

μ ——油的运动黏度，m²/s；

g ——重力加速度，m/s²。

由式（3-1）可知，要增大沉降速度，主要取决于增大水滴直径和降低油的黏度，并使水与油密度差增加，前者由加破乳化剂和电场力来达到目的；后者则通过加热来降低油品的黏度来实现。破乳化剂是一种与原油中乳化剂类型相反的表面活性剂，具有极性，加入后使含盐的水滴在极化、变形、振荡、吸引、排斥等复杂的作用后，聚成大水滴，加快了水滴的沉降速度。

三、原油电脱盐工艺流程

原油的二级脱盐脱水工艺原理流程示意如图 3-1 所示。

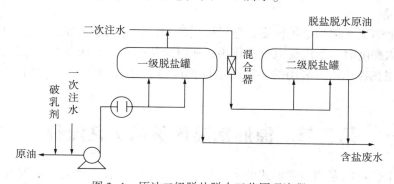

图 3-1　原油二级脱盐脱水工艺原理流程

原油在与热源换热后加入水、破乳剂，通过静态混合器达到充分混合后从底部进入脱盐罐。一级脱盐罐脱盐率为 90%~95%，在进入二级脱盐罐之前，仍需注入清水，一级注水是为了溶解悬浮的盐粒，二级注水是为了增大原油中的水量，以增大水滴的偶极聚结力。脱水原油从脱盐罐顶部引出，经接力泵送至换热、蒸馏系统。脱出的含盐废水从罐底排出，经隔油池分出污油后排出装置。

四、影响脱盐脱水的因素

针对不同原油的性质、含盐量多少和盐的种类，合理地选用不同的电脱盐工艺参数。

1. 温度

温度升高可降低原油的黏度和密度以及乳化液的稳定性，水的沉降速度增加。若温度过高（>140℃），油与水的密度差反而减小，同样不利于脱水。同时，原油的导电率随温度的升高而增大，所以温度太高不但不会提高脱水、脱盐的效果，反而会因脱盐罐电流过大而跳闸，影响正常送电。因此，原油脱盐温度一般选在105~140℃。

2. 压力

脱盐罐需在一定压力下进行，以避免原油中的水及轻组分汽化，引起油层搅动，影响水的沉降分离。操作压力视原油中轻馏分含量和加热温度而定，一般为0.8~2MPa。

3. 注水量及注水的水质

在脱盐过程中，注入一定量的水与原油混合，将增加水滴的密度使之更易聚结，同时注水还可以破坏原油乳化液的稳定性，对脱盐有利。注水量一般为5%~7%。增加注水量，脱盐效果会提高，但注水过多，会引起电极间出现短路跳闸。

4. 破乳剂和脱金属剂

破乳剂是影响脱盐率的最关键的因素之一。近年来随着新油井开发，原油中杂质变化很大，而石油炼制工业对馏分油质量的要求也越来越高，针对这一情况，许多新型广谱多功能破乳剂问世，一般都是二元以上组分构成的复合型破乳剂。破乳剂的用量一般是10~30μg/g。

为了将原油电脱盐功能扩大，近年来开发了一种新型脱金属剂，它进入原油后能与某些金属离子发生螯合作用，使其从油相转入水相再加以脱除。这种脱金属剂对原油中的 Ca^{2+}、Mg^{2+}、Fe^{2+} 的脱除率可分别达到85.9%、87.5%和74.1%，脱后原油含钙量可达到 $3μg/g$ 以下，能满足重油加氢裂化对原料油含钙量的要求。由于减少了原油中的导电离子，降低了原油的电导率，也使脱盐的耗电量有所降低。

5. 电场梯度

单位距离上的电压称为电场梯度。电场梯度越大，破乳效果越好。但电场梯度大于或等于电场临界分散梯度时，水滴受电分散作用，使已聚集的较大水滴又开始分散，脱水脱盐效果下降。我国现在各炼油厂采用的实际强电场梯度为500~1000V/cm，弱电场梯度为150~300V/cm。

第二节　原油常减压蒸馏工艺流程

在炼油厂中，可以遇到多种形式的蒸馏操作，归纳起来有三种类型：闪蒸（平衡汽化）、简单蒸馏（渐次汽化）和精馏。平衡汽化的逆过程称为平衡冷凝，它们都可以使混合物得到一定程度的分离，但这种分离是比较粗略的。简单蒸馏是实验室或小型装置上常用于浓缩物料或粗略分割油料的一种蒸馏方法，其分离效果优于平衡汽化，但分离程度还是不高。精馏是分离液相混合物的很有效的手段，精馏有连续式和间歇式两种。采用精馏过程可以得到一定沸程的馏分，也可以得到纯度很高的产品。原油蒸馏装置采用的是精馏过程。

原油蒸馏流程，就是原油蒸馏生产的炉、塔、泵、换热设备、工艺管线及控制仪表等按原料生产的流向及加工技术要求内在联系而形成的有机组合。将此种内在的联系用简单的示意图表达出来，即成为原油蒸馏的流程图。原油蒸馏过程中，在一个塔内分离一次称一段汽化。原油经过加热汽化的次数，称为汽化段数。

汽化段数一般取决于原油性质、产品方案、处理量等。原油蒸馏装置汽化段数可分为以下几种类型：

①一段汽化式　常压；
②二段汽化式　初馏（闪蒸）-常压；
③二段汽化式　常压-减压；
④三段汽化式　初馏-常压-减压；
⑤三段汽化式　常压--级减压-二级减压；
⑥四段汽化式　初馏-常压--级减压-二级减压。

①、②主要适用于中、小型炼油厂，只生产轻、重燃料或较为单一的化工原料。
③、④用于大型炼油厂的燃料型、燃料-润滑油型和燃料-化工型。
⑤、⑥用于燃料-润滑油型和较重质的原油，以提高拔出深度或制取高黏度润滑油料。

一、三段汽化的常减压蒸馏工艺流程

原油蒸馏中，常见的是三段汽化。现以目前燃料-润滑油型炼油厂应用最为广泛的初馏-常压-减压三段汽化式为例，对原油蒸馏的工艺流程加以说明，装置的工艺原则流程如图 3-2 所示。

经过预处理的原油换热到 230~240℃，进入初馏塔，从初馏塔塔顶分出轻汽油或催化重整原料油，其中一部分返回塔顶作顶回流。初馏塔侧线一般不出产品，但可抽出组成与重汽油馏分相似的馏分，经换热后，一部分打入常压塔中段回流入口处（常压塔侧一线、侧二线之间），这样，可以减轻常压炉和常压塔的负荷；另一部分则送回初馏塔作循环回流。

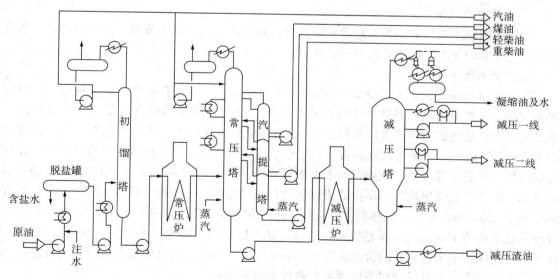

图 3-2　三段汽化的常减压蒸馏工艺流程

初馏塔底油称作拔头原油（初底油），经一系列换热后，再经常压炉加热到 360~370℃进入常压塔，它是原油的主分馏塔，在塔顶冷回流和中段循环回流作用下，从汽化段至塔顶温度逐渐降低，组分越来越轻，塔顶蒸出汽油。常压塔通常开 3~5 根侧线及对应的汽提塔，煤油（喷气燃料与灯煤）、轻柴油、重柴油、变压器原料油等组分则呈液相按轻重依次馏出，这些侧线馏分经汽提塔汽提出轻组分后，经泵升压，与原油换热，回收一部分热量后经冷却到一定温度才送出装置。

常压塔底重油又称常压渣油（AR），用泵抽出送至减压炉，加热至 400℃ 左右进入减压塔。塔顶分出不凝气和水蒸气，进入大气冷凝器。经冷凝冷却后，用二至三级蒸汽抽空器抽出不凝气，维持塔内残压 0.027~0.1MPa，以利于馏分油充分蒸出。减压塔一般设有 4~5 根侧线和对应的汽提塔，经汽提后与原油换热并冷却到适当温度送出装置。减压塔底油又称减压渣油（VR），经泵升压后送出与原油换热回收热量，再经适当冷却后送出装置。

润滑油型减压塔在塔底吹入过热蒸汽汽提，对侧线馏出油也设置汽提塔。

二、原油蒸馏流程的讨论与分析

（一）初馏塔的作用

原油蒸馏是否采用初馏塔应根据具体条件对有关因素进行综合分析后决定。初馏塔有如下作用：

1. 原油的轻馏分含量

含轻馏分较多的原油在经过换热器被加热时，随着温度的升高，轻馏分汽化，从而增大了原油通过换热器和管路的阻力，这就要求提高原油输送泵的扬程和换热器的压力等级，也就是增加了电能消耗和设备投资。

如果将原油经换热过程中已汽化的轻组分及时分离出来，让这部分馏分不必再进入常压炉去加热。这样一则能减少原油管路阻力，降低原油泵出口压力；二则能减少常压炉的热负荷，二者均有利于降低装置能耗。因此，当原油含汽油馏分接近或大于 20% 时，可采用初馏塔。

2. 原油脱水效果

当原油因脱水效果波动而引起含水量高时，水能从初馏塔塔顶分出，使得主塔——常压塔操作免受水的影响，保证产品质量合格。

3. 原油的含砷量

对含砷量高的原油如大庆原油（砷含量大于 2000ng/g），为了生产重整原料油，必须设置初馏塔。重整催化剂极易被砷中毒而永久失活，重整原料油的砷含量要求小于 200ng/g。如果进入重整装置的原料的含砷量超过 200ng/g，原料应在装置外进行预脱砷，使其含砷量小于 200ng/g 以下后才能送入重整装置。重整原料的含砷量不仅与原油的含砷量有关，而且与原油被加热的温度有关。例如在加工大庆原油时，初馏塔进料温度约 230℃，只经过一系列换热，温度低且受热均匀，不会造成砷化合物的热分解，由初馏塔顶得到的重整原料的含砷量小于 200ng/g。若原油加热到 370℃ 直接进入常压塔，则从常压塔顶得到的重整原料的含砷量通常高达 1500ng/g。重整原料含砷量过高不仅会缩短预加氢精制催化剂的使用寿命，而且有可能保证不了精制后的含砷量降至 1ng/g 以下。因此，国内加工大庆原油的炼油厂一般都采用初馏塔，并且只取初馏塔顶的产物作为重整原料。

4. 原油的含硫量和含盐量

当加工含硫原油时，在温度超过 160~180℃ 的条件下，某些含硫化合物会分解而释放出 H_2S，原油中的盐分则可能水解而析出 HCl，造成蒸馏塔顶部、汽相馏出管线与冷凝冷却系统等低温部位的严重腐蚀。设置初馏塔可使大部分腐蚀转移到初馏塔系统，从而减轻了主塔常压塔顶系统的腐蚀，这在经济上是合理的。但是这并不是从根本上解决问题的办法。实践证明，加强脱盐脱水和防腐蚀措施，可以大大减轻常压塔的腐蚀而不必设初馏塔。

（二）原油常压蒸馏塔的工艺特征

由于原油是复杂混合物且炼油工业规模巨大，原油蒸馏塔具有自己的特点。常压塔的工艺特征如下：

1. 复合塔

原油通过常压蒸馏要切割成汽油、煤油、轻柴油、重柴油和重油等产品。按照一般的多元精馏办法，需要有 $N-1$ 个精馏塔才能把原料分割成 N 个产品。如要将原油分成五种产品时就需要四个精馏塔串联方式排列。当要求得到较高纯度的产品时，这种方案无疑是必要的。但是在石油精馏中，各种产品本身依然是一种复杂混合物，它们之间的分离精确度并不要求很高，两种产品之间需要的塔板数并不多，这种方案投资和能耗高，占地面积大，这些问题随生产规模增大而显得更加突出。因此，可以把这几个塔结合成一个塔，如图 3-3 所示。这种塔实际上等于把几个简单精馏塔重叠起来，它的精馏段相当于原来四个简单塔的四个精馏段组合而成，而其下段则相当于第 1 个塔的提馏段，这样的塔称为复合塔。

诚然，这种塔的分馏精确度不会很高，例如在轻柴油侧线抽出板上除了柴油馏分以外，还有较轻的煤油和汽油的蒸气通过，这必然会影响到侧线产品——轻柴油的馏分组成。但是，由于这些石油产品要求的分馏精确度不是很高，而且可以采取一些弥补的措施，因而常压塔实际上是采用复合塔的形式。

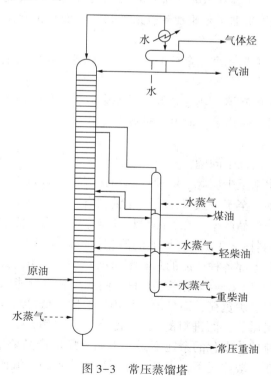

图 3-3　常压蒸馏塔

2. 设汽提塔和汽提段

在复合塔内，在汽油、煤油、柴油等产品之间只有精馏段而没有提馏段，侧线产品中必然会含有相当数量的轻馏分，这样不仅影响本侧线产品的质量(如轻柴油的闪点等)，而且降低了较轻馏分的产率。为此，在常压塔的外侧，为侧线产品设汽提塔，在汽提塔底部吹入少量过热水蒸气以降低侧线产品的油气分压，使混入产品中的较轻馏分汽化而返回常压塔。这样既可达到分离要求，而且也很简便。

在有些情况下，侧线的汽提塔不采用水蒸气而仍像正规的提馏段那样采用再沸器。这种做法是基于以下几点考虑：

①侧线油品汽提时，产品中会溶解微量水分，对有些要求低凝点或低冰点的产品如航空煤油可能使冰点升高。采用再沸提馏可避免此弊病。

②汽提用水蒸气的质量分数虽小，但水的相对分子质量比煤油、柴油低数十倍，因而体积流量相当大，增大了塔内的汽相负荷。采用再沸提馏代替水蒸气汽提有利于提高常压塔的处理能力。

③水蒸气的冷凝相变焓很大，采用再沸提馏有利于降低塔顶冷凝器的负荷。

④采用再沸提馏有助于减少装置的含油污水量。

采用再沸提馏代替水蒸汽汽提会使流程设备复杂些，因此采用何种方式要具体分析。至于侧线油品用作裂化原料时则可不必汽提。

常压塔进料汽化段中未汽化的油料流向塔底，这部分油料中还含有相当多的<350℃轻馏分。因此，在进料段以下也要有汽提段，在塔底吹入过热水蒸气以使其中的轻馏分汽化后返回精馏段，以达到提高常压塔拔出率和减轻减压塔负荷的目的。塔底吹入的过热水蒸气的质量分数一般为2%~4%。常压塔底不可能用再沸器代替水蒸气汽提，因为常压塔底温度一般在350℃左右，如果用再沸器，很难找到合适的热源，而且再沸器也十分庞大。减压塔的情况也是如此。

由上述可见，常压塔不是一个完全精馏塔，它不具备真正的提馏段。

3. 全塔热平衡

由于常压塔塔底不用再沸器，热量来源几乎完全取决于加热炉加热的进料。汽提水蒸气(一般约450℃)虽也带入一些热量，但由于只放出部分显热，且水蒸气量不大，因而这部分热量是不大的。

全塔热平衡的情况引出以下问题：

①常压塔进料的汽化率至少应等于塔顶产品和各侧线产品的产率之和，否则不能保证要求的拔出率或轻质油收率。至于一般二元或多元精馏塔，理论上讲进料的汽化率可以在0~1之间任意变化而仍能保证产品产率。在实际设计和操作中，为了使常压塔精馏段最低一个侧线以下的几层塔板(在进料段之上)上有足够的液相回流以保证最低侧线产品的质量，原料油进塔后的汽化率应比塔上部各种产品的总收率略高一些。高出的部分称为过汽化度。常压塔的过汽化度一般为2%~4%。实际生产中，只要侧线产品质量能保证，过汽化度低一些是有利的，这不仅可减轻加热炉负荷，而且由于炉出口温度降低可减少油料的裂化。

②在常压塔只靠进料供热，而进料的状态(温度、汽化率)又已被规定的情况下，由全塔热平衡决定的全塔回流比，变化的余地不大。幸而常压塔产品要求的分离精确度不太高，只要塔板数选择适当，在一般情况下，由全塔热平衡所确定的回流比已完全能满足精馏的要求。二元系或多元系精馏与原油精馏不同，它的回流比是由分离精确度要求确定的，至于全塔热平衡，可以通过调节再沸器负荷来达到。在常压塔的操作中，如果回流比过大，必然会引起塔的各点温度下降、馏出产品变轻，拔出率下降。

4. 恒分子回流的假定完全不适用

在二元和多元精馏塔的设计计算中，为了简化计算，对性质及沸点相近的组分所组成的体系作出了恒分子回流的近似假设，即在塔内的气、液相的摩尔流量不随塔高而变化。这个近似假设对原油常压精馏塔是完全不能适用的。石油是复杂混合物，各组分间的性质可以有很大的差别，它们的摩尔汽化相变焓可以相差很远，沸点之间的差别甚至可达几百摄氏度，例如常压塔顶和塔底之间的温差就可达 250℃ 左右。显然，以精馏塔上、下部温差不大、塔内各组分的摩尔汽化相变焓相近为基础所作出的恒分子回流这一假设对常压塔是完全不适用的。

(三) 减压蒸馏塔的工艺特征

原油中 350℃ 以上的高沸点馏分是润滑油和催化裂化、加氢裂化的原料，但是由于在高温下会发生分解反应，所以在常压塔的操作条件下不能获得这些馏分，只能通过减压蒸馏取得。通过减压蒸馏可以从常压重油中蒸馏出沸点约 550℃ 以前的馏分油。减压蒸馏的核心设备是减压精馏塔和它的抽真空系统。

根据生产任务的不同，减压塔可分为润滑油型和燃料型两种，润滑油型减压塔是为了提供黏度合适、残炭值低、色度好、馏程较窄的润滑油料。燃料型减压塔主要是为了提供残炭值低、金属含量低的催化裂化和加氢裂化原料，对馏分组成的要求是不严格的。无论哪种类型的减压塔，都要求有尽可能高的拔出率。

1. 减压塔的一般工艺特征

①降低从汽化段到塔顶的流动压降。这主要依靠减少塔板数和降低气相通过每层塔板的压降。

②降低塔顶油气馏出管线的流动压降。为此，减压塔塔顶不出产品，塔顶管线只供抽真空设备抽出不凝气用。因为减压塔顶没有产品馏出，故只采用塔顶循环回流而不采用塔顶冷回流。

③减压塔塔底汽提蒸汽用量比常压塔大，其主要目的是降低汽化段中的油气分压。近年来，少用或不用汽提蒸汽的干式减压蒸馏技术有较大的发展。

④降低转油线压降，通过降低转油线中的油气流速来实现。减压塔汽化段温度并不是常压重油在减压蒸馏系统中所经受的最高温度，最高温度的部位是在减压炉出口。为了避免油品分解，对减压炉出口温度要加以限制，在生产润滑油时不得超过 395℃，在生产裂化原料时不超过 400~420℃，同时在高温炉管内采用较高的油气流速以减少停留时间。

⑤缩短渣油在减压塔内的停留时间。塔底减压渣油是最重的物料，如果在高温下停留时间过长，则其分解、缩合等反应进行得比较显著。其结果，一方面生成较多的不凝气使减压塔的真空度下降；另一方面会造成塔内结焦。因此，减压塔底部的直径通常缩小以缩短渣油在塔内的停留时间。此外，有的减压塔还在塔底打入急冷油以降低塔底温度，减少渣油分解、结焦的倾向。

由于上述各项工艺特征，从外形来看，减压塔比常压塔显得粗而短。

2. 减压塔的抽真空系统

减压塔之所以能在减压下操作，是因为在塔顶设置了一个抽真空系统，将塔内不凝气、注入的水蒸气和极少量的油气连续不断地抽走，从而形成塔内真空，在炼油厂中的减压塔广泛地采用蒸汽喷射器来产生真空。

第三节　原油蒸馏的能耗与节能技术

原油蒸馏装置消耗能量约占炼油厂总用能的 25%~30%，为炼油厂消耗自用燃料量最大的生产装置。因而，常减压蒸馏装置的节能技术对企业降低加工成本、合理利用石油资源、增强竞争能力等方面都有着举足轻重的作用。

常减压蒸馏装置主要采用新工艺、新设备以及优化操作等技术进行节能。

一、采用新技术，改进工艺过程

改进工艺过程是蒸馏装置节能的重要手段，包括改进工艺生产流程，采用节能新工艺、新技术等内容。

(一)原油深度脱盐

原油常减压蒸馏装置是炼油厂的"龙头"装置，而电脱盐又是常减压蒸馏的第一道工序。当今的电脱盐工艺已不仅是一种防腐手段，而且已变成为下游装置提供优质原料所必不可少的预处理装置，是炼油厂降低能耗、减轻设备腐蚀、减少催化剂消耗及改善产品质量的重要工艺过程，并直接关系到炼油厂的经济效益。

用过滤法对原油进行深度脱盐技术是一种对乳化原油破乳的新技术。该技术首先要选择一种良好的固体吸附剂作为过滤材料，并制成破乳过滤柱。这种过滤法工艺具有明显的节电、节水、节省破乳剂的效果。

(二)提高原油拔出率

随着经济的不断发展，世界石油资源呈现原油重质化现象，原油的重质化导致了常减压蒸馏的拔出率日益降低。从某种意义上讲，常减压蒸馏装置的拔出率是衡量其技术水平的一个重要指标。关于提高常减压蒸馏拔出率的研究有很多，但传统的利用节能降耗、设备改造、工艺改进等方法提高拔出率的潜力已经越来越小，因此人们开始把研究重心转移到试图找到一种能对原油体系进行活化的物质，通过对原油进行活化达到提高拔出率的目的。基于这一想法强化蒸馏技术得到了发展。加入活化剂强化原油蒸馏从根本上提高轻质油的拔出率，从而更加合理地利用宝贵石油资源，为炼油企业带来效益。

强化蒸馏提高原油拔出率所带来的经济效益不仅体现在蒸馏装置上，更重要的是体现在下游加工装置、产品调合、化工生产等更高的经济效益上。如润滑油装置，减压深拔增大了润滑油料，给工厂带来巨大的经济效益；减轻氧化沥青和延迟焦化的加工负荷，有利于提高沥青和针状焦的质量。

一般加入活化剂 0.5% 左右，拔出率可提高 1% 左右，且不影响油品的性质和质量。现有炼油装置采用强化技术，不必改动原有工艺和操作条件，投入少，见效快，效益高，对设备、产品及环保无不良影响。

二、采用新型、高效、低耗设备

(一)塔内构件的改造，提高分离效率

分馏塔是原油蒸馏过程的核心设备，塔内传质构件即塔板、塔填料，是油品分馏塔最关键的部件，对于一个操作方案已定的分馏塔，塔内传质构件选用是否得当，直接关系着能否保证产品质量，发挥设备潜力，提高轻油收率，高产、优质、低消耗地完成各项任务。

1. 采用波纹填料，提高传质效率

蒸馏装置发展趋势是现代填料塔逐步取代传统填料塔，且大部分取代大型板式塔。在乱堆填料、规整填料和塔板的比较中，规整填料的压降低，另外，规整填料还有传质效率高、处理量大、塔的放大效应小等优点。

2. 使用新型塔板，改善分馏效率

板式塔历来应用最广，随着塔器技术不断进步，各种新型高效塔板应运而生，并获得了广泛应用。导向浮阀目前应用最为广泛，主要有三种形式：矩形导向浮阀、梯形导向浮阀及组合导向浮阀。一般而言，液流强度较小时用矩形浮阀较好；液流强度较大时，梯形浮阀较好；适当配比的组合导向浮阀兼有矩形浮阀和梯形浮阀的优点，克服了二者的缺点，具有更广的适用范围和更好的操作性能。

（二）使用新型换热器，提高换热器的热回收率

原油蒸馏过程中有大量余热需要回收，也有大量低温热量需要冷凝或冷却，故需用很多换热器和冷凝冷却器，耗用大量钢材，因此提高冷换设备的换热效率、减少换热面积对节约钢材和投资、减少能耗具有重要意义。近几年我国原油蒸馏主要采用螺纹管换热器，它应用在原油蒸馏装置中，可有效地节省建设投资。

（三）采用新措施，提高加热炉效率

加热炉是主要的能源转换设备，在炼油厂综合能耗中约 1/3 是通过加热炉进行转换和消耗的。因此提高加热炉热效率和热负荷已成为挖潜增效的主要措施。目前可采取的措施有：开发和应用高效率大能量燃烧器，采用降低过剩空气系数和减少雾化蒸汽量的技术措施；采用多种形式的扩面管和各种除灰技术；广泛应用陶纤衬里等隔热材料，减少散热损失；加强烟气热回收，减少排烟热损失，开发应用各种形式的空气预热器，配置余热锅炉；采用高效监测仪表，微机控制管理。

（四）采用变频技术，降低装置电耗

由于原油供应日益紧张，一些厂家蒸馏装置加工量波动较大。因此，如果主要是依靠调节阀节流来调节装置的加工量，则装置的机泵会经常处于"大马拉小车"的状况下，这会造成机泵的电耗量增加，而在常减压装置上应用变频调速技术节能效果是十分显著的。

三、优化换热网络

国内常减压蒸馏装置的热回收率一般为 60%，一些经过最优化设计的蒸馏装置热回收率可达到 80% 左右。目前国内常减压蒸馏装置进一步提高热回收率的关键在于如何解决好低温位热源的利用问题。

常减压蒸馏装置低温热源来自两个方面：一个来自于高温位热源经过多次换热温度逐渐降低，最终变成了低温位热源；另外一个是低温位热源直接来自轻质油，轻质油从塔内馏出的温度不高，它本来就是低温位热源。低温位热能的利用是常减压装置节能工作中的重要一环，随着节能工作的深入开展，其重要性也日益增大。低温位热能经过利用，可以节约燃料，减少冷却水用量和空冷器的电力消耗，有很大的节能效果。它在回收利用中的主要困难是由于温位较低，换热时与冷流的温差较小，需要用较大的换热面积、占地和投资。低温位热的回收，可以从两个方面入手：首先是选用适宜的工艺流程，采用先进的换热网络技术；其次是更新换热设备，用高效换热器提高传热效果。

（一）原油分多段换热，充分利用低温位热源

含硫原油中轻组分多，在常减压蒸馏过程中会产生比较多的低温位热，回收利用这部分

低温位热难度较大。在加工国产原油的时候，因为轻组分油少，初馏塔和闪蒸塔的作用不突出，加工含硫原油初馏塔和闪蒸塔的作用显得尤为重要。初馏塔和闪蒸塔既有单独与常压塔匹配的工艺流程，也有一起与常压塔匹配的工艺，甚至有两个闪蒸塔与常压塔匹配的工艺。不论是何种工况，都是从有利于加工含硫原油出发，既要实现装置原油加工能力的最大化，又要使加热炉负荷，尤其是常压炉负荷不会大幅度增加。利用好低温位热源预热原油，最大限度地使轻组分在较低的原油预热温度下从中分离。含硫原油，无须从加热炉获取热量，而是通过与低温位热源换热，原油换热到 150～250℃，经过初馏塔、闪蒸塔就可以得到分离。分离出轻组分后的拔头原油，可以进一步与中低温位热源进行换热，原油的多段换热就有了实际意义。

含硫原油经过初馏和闪蒸，进常压炉拔头油的量比进装置的原油量少 16% 左右。而加工国产原油时，初馏塔或闪蒸塔的拔出率只有 3%～6%。尽管加工含硫原油时低温位热多，但是由于原油的多段换热，充分发挥初馏塔和闪蒸塔的作用，做到轻组分在低温下充分汽化分离，低温位热得到有效回收利用，原油经换热，进常压炉的温度与加工国产原油时相当，一般也可达到 294℃ 左右。

（二）利用窄点技术，优化换热网络

窄点换热技术的显著特点是与原油换热的热源每经过一次热交换，它的温度降幅比较小，相应地原油温升也比较小。

常减压蒸馏得到的各种馏分从塔内馏出时，具有不同的温位。按照窄点技术，每一热馏分油要分几个温度段与原油等冷介质进行热交换。热源和冷源都被分割成众多的温度段，换热网络的优化就有了数量上的保证。过去传统的换热方式，原油每经过一次换热，温升幅度大，热源经换热温降幅度也大，热交换次数少，换热网络的优化比较困难。

加工中东含硫原油，低温位热量多，高温位热量不足。换热流程采用窄点技术设计，有利于换热网络的优化，提高低温位热的回收利用率。国内某炼油厂加工中东含硫原油，温降幅度小于 50℃ 的占 65%～85%，温降幅度超过 100℃ 的仅为 3%～4%。

第四节　原油蒸馏装置的腐蚀与防护

随着采油技术的不断进步，我国原油产量稳步增长，尤其是重质原油产量增长较快，使炼油厂加工的原油种类日趋复杂、性质变差、含硫量和酸值都有所提高。此外，我国加工进口原油的数量也逐年增加，其中含硫量高的中东原油必须采取相应对策防止设备腐蚀。

一般可从原油的盐、硫、氮含量和酸值的大小来判断加工过程对设备造成腐蚀的轻重，通常认为含硫量>0.5%、酸值>0.5mgKOH/g、总氮>0.1% 和盐未脱到 5mg/L 以下的原油，在加工过程中会对设备和管线造成严重腐蚀。

一、腐蚀机理

（一）低温部位 $HCl-H_2S-H_2O$ 型腐蚀

低温部位腐蚀是因为原油加工过程中，脱盐不彻底的原油中残存的氯盐，在 120℃ 以上发生水解生成 HCl，HCl 属挥发性强酸，它随原油的轻组分及水汽一同进入塔顶冷凝系统造成的。加工含硫原油时塔内有 H_2S，当 HCl 和 H_2S 为气体状态时只有轻微的腐蚀性，一旦进入有液体水存在的塔顶冷凝区，不仅因 HCl 生成盐酸会引起设备腐蚀，而且形成了 HCl-

H_2S-H_2O 的介质体系，HCl 和 H_2S 相互促进构成的循环腐蚀会引起更严重的腐蚀。反应式如下：

$$Fe+2HCl \longrightarrow FeCl_2+H_2$$
$$Fe+H_2S \longrightarrow FeS+H_2$$
$$FeS+2HCl \longrightarrow FeCl_2+H_2S$$

这种腐蚀多发生在初、常压塔顶部和塔顶冷凝冷却系统的空冷器、水冷器等低温部位。这些部位的腐蚀也称为低温露点腐蚀。

（二）高温部位硫腐蚀

原油中的硫可按对金属作用的不同分为活性硫化物和非活性硫化物。非活性硫在 160℃ 开始分解，生成活性硫化物，在达到 300℃ 以上时分解尤为迅速。高温硫腐蚀从 250℃ 左右开始，随着温度升高而加剧，最严重腐蚀在 340~430℃。活性硫化物的含量越多，腐蚀就越严重。反应式如下：

$$Fe+S \longrightarrow FeS$$
$$Fe+H_2S \longrightarrow FeS+H_2$$
$$RCH_2SH+Fe \longrightarrow FeS+RCH_3$$

高温硫腐蚀常发生在常压炉出口炉管及转油线、常压塔进料部位上下塔盘、减压炉至减压塔的转油线、进料段塔壁与内部构件以及减压塔底、减压渣油转油线、减压渣油换热器等等。尤其是减压渣油中硫的含量一般都在原油中总硫含量的 50% 以上，且这些部位温度一般都在 350℃ 以上，所以极易发生硫腐蚀。高温渣油部位的腐蚀泄漏，是近年国内石油加工企业易发生的严重问题。

（三）高温部位环烷酸腐蚀

环烷酸腐蚀主要发生在炼油装置的高温部位。一般情况下，当原油的酸值大于 0.5mgKOH/g，温度在 270~280℃ 和 350~400℃ 时环烷酸腐蚀较为严重。

环烷酸在气相中产生冷凝液时，将形成液相腐蚀，环烷酸与铁的腐蚀反应为

$$2RCOOH+Fe \longrightarrow Fe(RCOO)_2+H_2$$

由于腐蚀生成的环烷酸铁可以溶解在油中，易被流动的介质冲走，腐蚀形态为带锐角边的蚀坑或蚀槽，从而暴露出金属裸面，使腐蚀不断进行。

在原油加工过程中，原油中的非活性硫在 24~340℃ 可以分解生成硫化氢，在 340~400℃ 时硫化氢又分解为硫。在高温下，单质硫或者其他活性硫具有非常强的活性，很容易和铁发生反应，生成的硫化亚铁不溶于油，覆盖在钢铁表面形成保护膜。在一定意义上能够阻止基底金属的继续腐蚀。但是如果有环烷酸存在，情况则有很大的不同。原油中环烷酸与硫化亚铁作用生成环烷酸铁和硫化氢，破坏防护膜，在高流速的环境下，流体带走腐蚀产物，使金属裸露出新的表面，同时带来腐蚀介质，于是腐蚀反应十分剧烈，这正是蒸馏装置高温、高速冲刷部位发生严重腐蚀的原因。

另外，环烷酸铁残渣虽不具有腐蚀性，但遇到硫化氢后会进一步反应生成硫化亚铁和环烷酸：

$$Fe(OOCR)_2+H_2S \longrightarrow FeS+2RCOOH$$

生成的硫化亚铁形成沉淀附着在金属表面，形成一定的保护膜。但是由于硫化亚铁的结晶体形态变化很大，且不稳定，极易发生转化，随其厚度增加产物易开裂、剥落，因此金属硫化物形成的膜仍然不能对基体产生足够的保护。虽然这层膜不能完全阻止环烷酸与铁作

用，但它的存在显然减缓了环烷酸的腐蚀，而释放的环烷酸又引起下游腐蚀，如此循环。

二、防腐蚀措施

（一）消除 HCl-H₂S-H₂O 型腐蚀的措施

为了减缓常减压塔顶冷凝冷却系统的腐蚀，目前普遍采取"一脱三注"的工艺防腐措施。

1. 原油电脱盐脱水

充分脱除原油中氯化物盐类，减少水解后产生的 HCl，是控制三塔塔顶及冷凝冷却系统 Cl^- 腐蚀的关键。

2. 塔顶馏出线注氨

原油注碱后，系统腐蚀程度可大大减轻，但是硫化氢和残余氯化氢仍会引起严重腐蚀。因此，可采用注氨中和这些酸性物质，进一步抑制腐蚀。注入位置应在水的露点以前，这样，氨与氯化氢气体充分混合才有理想的效果，生成的氯化铵被水洗后带出冷凝系统。注入量按冷凝水的 pH 值来控制，维持 pH 在 7~9。

3. 塔顶馏出线注缓蚀剂

缓蚀剂是一种表面活性剂，分子内部既有 S、N、O 等强极性基团，又有烃类结构基团，极性基团一端吸附在金属表面上，另一端烃类基团与油介质之间形成一道屏障，将金属和腐蚀性水相隔离开，从而保护了金属表面，使金属不受腐蚀。将缓蚀剂配成溶液，注入到塔顶管线的注氨点之后，保护冷凝冷却系统，也可注入塔顶回流管线内，以防止塔顶部腐蚀。

4. 塔顶馏出线注水

注氨时会生成氯化铵沉积，既影响传热效果又会造成垢下腐蚀，因氯化铵在水中的溶解度很大，故可用连续注水的办法洗去。

过去曾在原油脱盐后，注入纯碱（NaCO₃）或烧碱（NaOH）溶液，这样可以起到三方面的作用：

①能使原油中残留的容易水解的氯化镁等部分变成不易水解的氯化钠。

②将已水解（部分不可避免的盐类）生成的氯化氢中和。

③在碱性条件下，也能中和油中环烷酸和部分硫化物，减轻高温重油部位的腐蚀。

但注碱也带来一些不利因素，对后续的二次加工过程有不利影响，如 Na^+ 会造成裂化催化剂中毒，使延迟焦化装置的炉管结焦、焦炭灰分增加、换热器壁结垢等，在加工环烷酸含量高的原油时还发现环烷酸是一种很好的清净剂，在一定条件下它可以破坏碳膜和 FeS 膜，使金属表面失去保护而加剧腐蚀。所以近年来在深度电脱盐的前提下，调整好注氨、注缓蚀剂量，停止向原油中注碱，也能控制塔顶低温部位腐蚀，所以已将"一脱四注"改为"一脱三注"。

原油深度电脱盐、向塔顶馏出线注氨、注缓蚀剂、注碱性水是行之有效的低温轻油部位的防腐措施。对于高温部位的抗硫腐蚀和抗环烷酸腐蚀，则须依靠合理的材质选择和结构设计加以解决。

（二）高温部位硫腐蚀的防腐措施

高温部位硫腐蚀的防腐措施主要是材质升级和系统腐蚀检测。在材料方面，国外实验研究证明，在 538℃以下含铝 6%的铝铁合金抗硫化氢和硫腐蚀的能力同含铬 29%的合金钢相当，一般粉末包埋渗铝含量可达 30%左右，使用渗铝钢可以有效地解决高温硫和硫化氢的腐蚀问题。国内一些实验也证明，对于高温硫化氢，316L 的耐蚀性最好，渗铝钢耐蚀性能优于 18-8 不锈钢。在系统腐蚀检测方面，包括腐蚀介质理化分析、腐蚀速率挂片监测、腐蚀定点测厚等，其中尤其重要的是不停车高温定点测厚，它是防止安全事故的有效手段。

(三) 高温部位环烷酸腐蚀的防腐措施

1. 掺炼

目前国内外加工高酸原油一般多采用掺炼措施，即在高酸原油中掺炼一定量的低酸原油，保证进装置的原油酸值在 0.5mgKOH/g 以下，从而减轻设备腐蚀。国外也有炼油厂掺炼后原油酸值控制在 0.3mgKOH/g 以下，但原油掺炼并不能彻底解决问题。

2. 碱中和

过去炼油厂加工高酸原油多采用碱中和的方法。碱中和可以降低各馏分油的酸值，从而控制环烷酸腐蚀。但由于注碱会导致催化裂化催化剂钠中毒，因此目前多数炼油厂不采用这种技术。

3. 材质升级

材质升级是控制高酸原油腐蚀的一个有效途径。在高温部位采用 316L 材质或碳钢+316L复合板，使用效果良好。为防止高温腐蚀，国内炼油厂还大量采用了渗铝钢产品。该产品在 20 世纪末由洛阳石化工程公司设备研究所采用固体粉末包埋渗铝技术生产，具有渗件表面光滑、渗层致密、脆性层少、性能稳定和不易渗漏等优点。针对高酸原油对高温部位阀门密封面的腐蚀问题，采用 SF-5T 合金堆焊阀门密封面，取得了良好的防护效果。

4. 缓蚀剂技术

国外在应用缓蚀剂抑制环烷酸腐蚀方面的研究有近 50 年的历史，早期主要以胺和酰胺为主，但由于这类缓蚀剂在高温下易分解，因此逐渐被其他品种所代替。近年来，国外的研究主要以耐高温的磷系和非磷系缓蚀剂为主。如 Betz 公司研究开发的三烷基磷酸盐和碱金属膦酸盐-酚盐硫化物的混合物、巯基三吖嗪、含有芳基的亚磷酸盐化合物以及Exxon公司开发的聚硫化物等，都具有较好的抑制高温环烷酸和硫化物腐蚀的效果。

国内近年来也开发了一些高温环烷酸缓蚀剂品种，如磷酸三乙酯、硫代磷酸酯以及商品化的 SH9018、GX-195 等，取得了一定的防护效果。

使用缓蚀剂增加了额外的费用支出，如果连续使用，一个炼油厂每年可能要花费数十万甚至数百万人民币，因此应当仅在需要的时候注入缓蚀剂。通常采用腐蚀探针监测腐蚀速度，如果腐蚀速度超过许可的范围，就应加入缓蚀剂。

5. 腐蚀监测及预测技术

对于高酸原油带来的高温腐蚀，国内外通常采用腐蚀挂片、电阻探针、腐蚀旁路、馏分油铁离子分析和超声波测厚等方法进行腐蚀监测。

在高温环烷酸腐蚀预测软件方面国内外也开展了一些工作。开发腐蚀控制系统提供原油评价技术和原油数据库可以快速地预测炼油厂炼制不同高酸原油时可能发生的腐蚀问题，从而指导炼油厂原油的采购和加工。采用神经网络算法对炼油过程中的环烷酸腐蚀行为进行分析并建立数学模型，综合考虑温度、环烷酸浓度、流速、材质与环烷酸腐蚀速度之间的关系，为研究环烷酸腐蚀规律和预测评估设备腐蚀状况提供新的思路和方法。

随着高酸原油加工量的增长和酸值的升高，国内炼油厂将面临着严重的腐蚀问题。各炼油厂和科研单位应加强对高酸原油(尤其是酸值超过 3 以上的原油)的腐蚀防护措施研究，从缓蚀剂、腐蚀监测等方面入手，开发加工高酸原油新的防腐蚀技术，降低防腐蚀成本，使企业从加工高酸原油中获得最大的利润。

第四章　催化裂化

催化裂化是重质油在酸性催化剂存在下，在500℃左右、$1 \times 10^5 \sim 3 \times 10^5$Pa下发生以裂化反应为主的一系列化学反应，生成轻质油、气体和焦炭的过程。催化裂化是现代化炼油厂用来改质重质瓦斯油和渣油的核心技术，是炼油厂获取经济效益的重要手段。

随着对轻质油品特别是对汽油需求量的增加，催化裂化无论是加工能力、装置规模，还是工艺技术均以较快的速度发展，催化裂化能力在各个主要二次加工工艺中具有显著地位。全球催化裂化能力约为7.6亿吨/年，单套生产设计能力最大的催化裂化为650万吨/年，我国催化裂化能力达到1.46亿吨/年，最大设计能力为350万吨/年。催化裂化是炼油厂从重质油生产汽油的主要过程之一，我国汽油约75%来自催化裂化。所产汽油辛烷值高（马达法80左右），安定性好，裂化气含丙烯、丁烯、异构烃多。催化裂化在重油转化中发挥了重要的作用，重油催化裂化（RFCC）工艺保持旺盛的生命力。

世界上第一套工业意义上的固定床催化裂化装置于1936年4月6日正式运转，采用固定床技术；随后的几年中，又分别出现了移动床（TCC）和流化床催化裂化技术（FCC）。1942年第一套流化催化裂化装置在美国投产。我国1958年在兰州建成第一套移动床催化裂化装置，1965年在抚顺建成第一套流化催化裂化装置，1974年在玉门建成第一套提升管催化裂化装置。20世纪70年代提升管与沸石催化剂的结合使流化催化裂化技术发生了质的飞跃，原料范围更宽，产品更加灵活多样，装置操作更稳定。70多年来，无论是在规模上还是在技术上都有了巨大的发展。从技术发展的角度来说，最基本的是反应–再生类型和催化剂性能两个方面的发展，而催化剂性能的突破导致了反应–再生核心工艺的变化。

催化裂化在20世纪对炼油工业的贡献是人所共颂的，面对21世纪的形势和任务，催化裂化迎来了新挑战。

由于石油仍是不可替代的运输燃料，随着原油的重质化和对轻质燃料需求的增长，发展重油深度转化、增加轻质油品仍将是21世纪炼油行业的重大发展战略。近十几年来，我国催化裂化掺炼渣油量在不断上升，已居世界领先地位。催化剂的制备技术已取得了长足的进步，国产催化剂在渣油裂化能力和抗金属污染等方面均已达到或超过国外的水平。在减少焦炭、取出多余热量、催化剂再生、能量回收等方面的技术有了较大发展。

第一节　催化裂化的原料和产品

一、原料

催化裂化的原料范围广泛，可分为馏分油和渣油两大类。馏分油主要是由原油蒸馏所得到的减压馏分油（VGO），馏程350~500℃，也包括少量的二次加工重馏分油如焦化蜡油等；渣油主要是减压渣油、脱沥青渣油、加氢处理渣油等。渣油都是以一定的比例掺入到减压馏分油中进行加工，其掺入的比例主要受制于原料的金属含量和残炭值。对于一些金属含量很低的石蜡基原油也可以直接用常压重油作为原料。当减压馏分油中掺入渣油时则通称为重油催化裂化(RFCC)，1995 之后我国新建的装置均为掺炼渣油的 RFCC。

通常评价催化裂化原料的指标有馏分组成、特性因数 K 值、相对密度、苯胺点、残炭、硫含量、氮含量、金属含量等。其中残炭、金属含量和氮含量对 RFCC 影响最大。

二、产品

催化裂化的产品包括气体、液体和焦炭。

(一)气体

在一般工业条件下，气体产率约为 10%~20%(质)，其中含有 H_2、H_2S 和 C_1~C_4 等组分。C_1~C_2 的气体叫干气，约占气体总量的 10%~20%(质)，其余的 C_3~C_4 气体叫液化气(或液态烃)，其中烯烃含量可达 50%左右。液化气也是重要的民用燃料气来源。

(二)液体产物

液体产物包括汽油、柴油、重柴油(回炼油)、油浆。汽油产率约 30%~60%(质)、柴油产率约为 0~40%(质)、油浆的产率约 5%~10%(质)。催化汽油其研究法辛烷值约 80~90，安定性较好；柴油的十六烷值比直馏柴油的要低，只有 25~35，而且安定性很差，这类柴油需经过加氢处理，或与质量好的直馏柴油调合后才能符合轻柴油的质量要求。

(三)焦炭

焦炭的产率约为 5%~7%(质)，重油催化裂化的焦炭产率可达 8%~10%(质)。焦炭是缩合产物，它沉积在催化剂的表面上，使催化剂丧失活性，所以要用空气将其烧去使催化剂恢复活性，因而焦炭不能作为产品分离出来。

第二节 烃类的催化裂化反应

催化裂化原料在固体催化剂上进行催化裂化反应是一个复杂的物理化学过程。各种产品的数量和质量不仅取决于组成原料的各类烃在催化剂上的反应，而且还与原料气在催化剂表面上的吸附，反应产物的脱附以及油气分子在气流中的扩散等物理过程有关。

一、烃类的催化裂化基本反应

(一)烷烃

烷烃主要发生分解反应，碳链断裂生成较小的烷烃和烯烃。生成的烷烃又可继续分解成更小的分子。分解发生在最弱的 C—C 键上，烷烃分子中的 C—C 键能随着向分子中间移动而减弱，正构烷烃分解时多从中间的 C—C 键处断裂，异构烷烃的分解则倾向于发生在叔碳原子的 β 键位置上。分解反应的速率随着烷烃相对分子质量和分子异构化程度的增加而增大。

(二)烯烃

烯烃很活泼，反应速率快，在催化裂化中占有很重要的地位。烯烃的主要反应有分解反应、异构化反应、氢转移反应和芳构化反应。

氢转移反应是催化裂化特征反应之一，是造成催化裂化汽油饱和度较高及催化剂失活的主要原因。所谓氢转移是指某烃分子上的氢脱下来后立即加到另一烯烃分子上使之饱和的反应。它包括烯烃分子之间、烯烃与环烷、芳烃分子之间的反应，其结果是一方面某些烯烃转化为烷烃，另一方面，给出氢的化合物转化为多烯烃及芳烃或缩合程度更高的分子，直到缩合至焦炭。

（三）环烷烃

环烷烃主要发生分解、氢转移和异构化反应。环烷烃的分解反应一种是断环裂解成烯烃，另一种是带长侧链的环烷烃断侧链。

（四）芳香烃

芳香烃的芳核在催化裂化条件下极为稳定，但连接在苯核上的烷基侧链却很容易断裂，断裂的位置主要发生在侧链与苯核相连的 C—C 键上，生成较小的芳烃和烯烃。这种分解反应也称为脱烷基反应。侧链越长，异构程度越大，脱烷基反应越易进行。

综上所述，在催化裂化的条件下，原料中各种烃类进行着错综复杂的反应，不仅有大分子裂化成小分子的分解反应，也有小分子生成大分子的缩合反应（甚至缩合成焦炭）。与此同时，还进行异构化、氢转移、芳构化等反应。在这些反应中，分解反应是最主要的反应，催化裂化正是因此而得名。各类烃的分解速率为：烯烃>环烷烃、异构烷烃>正构烷烃>芳香烃。

二、石油馏分的催化裂化反应

石油馏分是由各种单体烃组成的，因此单体烃的反应规律是石油馏分进行反应的依据。例如，石油馏分也进行分解、异构化、氢转移、芳构化等反应，但并不等于各类烃类单独裂化结果的简单相加，它们之间相互影响。石油馏分的催化裂化反应有两方面的特点：

（一）各种烃类之间的竞争吸附和对反应的阻滞作用

烃类的催化裂化反应是在催化剂表面上进行的。在气-固非均相催化反应中，反应的历程要经过 7 个步骤：①油气流扩散到催化剂颗粒的外表面（外扩散）；②从外表面经催化剂微孔扩散到活性中心上面（内扩散）；③在催化剂活性中心进行化学吸附；④在催化剂的作用下进行化学反应；⑤生成的反应产物从催化剂表面上脱附下来；⑥产物经催化剂微孔内扩散到催化剂外表面（内扩散）；⑦产物从催化剂外表面扩散到流体体相（外扩散）。

由此可见，烃类进行催化裂化反应的先决条件是在催化剂表面上的吸附。各种烃类在催化剂表面的吸附能力大致为：稠环芳烃>稠环环烷烃>烯烃>单烷基侧链的单环芳烃>环烷烃>烷烃。在同一族烃类中，大分子的吸附能力比小分子的强。而各种烃类的化学反应速率快慢顺序大致为：烯烃>大分子单烷基侧链的单环芳烃>异构烷烃及环烷烃>小分子单烷基侧链的单环芳烃>正构烷烃>稠环芳烃。

由于这两个排列顺序是不一致的，特别是稠环芳烃，它的吸附能力强而化学反应速率却最低。因此，当裂化原料中含这类烃类较多时，它们就首先牢牢占据了催化剂的表面，但由于反应得很慢，而且不易脱附，甚至缩合至焦炭干脆不离开催化剂表面了，这样大大阻碍了其他烃类的吸附和反应，使整个石油馏分的催化裂化反应速率降低。而环烷烃，既有一定的反应能力，又有一定的被吸附能力，因而是催化裂化原料的理想组分。

（二）复杂的平行-顺序反应

石油馏分的催化裂化同时朝几个方向进行反应，这种反应称为平行反应；生成的反应产物又可继续进行反应，这种反应称为顺序反应。因此石油馏分的催化裂化反应是一个复杂的平行-顺序反应。如图 4-1 所示。

平行-顺序反应的一个重要特点是反应深度（即转化率）对各产品产率的分布有重要影响。随着反应时间的延长，转化率提高，最终产物气体和焦炭的产率一直增大。汽油的产率在开始一段时间内增大，但在经过一最高点后则下降，这是因为达到一定的反应深度后，再加深反应，它们进一步分解成更轻馏分（如汽油分解成气体，柴油分解成汽油）的速率高于生成它们的速率。

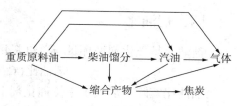

图 4-1　石油馏分催化裂化的
平行-顺序反应模型

第三节　催化裂化过程的主要影响因素

一、催化剂活性

提高催化剂的活性有利于提高反应速率，也就是在其他条件相同时，可以得到较高的转化率，从而提高了反应器的处理能力。提高催化剂的活性还有利于促进氢转移和异构化反应，因此在其他条件相同时，所得裂化产品的饱和度较高、含异构烃类较多。

催化剂的活性决定于它的组成和结构。

二、反应温度

反应温度对催化裂化的反应速率和产品产率分布以及产品质量都有显著的影响。

提高反应温度则反应速率增大，反应速率增加得越快。但当反应温度继续提高时，热裂化反应的速率提高得比较快，热裂化反应渐趋重要。于是裂化产品可反映出热裂化反应产物的特征，例如气体中 C_1、C_2 增多，产品的不饱和度增大等。故催化裂化反应温度不宜过高。应当指出：即使是在这样高的温度下，主要的反应仍然是催化裂化反应而不是热裂化反应。

当提高反应温度时，由于分解反应（产生烯烃）和芳构化反应的反应速率常数比氢转移反应的大，因而前两类反应的速率提高得快，于是汽油和柴油馏分中的烯烃和芳烃含量有所增加，烷烃含量降低，因而汽油的辛烷值提高，柴油的十六烷值降低且残炭值和胶质含量增加。

在生产实践中，反应温度是调节转化率的主要参数。不同的反应温度可实现不同的生产方案。低温多产柴油的方案，采用较低的反应温度（460~470℃），在低转化率，高回炼比的条件下操作；多产汽油的方案，反应温度较高（500~530℃），在高转化率、低回炼比或单程条件下操作；多产气体的方案，则选择更高的反应温度。

三、反应压力

反应压力是指反应器内的油气分压。提高油气分压意味着反应物浓度提高，因而反应速率加快。但同时也增加了原料中重质组分和产物在催化剂上的吸附量，从而提高生焦的反应速率，使焦炭产率明显提高，气体中的烯烃相对产率下降，汽油产率也略有下降，但安定性提高。

在实际生产中，压力一般是固定不变的，不作为调节参数。

四、剂油比

剂油比是催化剂循环量与总进料量之比，用 C/O 表示，即

$$剂油比(C/O) = 催化剂循环量/总进料$$

剂油比实际上反映了单位催化剂上有多少原料油进行反应，并在其上沉积焦炭。因此，剂油比增大，原料油与催化剂的接触机会更多，并减少了单位催化剂上的积炭量，提高了催化剂活性，从而提高了转化率。但剂油比增加，会使焦炭产率升高。

五、反应时间和空速

在床层反应器中，通常采用空速来表示油与催化剂的接触时间。每小时进入反应器的原料油量与反应器中催化剂藏量之比称为空间速度，简称空速(单位：h^{-1})。如果进料量和藏量都以质量单位计算，称为质量空速；若以体积单位计算，则称为体积空速。对于提升管反应器，一般采用反应时间(或油汽停留时间)。

对沿提升管高度上裂化情况的研究表明，在提升管原料进口处以上的一定高度内，原料转化率、汽油、柴油和焦炭产率随高度而增加，而催化剂活性则下降。当上升到一定高度后，转化率增加不多，而汽油和柴油产率由于二次裂化而下降。

因此，在催化裂化过程中，控制适当的反应时间是重要的，特别是对高活性催化剂。工业上，在按汽油方案操作时，一般采用高反应温度和短反应时间(2~3s)，可以得到高的汽油收率和较高的汽油辛烷值，较低的焦炭产率；在按柴油方案生产时，则以较低的反应温度和较长的反应时间(2~4s)为宜。渣油催化裂化反应时间一般控制在 2s 左右。

第四节 催化裂化催化剂

催化剂是一种能够改变化学反应速率，却不改变化学反应平衡，本身在化学反应中不被明显消耗的化学物质。催化剂的作用是促进化学反应速率，从而提高反应器的处理能力。而且，催化剂能有选择性地促进某些反应速度，因此，催化剂对产品的产率分布及质量好坏起着重要作用。

一、裂化催化剂的种类、组成

(一)无定形硅酸铝催化剂

无定形硅酸铝催化剂包括活性白土和合成无定形硅酸铝催化剂，是一系列含少量水的不同比例的氧化硅(SiO_2)和氧化铝(Al_2O_3)所组成的复杂化合物，它们具有孔径大小不一的许多微孔，一般平均孔径为 4~7nm，新鲜硅酸铝催化剂的比表面积可达 500~700m^2/g。

(二)分子筛催化剂

分子筛是一种水合结晶型硅酸盐，它具有均匀的微孔，其孔径与一般分子大小相当，由于其孔径可用来筛分大小不同的分子，故称为分子筛，亦称沸石、分子筛沸石或沸石分子筛，它包括天然和人工合成的两种，通常是白色粉末，粒度为 0.5~1.0μm 或更大，无毒无味无腐蚀性，不溶于水和有机溶剂，溶于强酸和强碱。

沸石分子筛具有独特的规整晶体结构，其中每一类沸石都具有一定尺寸、形状的孔道结构，并具有较大比表面积，大部分沸石分子筛表面具有较强的酸中心，同时晶孔内有强大的

库仑场起极化作用。这些特性使它成为性能优异的催化剂。

分子筛的化学组成可表示如下：

$$M_{2/n}O \cdot Al_2O_3 \cdot xSiO_2 \cdot yH_2O$$

式中　M——金属阳离子或有机阳离子，人工合成时通常为 Na；

　　　n——金属阳离子的价数；

　　　x——SiO_2 的摩尔数，即 SiO_2/Al_2O_3 的摩尔比，称为硅铝比；

　　　y——结晶水的摩尔数。

分子筛按其组成及晶体结构的不同可分为多种类型。其中最常见有 4A、5A、13X、Y、ZSM-5 等。目前，应用于催化裂化的主要是 Y 型分子筛。

把 5%~20% 的分子筛分散到某些起分散作用的载体(低铝或高铝硅酸铝)上所形成的催化剂就叫做分子筛催化剂。工业上大多数都是使用这种分子筛催化剂。

二、裂化催化剂的使用性质

(一)活性

催化剂加快化学反应速度的能力称为活性。

分子筛催化剂的活性比无定形硅酸铝高得多。这是因为一是沸石活性中心浓度较高；二是由于沸石细微孔结构的吸附性强，在酸中心附近烃浓度较高；三是在沸石孔中静电场作用下，通过 C—H 键极化促使正碳离子的生成和反应。三者总的作用结果使得沸石分子筛催化剂具有非常高的活性。

(二)选择性

催化剂可以增加目的产物或改善产品质量的性能称为选择性。催化裂化的主要目的产物是汽油，裂化催化剂的选择性就可以用"汽油产率/焦炭产率"或"汽油产率/转化率"来表示。活性高的催化剂，选择性不一定好，所以评价催化剂好坏不仅考虑它的活性，还要考虑它的选择性。

分子筛催化剂的选择性优于无定形硅酸铝催化剂。

(三)稳定性

催化剂在反应和再生过程中由于高温和水蒸气的反复作用，使催化剂孔径、比表面等物理性质发生变化，导致活性下降。催化剂在使用过程中保持其活性及选择性的性能称为稳定性。

(四)抗重金属污染性能

原料油中镍、钒、铁、铜等金属盐类，在反应中会分解沉积在催化剂的表面上，使催化剂的活性降低、选择性变差。从而导致汽油、液化气产率下降，干气及焦炭产率上升，干气中氢含量显著增加。

三、裂化催化剂的失活与再生

(一)裂化催化剂的失活

在反应-再生过程中，裂化催化剂的活性和选择性不断下降，此现象称为催化剂的失活。裂化催化剂的失活原因主要有三：高温或高温与水蒸气的作用；裂化反应生焦；毒物的毒害。

(二)裂化催化剂的再生

裂化催化剂失活到一定程度后就需要再生。对无定型硅酸铝催化剂，要求再生后的催化剂(再生剂)的含炭量降至 0.5% 以下，对分子筛催化剂则一般要求降至 0.2% 以下，而对超稳 Y 分子筛催化剂则甚至要求降至 0.05% 以下，通过再生可以恢复由于结焦而丧失的活性，但不能恢复由于结构变化及金属污染引起的失活。裂化催化剂的再生过程决定着整个装置的热平衡和生产能力，因此，在研究催化裂化时必须十分重视催化剂的再生问题。

第五节　催化裂化工艺流程

催化裂化装置一般由反应-再生系统、分馏系统和吸收-稳定系统三部分组成。在处理量较大、反应压力较高(例如 0.25MPa)的装置，常常还设有再生烟气能量回收系统。

一、反应-再生系统

工业催化裂化装置的反应-再生系统在流程、设备、操作方式等方面多种多样，各有其特点。图 4-2 是馏分油高低并列式提升管催化裂化装置反应-再生系统工艺流程。

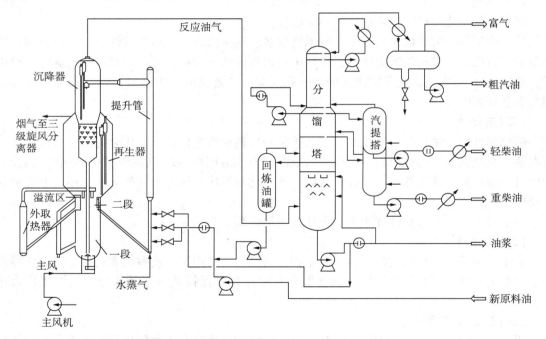

图 4-2　馏分油高低并列式提开管催化工艺流程

新鲜原料油经换热后与回炼油混合，经加热炉加热至 200~400℃ 后至提升管反应器下部的喷嘴，原料油由蒸汽雾化并喷入提升管内，在其中与来自再生器的高温催化剂(600~750℃)相遇，立即汽化并进行反应。油气与雾化蒸汽及预提升蒸汽一起以 4~7m/s 的入口线速携带催化剂沿提升管向上流动，在 470~510℃ 的反应温度下停留 2~4s，以 12~18m/s 的高线速通过提升管出口，经快速分离器进入沉降器，夹带少量催化剂的反应产物与蒸汽的混合气经若干组两级旋风分离器，进入集气室，通过沉降器顶部出口进入分馏系统。

经快速分离器分出的积有焦炭的催化剂(称待生剂)由沉降器落入下面的汽提段，经旋风分离器回收的催化剂通过料腿也流入汽提段。汽提段内装有多层人字形挡板并在底部通入过热水蒸气。待生剂上吸附的油气和颗粒之间的油气被水蒸气置换出来而返回上部。经汽提后的待生剂通过待生斜管、待生单动滑阀以切线方式进入再生器。

再生器的主要作用是用空气烧去催化剂上的积炭，使催化剂的活性得以恢复。再生所用空气由主风机供给，空气通过再生器下面的辅助燃烧室及分布管进入流化床层。待生剂在640~700℃的温度下进行流化烧焦，再生器维持0.137~0.177MPa(表)的顶部压力。床层线速约为0.8~1.2m/s。再生后的催化剂(称再生剂)流入淹流管，再经再生斜管和再生单动滑阀进入提升管反应器循环使用。对于热平衡式装置，辅助燃烧室只是在开工升温时才使用，正常运转时并不烧燃烧油，只是一个空气通道。

烧焦产生的再生烟气，经再生器稀相段进入旋风分离器。经两级旋风分离除去夹带的大部分催化剂，烟气通过集气室(或集气管)和双动滑阀排入烟囱(或去能量回收系统)。回收的催化剂经料腿返回床层。在加工生焦率高的原料时，例如加工含渣油的原料时，因焦炭产率高，再生器的热量过剩，须在再生器设取热设施以取走过剩的热量。

在生产过程中，催化剂会有损失及失活，为了维持系统内催化剂的藏量和活性，需要定期或经常地向系统补充或置换新鲜催化剂。在置换催化剂及停工时还要从系统卸出催化剂。为此，装置内至少应设两个催化剂储罐：一个是供加料用的新鲜催化剂储罐；一个是供卸料用的热催化剂储罐。装卸催化剂时采用稀相输送的方法，输送介质为压缩空气。

二、分馏系统

典型的催化裂化分馏系统见图4-2。由反应器来的460~510℃反应产物油气从底部进入分馏塔，经底部的脱过热段后在分馏段分割成几个中间产品：塔顶为汽油及富气，侧线有轻柴油、重柴油和回炼油，塔底产品是油浆。

为了避免催化分馏塔底结焦，催化分馏塔底温度应控制不超过380℃。循环油浆用泵从脱过热段底部抽出后分成两路：一路直接送进提升管反应器回炼，若不回炼，可经冷却送出装置；另一路先与原料油换热，再进入油浆蒸汽发生器大部分作循环回流返回脱过热段上部，小部分返回分馏塔底，以便于调节油浆取热量和塔底温度。

如在塔底设油浆澄清段，可脱除催化剂出澄清油，可作为生产优质炭黑和针状焦的原料。浓缩的稠油浆再用回炼油稀释送回反应器进行回炼并回收催化剂。如不回炼也可送出装置。

轻柴油和重柴油分别经汽提后，再经换热、冷却后出装置。

催化裂化装置的分馏塔有以下几个特点：

①进料是带有催化剂粉尘的过热油气，因此，分馏塔底设有脱过热段，用经过冷却到280℃左右的循环油浆与反应油气经过人字挡板逆流接触，它的作用一方面洗掉反应油气中携带的催化剂，避免堵塞塔盘，另一方面回收反应油气的过剩热量，使油气由过热状态变为饱和状态以进行分馏。所以脱过热段又称为冲洗冷却段。

②全塔的剩余热量大而且产品的分离精确度要求比较容易满足。因此一般设有多个循环回流：塔顶循环回流、一至两个中段循环回流、油浆循环回流。全塔回流取热分配的比例随着催化剂和产品方案的不同而有较大的变化。如由无定形硅酸铝催化剂改为分子筛催化剂后，回炼比减小，进入分馏塔的总热量减少。又如由柴油方案改为汽油方案，回炼比也减少，进入塔的总热量也减少。同时入塔温度提高，汽油的数量增加，使得油浆回流取热和顶部取热的比例提高。一般来说，回炼比越大的分馏塔上下负荷差别越大；回炼比越小的分馏塔上下负荷趋于均匀。在设计中全塔常用上小下大两种塔径。

③尽量减小分馏系统压降，提高富气压缩机的入口压力。分馏系统压降包括：油气从反应沉降器顶部到分馏塔的管线压降；分馏塔内各层塔板的压降；塔顶油气管线到冷凝冷却器的压降；油气分离器到气压机入口管线的压降。

为减少塔板压降，一般采用舌型塔板。为稳定塔板压降，回流控制产品质量时，采用了固定流量，利用三通阀调节回流油温度的控制方法，避免回流量波动对压降的影响。为减少塔顶油气管线和冷凝冷却器的压降，塔顶回流采用循环回流而不用冷回流。由于分馏塔各段回流比小，为解决开工时漏液问题，有的装置在塔中段采用浮阀塔板，以便顺利地建立中段回流。

三、吸收-稳定系统

吸收-稳定系统主要由吸收塔、再吸收塔、解吸塔及稳定塔组成。从分馏塔顶油气分离器出来的富气中带有汽油组分，而粗汽油中则溶解有 C_3、C_4 组分。吸收-稳定系统的作用就是利用吸收和精馏的方法将富气和粗汽油分离成干气、液化气和蒸汽压合格的稳定汽油。图 4-3 是吸收稳定系统工艺原理流程图。

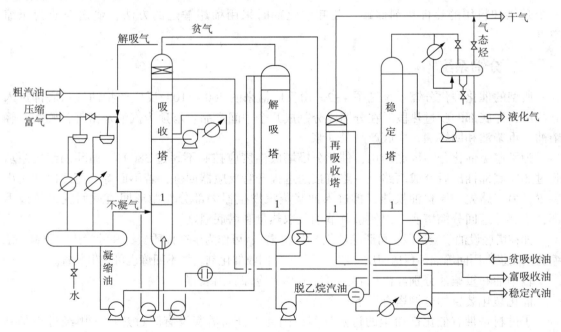

图 4-3　吸收-稳定系统工艺原理流程图

从分馏系统来的富气经气压机两段加压到 1.6MPa(绝)，经冷凝冷却后，与来自吸收塔底油以及解吸塔顶部的解吸气混合，然后进一步冷却到 40℃，进入平衡罐(或称油气分离器)进行平衡汽化。汽液平衡后将不凝气和凝缩油分别送去吸收塔和解吸塔。为了防止硫化氢和氰化物对后部设备的腐蚀，在冷却器的前、后管线上以及对粗汽油都打入软化水洗涤，污水分别从平衡罐和粗汽油水洗罐(图中未画出)排出。

吸收塔操作压力约 1.4MPa(绝)。粗汽油作为吸收剂由吸收塔第 20 层或 25 层打入。稳定汽油作为补充吸收剂由塔顶打入。从平衡罐来的不凝气进入吸收塔底部，自下而上与粗汽油、稳定汽油逆流接触，气体中 $\geqslant C_3$ 组分大部分被吸收(同时也吸收了部分 C_2)。吸收是放热过程，较低的操作温度对吸收有利，故在吸收塔设两个中段回流。吸收塔塔顶出来的携带有少量吸收剂(汽油组分)的气体称为贫气,经过压力控制阀去再吸收塔。经再吸收塔用轻柴油馏分作为吸收剂回收这部分汽油组分后返回分馏塔。从再吸收塔塔顶出来的干气送到瓦斯管网。再吸收塔的操作压力约1.0MPa(绝)。

富吸收油中含有C_2组分不利于稳定塔的操作,解吸塔的作用就是将富吸收油中的C_2解吸出来。富吸收油和凝缩油从平衡罐底抽出与稳定汽油换热到80℃后,进入解吸塔顶部,解吸塔操作压力约1.5MPa(绝)。塔底部有重沸器供热(用分馏塔的一中循环回流作热源)。塔顶出来的解吸气除含有C_2组分外,还有相当数量的C_3、C_4组分,与压缩富气混合,经冷却进入平衡罐,重新平衡后又送入吸收塔。塔底为脱乙烷汽油。脱乙烷汽油中的C_2含量应严格控制,否则带入稳定塔过多的C_2会恶化稳定塔顶冷凝冷却器的效果,被迫排出不凝气而损失C_3、C_4。

稳定塔实质上是一个从C_5以上的汽油中分出C_3、C_4的精馏塔。脱乙烷汽油与稳定汽油换热到165℃,打到稳定塔中部。稳定塔底有重沸器供热(常用一中循环回流作热源),将脱乙烷汽油中的C_4以下轻组分从塔顶蒸出,得到以C_3、C_4为主的液化气,经冷凝冷却后,一部分作为塔顶回流,另一部分送去脱硫后出装置。塔底产品是蒸汽压合格的稳定汽油,先后与脱乙烷汽油、解吸塔进料油换热,然后冷却到40℃,一部分用泵打入吸收塔顶作补充吸收剂,其余部分送出装置。稳定塔的操作压力约1.2MPa(绝),为了控制稳定塔的操作压力,有时要排出不凝气(称气态烃),它主要是C_2及少量夹带的C_3、C_4。

在吸收稳定系统,提高C_3回收率的关键在于减少干气中的C_3含量(提高吸收率、减少气态烃的排放),而提高C_4回收率的关键在于减少稳定汽油中的C_4含量(提高稳定深度)。

上述流程里,吸收塔和解吸塔是分开的,它的优点是C_3、C_4的吸收率较高,脱乙烷汽油的C_2含量较低。另一种称为单塔流程的是吸收塔和解吸塔合成一个整塔,上部为吸收段、下部为解吸段。由于吸收和解吸两个过程要求的条件不一样,在同一个塔内比较难做到同时满足。因此,单塔流程虽有设备简单的优点,但C_3、C_4的吸收率较低,或脱乙烷汽油的C_2含量较高。故目前多采用双塔流程。

四、能量回收系统

再生高温烟气中可回收能量(以原料油为基准)约为800MJ/t,约相当于装置能耗的26%,所以,不少催化裂化装置设有烟气能量回收系统,利用烟气的热能和压力能(当再生器的操作压力较高又设能量回收系统时)做功,驱动主风机以节约电能,甚至可以对外输出剩余电力。对一些不完全再生的装置,再生烟气中含有5%~10%的CO,可以设CO锅炉使CO完全燃烧以回收能量。图4-4是烟气能量回收系统流程图。

来自再生器的高温烟气,首先进入高效三级旋风分离器,分出其中的催化剂,使烟气中的粉尘含量降低到$0.2g/m^3$烟气以下,然后经调节蝶阀进入烟机(或称烟气膨胀透平)膨胀作功,使再生烟气的压力能转化为机械能驱动主风机运转,供再生所需空气。开工时因无高温烟气,主风机由辅助电动机/发电机(或蒸汽透平)带动。烟气经烟机后,温度和压力都有降低(一般温降为90~120℃,烟机出口压力约为110kPa),但仍含有大量的显热能,故经手动蝶阀和水封罐进入余热锅炉回收显热能,所产生的高压蒸汽供汽轮机或装置内外的其他部分使用。如果装置不采用完全再生技术,这时余热锅炉则是CO锅炉,用以回收CO的化学能和烟气的显热能。从三级旋风分离器出来的催化剂进入四级旋风器,进一步分离出催化剂,烟气直接进入余热锅炉。再生器的压力主要由该线路上的双动滑阀控制。

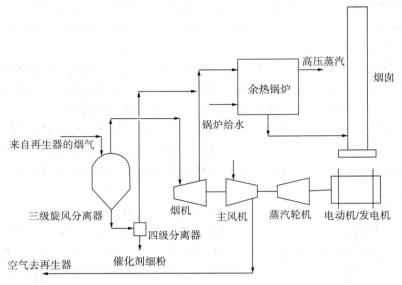

图 4-4　烟气能量回收系统工艺原理流程示意图

五、重油催化裂化

重油催化裂化是以 350~500℃ 的馏分油和一定数量的大于 500℃ 的减压渣油为原料的石油加工工艺。重油催化裂化装置已成为我国重油轻质化最主要的生产装置。常压重油、减压渣油与 VGO 不同，必须在工艺中解决下列问题：

①渣油中的镍、钒等重金属沉积在催化剂之上，使催化剂活性降低。在再生过程中，钒会破坏分子筛结构和堵塞孔径。镍会促进脱氢反应，导致生成氢气和焦炭。

②渣油中含有少量的钠、钾等碱金属。在苛刻的再生条件下会促进降低催化剂的酸性并加速破坏分子筛；渣油中的碱性氮化合物会破坏裂化催化剂的酸性。

③重油中含有相当数量沸点很高的组分，因此重油催化裂化过程必需妥善解决进料的有效雾化和蒸发。

④渣油中含有特重的胶质和沥青质组分，是生焦先兆物质。大部分这类重组分在提升管末端也不能汽化。反应过程中，只有一部分未汽化的分子发生裂化反应，其余部分将留在催化剂的孔径中并生成焦炭，使焦炭的产率增加。

⑤多数渣油中含硫。尽管硫不会使催化剂中毒，但是对产品质量有影响；分布到焦炭中的硫，会在再生过程中生成 SO_x，造成大气的污染。

为此，要实现重油催化裂化一般要采取下列工艺技术措施：

①选择适合重油催化裂化的催化剂。裂化催化剂要具有较强的抗金属污染能力，对焦炭和氢选择性低，具有良好的热稳定性和水热稳定性，耐磨性能好。

②采取减轻催化剂金属污染的技术，以减少重金属催化剂上的沉积，或钝化催化剂上的重金属，降低污染金属的活性，从而减小重金属的影响。

③选用高效进料喷嘴，加强原料油的雾化和汽化。

④提升管反应器按高温短接触时间进行设计和操作，以抑制二次反应和缩合生焦反应。

⑤采用低的反应压力。反应压力低有利于降低焦炭产率。因此除选择低的反应压力外，

还需往提升管中加注入稀释剂(包括水蒸气、酸性水和惰性气)以降低油气分压。

⑥外排油浆。油浆外排可提高加工能力10%左右，或提高掺炼减渣量10%以上，而焦炭产率并不增加；且液化气和汽油产率明显提高，干气、焦炭及柴油产率下降，焦炭产率可降低1%左右。外排的油浆可作为生产炭黑和针形焦的优良原料。

⑦再生器取热。在再生方面，除采用强化再生效率的技术外，必须设置取热器从再生器取出多余的热量，维持一定的原料预热温度和满足反应所必要的剂油比，这对渣油裂化操作是很关键的。

第六节 催化裂化主要设备

一、提升管反应器

提升管反应器有直立式和折叠式两种，各有其不同的特点，但基本结构是相同的。提升管反应器的基本形式如图4-5所示。按功能分段，提升管可以分为以下几段：

①预提升段 催化剂在提升管中的流化状态和流速对于转化率和产品选择性均十分重要。设置预提升段，用蒸汽-轻烃混合物作为提升介质一方面加速催化剂，使催化剂形成活塞流向上流动；另一方面还可使催化剂上的重金属钝化，有利于与油雾的快速混合，提高转化率和改善产品的选择性。预提升段的高度一般为3~6m。

②裂化反应段 进料喷嘴以上提升管的作用是为裂化反应提供所需的停留时间。提升管顶部催化剂分离段的作用是进行产品与催化剂的初步分离。催化裂化的主要产品是裂化的中间产物，它们可进一步裂化为不希望生成的小分子轻烃，也可以缩合成焦炭，因此控制总的裂化深度、优化反应时间，并且在完成反应之后立刻进行产品-催化剂的快速分离是非常必要的。

③汽提段 汽提段的作用是用水蒸气脱除催化剂上吸附的油气及置换催化剂颗粒之间的油气，以免其被催化剂夹带至再生器，增加再生器的烧焦负荷。提高汽提效率的措施：一是增加汽提段的段数，使用高效的汽提塔板；二是调整催化剂的流通量，以提高催化剂与蒸汽的接触时间和改善油气的置换效果；三是增加蒸汽进口个数以改善蒸汽分布和汽提效率。

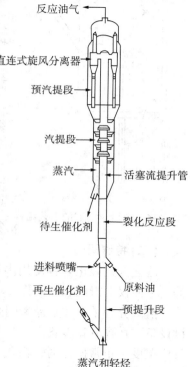

图4-5 提升管反应器简图

反应油气
直连式旋风分离器
预汽提段
汽提段
蒸汽
活塞流提升管
待生催化剂
裂化反应段
进料喷嘴
原料油
再生催化剂
预提升段
蒸汽和轻烃

二、再生器

再生器的主要作用是烧去催化剂上的焦炭以恢复催化剂的活性，同时也提供裂化所需的热量。工业上有各种形式的再生器。大体上可分为三种类型：单段再生、两段再生、快速再生。

单段再生的再生器的基本形式如图4-6所示。再生器的壳体是用普通碳素钢板焊接而成的圆筒形设备。由于再生器操作温度已超过碳钢所允许承受的温度，以及壳体受到流化催

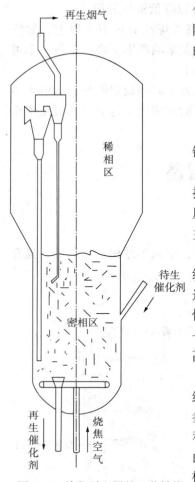

再生烟气

稀相区

待生催化剂

密相区

再生催化剂

烧焦空气

图 4-6　单段再生器的工艺结构

化剂的磨损，因此在壳体内壁都敷设 100mm 厚的带龟甲网的隔热耐磨衬里，使实际的壳壁温度不超过 170℃，并防止壳体的磨损。壳体内的上部为稀相区，下部为密相区。

三、专用设备和特殊阀门

（一）专用设备

催化裂化装置的主风机（有的还有增压机）、气压机是关键设备，具有烟气能量回收系统的还有烟气轮机。

主风机供给再生器烧焦用的空气。对于提升管装置，为了提高效率和满足压力平衡条件，通常要求主风机有较高的出口压力。目前国内所用主风机出口压力一般在 300kPa（绝）以上。主风机的流量则根据装置处理量、焦炭产率和主风单耗确定。

气压机给来自分馏系统的富气升压，然后送去吸收稳定系统。气压机的型号根据富气流量和吸收塔的操作压力来选定。选择时必须考虑到富气流量和组成受处理量、反应条件、原料性质、催化剂被重金属污染程度等因素影响而变化幅度较大这一情况。为了提高吸收塔的操作压力，应尽量选用出口压力较高的气压机，以满足提高 C_3、C_4 回收率的要求。

烟气轮机是将再生烟气动能转变为机械能的设备。在同轴机组中，烟机的功率回收率是影响整个机组的重要因素。烟机入口参数是决定功率回收率的主要参数。目前由于广泛采用高温再生和 CO 完全燃烧技术，使再生温度、压力和烟气流量提高，同时由于烟机设计水平的提高，使烟机回收功率也不断提高。目前烟机回收功率一般可满足主风机所需功率的 80% 以上，有的还有剩余。烟机从结构上可分为单级、双级和多级三类。

（二）特殊阀门

流化催化裂化装置使用多种特殊阀门。如滑阀、塞阀、蝶阀、风动闸阀、阻尼单向阀等。下面仅对滑阀和塞阀作简单介绍。

滑阀分为单动和双动滑阀两种，是保证反应器和再生器催化剂正常流化和安全生产的关键设备。在提升管装置中，单动滑阀作调节阀使用，调节再生剂和待生剂的循环量，以控制反应温度。正常操作时，滑阀开度为 40%~60%。双动滑阀装于再生器出口和放空烟囱之间。在没有烟气能量回收的装置中，双动滑阀与再生器出口和放空烟囱直接连接，其作用是控制再生器压力或两器差压，以保持两器平衡。

在同轴式催化裂化装置中，常利用塞阀调节催化剂循环。塞阀具有磨损均匀而且较小、高温下承受强烈磨损的部件少、安装位置较低、操作维修方便等优点。但适应性不如单动滑阀，因而限制了使用范围。塞阀一般安装在再生器底部，有空心塞阀和实心塞阀两种。

四、旋风分离器

（一）旋风分离器的结构

旋风分离器的示意结构如图 4-7 所示。它是由内圆柱筒（升气管）、外圆柱筒和圆锥筒以及灰斗组成。灰斗下端与料腿相连，料腿出口装有翼阀。

旋风分离器的壳体由6mm钢板制作，用于沉降器内的可采用碳钢，而用于再生器内的则多采用18-8合金钢制作。为了防止磨损，壳体内部敷有20mm厚的耐磨衬里。

圆锥筒：是气固分离的主要场所。由于圆锥段直径逐渐缩小，所以，尽管流量不断减少（由于已除尘的气体不断被分出），但固体颗粒的旋转速度仍不断增加，因而离心力增大，对提高分离效率很有利。

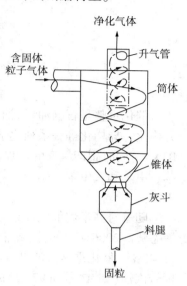

图4-7 旋风分离器结构简图

灰斗：起膨胀室的作用（即脱气作用），使快速旋转流动的催化剂从旋风分离器的锥体流出后，旋转速度减慢，同时将大部分夹带的气体分出，使它重新返回锥体，以便使催化剂顺利地经料腿连续排出，不致因气体分不出去影响排料。灰斗长度应超过锥体延线交点，并留有适当余量。

料腿和翼阀：料腿的作用是保证把回收的催化剂顺利地返回床层。由于气流通过旋风分离器时产生压力降，因此，灰斗处的压力低于外部压力。要使催化剂能从料腿排出，必须在料腿内保持一定的料柱高度，即料腿长度必须满足旋风分离系统压力平衡的要求。反应器一、二级料腿及再生器的二级料腿一般都用翼阀密封，翼阀的密封作用是依靠翼板本身的重量。当料腿内的催化剂积累至一定高度时，翼板受侧压力作用便突然打开，卸出催化剂后又依靠本身的重力关上。翼阀有全覆盖型和半覆盖型两种。

（二）旋风分离器的工作原理

含催化剂颗粒的气体，以一定的入口速度切线方向进入筒体，在升气管与外筒体之间形成高速旋转的外涡流（使涡流中心形成低压区），由上而下直达锥体底部。在离心力的作用下，悬浮在气流中的颗粒，被甩向器壁，并随着气流旋转至下方，最后落入灰斗内，经料腿、翼阀返回密相床层。净化的气体受外涡流中心低压区的吸引，形成向上的内涡流，通过升气管排出，从而达到气固分离的目的。

第五章 催化重整

催化重整是石脑油(汽油馏分)在催化剂作用下,对烃类分子结构进行重新排列,发生芳构化、异构化等一系列化学反应,生产高辛烷值汽油、轻芳烃(苯、甲苯、二甲苯,简称BTX),同时副产氢气的过程。重整汽油可直接用作汽油的调合组分,也可经芳烃抽提制取苯、甲苯和二甲苯,副产的氢气是石油炼厂加氢装置(如加氢精制、加氢裂化)用氢的重要来源。

随着对高辛烷值汽油组分和石油化工原料芳烃需求的增加,催化重整加工能力呈稳步发展态势。2006 年,全世界催化重整装置加工能力为 488.85Mt/a,占原油蒸馏加工能力11.48%。催化重整汽油是汽油主要的调合组分。它的 RON 高达 95~105,是炼油厂生产高标号汽油(如 93 号和 97 号)的重要调合组分,是调合汽油辛烷值的主要贡献者;催化重整汽油的烯烃含量少(一般在 0.1%~1.0%之间)、硫含量低(小于 2μg/g),作为车用汽油调合组分可大幅度地降低成品油中的烯烃含量和硫含量;随着车用燃料的低硫化,加氢工艺得到快速发展,催化重整过程副产氢气产率较高,一般为 2.5%~4.0%,是催化加氢装置氢气的主要来源,因而也促进了能够提供廉价氢源的催化重整工艺的发展。催化重整已成为炼油工业中主要加工工艺之一。

1949 年美国公布以贵金属铂作催化剂的重整新工艺,同年 11 月在密歇根州建成第一套工业装置,其后在原料预处理、催化剂性能、工艺流程和反应器结构等方面不断有所改进。1965 年,中国自行开发的铂重整装置在大庆炼油厂投产。1969 年,铂铼双金属催化剂用于催化重整,提高了重整反应的深度,增加了汽油、芳烃和氢气等的产率,使催化重整技术达到了一个新的水平。

催化重整技术的核心是重整催化剂,催化重整工艺的发展与催化重整催化剂的发展密切相关,二者相辅相成,互相促进。催化重整催化剂决定了催化重整反应速率和深度,催化剂的发展支持了催化重整工艺的发展,催化重整工艺的发展反过来又推动了催化重整催化剂的进一步发展。

在催化重整技术发展过程中,得到广泛应用的催化重整工艺有固定床半再生催化重整、固定床循环再生催化重整、移动床连续再生催化重整以及低压组合床催化重整等工艺。2002年 3 月,我国自行研究开发、设计和建设的 500kt/a 的低压组合床催化重整装置,在长岭炼油厂投产成功,较原半再生重整装置的重整生成油收率可提高 3.0%以上,芳烃收率提高2%~3%,氢产率明显提高。

近年来,由于人们对运输燃料和芳烃需求的增长,新型活性、稳定性和选择性较为优异的双(多)金属催化剂的研制成功和催化重整装置规模日趋扩大,移动床连续再生重整加工能力增长较快,固定床半再生和固定床循环再生工艺的比例有所下降。但至今为止,半再生重整在三种催化重整再生形式中仍占主导地位。

第一节 催化重整的化学反应

一、催化重整化学反应的类型

催化重整是在催化剂存在下烃类分子结构发生重排、转变为相同碳数的芳烃，同时产生氢气的过程。主要包括以下五类反应：

（一）六元环烷烃的脱氢反应

（二）五元环烷烃的异构脱氢反应

（三）烷烃的脱氢环化反应

（四）烷烃的异构化反应

$$n\text{-}C_7H_{16} \rightleftharpoons i\text{-}C_7H_{16}$$

（五）烷烃的加氢裂化反应

$$n\text{-}C_8H_{18} + H_2 \longrightarrow 2i\text{-}C_4H_{10}$$

除以上五类主要反应外，还有烯烃和芳烃深度脱氢、缩合而造成的生焦反应。在重整汽油中曾发现有痕量的芘、芴等稠环芳烃，它们是生焦的前身物，这种稠环芳烃吸附在催化剂表面，高温下继续脱氢缩合，最终转化成积炭造成催化剂失活。

以上前三类反应都是生成芳烃的反应，无论生产目的是芳烃还是高辛烷值汽油，这些反应都是有利的。尤其是正构烷烃的脱氢环化反应会使辛烷值大幅度地提高。这三类反应的反应速率是不同的：六元环烷的脱氢反应进行得很快，在工业条件下能达到化学平衡，是生产芳烃的最重要的反应；五元环烷的异构脱氢反应比六元环烷的脱氢反应慢很多，但大部分也能转化为芳烃；烷烃环化脱氢反应的速率较慢，在一般铂重整过程中，烷烃转化为芳烃的转化率很小。铂铼等双金属和多金属催化剂重整的芳烃转化率有很大的提高，主要原因是降低了反应压力和提高了反应速率。

异构化反应对五元环烷异构脱氢反应生成芳烃具有重要意义。烷烃的异构化反应虽然不能生成芳烃，但却能提高汽油辛烷值。

加氢裂化反应生成较小的烃分子，而且在催化重整条件下的加氢裂化还包含有异构化反应，因此加氢裂化反应有利于提高汽油辛烷值。但是过多的加氢裂化反应会使液体产物收率和氢气产率降低，因此，对加氢裂化反应要适当控制。

重整原料油的化学组成对其产率–辛烷值关系有重要影响。生产上通常用"芳烃潜含量"来表征重整原料的反应性能，"芳烃潜含量"的实质是当原料中的环烷烃全部转化为芳烃时所能得到的芳烃量。其计算方法如下（以下五式中的含量皆为质量分数）：

$$芳烃潜含量(\%) = 苯潜含量 + 甲苯潜含量 + C_8 芳烃潜含量$$

$$苯潜含量(\%) = C_6 环烷(\%) \times 78/84 + 苯(\%)$$

$$甲苯潜含量(\%) = C_7 环烷(\%) \times 92/98 + 甲苯(\%)$$

$$C_8 芳烃潜含量(\%) = C_8 环烷(\%) \times 106/112 + C_8 芳烃(\%)$$

式中的 78、84、92、98、106、112 分别为苯、六碳环烷、甲苯、七碳环烷、八碳芳烃和八碳环烷的摩尔质量。

$$重整转化率(\%) = 芳烃产率(\%)/芳烃潜含量(\%)$$

重整转化率也称为芳烃转化率。实际上，上式的定义不是很准确。因为在芳烃产率中包含了原料中原有的芳烃和由环烷烃及烷烃转化生成的芳烃，其中原有的芳烃并没有经过芳构化反应。此外，在铂重整中，原料中的烷烃极少转化为芳烃，而且环烷烃也不会全部转化成芳烃，故重整转化率一般都小于 100%。但铂铼重整及其他双金属或多金属重整，由于促进了烷烃的环化脱氢反应，使得重整转化率经常大于 100%。

二、催化重整反应分析

（一）六元环烷烃的脱氢反应

六元环烷烃的脱氢反应是催化重整中最重要的有代表性的反应，也是重整生成芳烃的重要来源。它是强吸热可逆反应，而且在碳环数相同时，支链碳原子数越少的环烷烃脱氢的反应热越大；反应的平衡常数很大，而且平衡常数随着环烷烃碳原子数的增加而增加。

六元环烷烃脱氢反应速率很快，在实验条件下，都能达到平衡，并且随着碳原子数的增多，六元环烷烃的脱氢反应速率也越高。对于甲基环己烷的脱氢反应，甚至在较大空速下，反应也能达到平衡。

由此可见，六元环烷脱氢生成芳烃的转化率主要受化学平衡即温度和压力的影响，反应速率一般不会影响反应达到平衡。由于六元环烷烃脱氢是重整反应中生成芳烃的主要反应，工业生产中采用保持较高的温度以获得高芳烃产率。

（二）五元环烷烃的脱氢反应

五元环烷烃在重整原料的环烷烃中占有相当大的比例。因此，五元环烷烃的异构脱氢反应是仅次于六元环烷烃脱氢反应的重要反应。

五元环烷烃异构脱氢反应分两步进行，即先异构化生成六元环烷烃，再脱氢生成芳烃。由于五元环烷烃异构化反应是轻度放热反应，而六元环烷烃脱氢是强吸热反应，所以五元环烷烃的脱氢反应仍为强吸热反应，只是反应热稍小于同碳数的六元环烷烃脱氢反应。

五元环烷烃的异构脱氢反应与六元环烷烃的脱氢反应都是强吸热反应，在重整反应条件下的化学平衡常数都很大，反应可以充分地进行。但是，从反应速率来看，这两类反应却有相当大的差别，五元环烷烃异构脱氢反应的速率较低。当反应时间较短时，五元环烷烃转化为芳烃的转化率会距离平衡转化率较远，这种情况在铂重整时更为明显。

与六元环烷烃相比，五元环烷烃还较易发生加氢裂化反应，这也使转化为芳烃的转化率降低。提高五元环烷烃转化为芳烃的选择性主要靠寻找更合适的催化剂和工艺条件，例如催化剂的异构化活性对五元环烷烃转化为芳烃有重要的影响。

（三）烷烃的脱氢环化反应

从热力学角度来看，分子中碳原子数≥6的烷烃都可以转化为芳烃，也可得到较高的平衡转化率。

从热力学理论分析，烷烃在重整条件下脱氢环化的平衡转化率比较高，但是在实际生产中，当使用铂催化剂时，烷烃的转化率却很低，距离平衡转化率很远。即使在使用铂铼催化剂时，实际转化率也还是距离平衡转化率较远。

（四）异构化反应

在催化重整条件下，各种烃类都能发生异构化反应，其中最有意义的是五元环烷烃异构化生成六元环烷烃和正构烷烃的异构化反应。

正构烷烃异构化可提高汽油的辛烷值。同时，异构烷烃比正构烷烃更易于进行环化脱氢反应，故正构烷烃异构化也间接地有利于生成芳烃。

正构烷烃的异构化反应是轻度放热的可逆反应。低温有利于提高平衡转化率，但低温时，异构化反应速率较慢，反应难以达到平衡，所以，实际上采用较高温度时异构化的产率反而会增加，这是由于反应实际上并未达到化学平衡，但提高反应温度加快了异构化反应速率。温度过高时，由于加氢裂化反应加剧，异构物的产率又下降。反应压力和氢油比对异构化反应的影响不大。

（五）加氢裂化反应

加氢裂化反应是包括裂化、加氢、异构化的综合反应。它主要是按正碳离子机理进行的反应，因此产物中<C_3的小分子很少。加氢裂化反应生成较小的烃分子和较多的异构物，因而有利于辛烷值的提高。但由于同时生成<C_5的小分子烃而使汽油产率下降。

在加氢裂化反应中，各类烃的反应有：烷烃加氢裂化生成小分子烷烃和异构烷烃；环烷烃加氢裂化而断环，生成异构烷烃；芳香烃的苯核较稳定，加氢裂化时主要是侧链断裂，生成苯和较小分子的烷烃；含硫、氮、氧的非烃化合物在加氢裂化时生成氨、硫化氢、水和相应的烃分子。

加氢裂化是中等程度的放热反应，可以认为加氢裂化反应是不可逆反应，因此一般不考虑化学平衡问题而只研究它的动力学问题。加氢裂化反应速率较低，其反应结果一般在最后的一个反应器中才明显地表现出来。

以上分析的各类烃重整反应速率是有差别的，表5-1给出了各类烃的相对反应速率。

由表5-1可以看出，六元直链烷烃的环化脱氢反应速率仅为加氢裂化速率的1/3；六元环戊烷烃的异构化比开环快1倍；七元烷基环戊烷异构化是开环的4倍；反应速率最快的是七元环己烷，它的脱氢反应速率是基准反应（六元烷烃环化脱氢）的120倍。也就是说，烷烃生成芳香烃的相对反应速率是很低的，烷基环戊烷比烷烃高，只有烷基环己烷，不仅反应速率快，而且几乎定向的可转化为芳香烃。为了使烷烃更多地转化为芳烃，关键在于提高烷烃的环化脱氢反应速率。提高反应温度和降低反应压力有利于烷烃转化为芳烃，但是催化剂上积炭速率加快，生产周期缩短。工业过程中广泛采用比铂催化剂有更好选择性的铂铼等双金属和多金属催化剂，使许多反应的速率加快，大大地提高了芳烃的产率。

表 5-1　各种烃的相对反应速率[①]

化学反应类型	C_6 和 C_7 碳氢化合物					
	直链烷烃		烷基环戊烷		烷基环己烷	
	C_6	C_7	C_6	C_7	C_6	C_7
烷烃异构化	10	13	—	—	—	—
环烷异构化	—	—	10	13	—	—
环化脱氢	1.0[②]	4.0	—	—	—	—
加氢裂化	3.0	4.0	—	—	—	—
开环	—	—	5	3	—	—
脱氢作用	—	—	—	—	100	120

①试验原料为纯组分，铂催化剂，压力 0.5~2.1MPa，温度 450~550℃，氢烃比 5~7；

②以此项为基准。

（六）生焦反应

重整过程中的生焦反应机理目前研究得还不是很充分。一般来讲，生焦倾向的大小同原料的分子大小及结构有关，馏分越重、含烯烃越多的原料通常也容易生焦。有的研究者认为，在铂催化剂上生焦反应的第一步是生成单环双烯和双环多烯；有的认为烷基环戊烷脱氢生成的环戊烯和烷基环戊二烯是生焦的中间物料。

关于生焦的位置，多数研究者认为在催化剂的金属表面和酸性表面均有焦炭沉积。Barbier认为，金属上的积炭量很少，在很长的重整反应时间内，碳与可接近的铂原子之比恒定在 3~6，大量焦炭主要沉积在 Al_2O_3 载体上。Sarkany 则认为重整催化剂的生焦过程首先在金属表面上形成焦炭前身物，进而缩合成焦炭，最后转移到 Al_2O_3 载体上沉积下来。

第二节　重整催化剂

一、重整催化剂的组成和种类

（一）组成

现代重整催化剂由基本活性组分（如铂）、助催化剂（如铼、锡等）和酸性载体（如含卤素的 γAl_2O_3）所组成。所谓助催化剂是指某些物质，在单独使用时并不具备催化活性，但是将适量的这些物质加入到催化剂中去却能提高催化剂的活性或稳定性，或改进催化剂的某些其他方面的性能。

1. 金属组分

贵金属铂是重整催化剂的基本活性组分，是催化剂的核心。铂具有强烈的吸引氢原子的能力，因此对脱氢芳构化反应具有催化功能。一般来说，催化剂的脱氢活性、稳定性和抗毒能力随铂含量的增加而增强，但当铂含量接近 1%时，再继续提高铂含量几乎没有益处。铂是贵金属，铂催化剂的制造成本主要决定于它的含铂量。20 世纪 70 年代后期以来，随着载体和催化剂制备技术的改进，使得活性金属组分能够更均匀地分散在载体上，重整催化剂的含铂量趋向于降低。近年来，工业用重整催化剂的含铂量大多是 0.2%~0.3%。

近 20 多年，铂-铼双金属重整催化剂已取代了单铂催化剂。铼的主要作用是减少或防止金属组分"凝聚"，提高了催化剂的容炭能力和稳定性，延长了运转周期，特别适用于固定床反应器。工业用铂铼催化剂中的铼与铂的含量比一般为 1~2。较高的铼含量对提高催化剂的稳定性有利。

铂-锡重整催化剂在高温低压下具有良好的选择性和再生性能，而且锡比铼价格便宜，新鲜剂和再生剂不必预硫化，生产操作比较简便。虽然铂-锡催化剂的稳定性不如铂-铼催化剂好，但是其稳定性也足以满足连续重整工艺的要求，因此近年来已广泛应用于连续重整装置。

在重整催化剂中也曾经添加过铱等其他金属，但都未被广泛采用。

2. 卤素

重整催化剂的酸性中心主要由卤素提供。随着卤素含量的增加，催化剂对异构化和加氢裂化等酸性反应的催化活性增强，在卤素的使用上通常有氟氯型和全氯型两种。氟在催化剂上比较稳定，在操作时不易被水带走，因此氟氯型催化剂的酸性功能受重整原料含水量的影响较小。一般氟氯型催化剂含氟和氯约 1%。但是氟的加氢裂化性能较强，使催化剂的性能变差，因此近年来多采用全氯型。氯在催化剂上不稳定，容易被水带走，但是可以在工艺操作中根据系统中的水-氯平衡状况注氯以及在催化剂再生后进行氯化等措施来维持催化剂上的适宜含量。一般新鲜的全氯型催化剂含氯 0.6%~1.5%，实际操作中要求含氯量稳定在 0.4%~1.0%。卤素含量太低时，由于酸性功能不足，芳烃转化率低(尤其是五元环烷和烷烃的转化率)或生成油的辛烷值低。虽然提高反应温度可以补偿这个影响，但是提高反应温度会使催化剂的寿命显著降低。卤素含量太高时，加氢裂化反应增强，导致液体产物收率下降。

3. 载体氧化铝

一般来说，载体本身并没有催化活性。但是具有较大的比表面和较好的机械强度，它能使活性组分很好地分散在其表面上，从而更有效地发挥其作用，节省活性组分的用量，同时也提高了催化剂的稳定性和机械强度。现代重整催化剂几乎都是采用 $\gamma-Al_2O_3$ 作为载体。

载体应具有适当的孔结构。孔径过小不利于原料和产物的扩散，且易于在微孔口结焦，使内表面不能充分利用，从而使活性迅速下降。近年来用作重整催化剂载体的 $\gamma-Al_2O_3$ 的孔分布趋向于集中，其中孔径小于 4nm 的微孔显著减少甚至消除。多数载体的外形是直径为 1.5~2.5mm 的小球或圆柱状，也有为了改善传质和降低床层压降而采用异形条状、涡轮形等形状。

重整催化剂的堆积密度多为 600~800kg/m³ 范围。近年来，载体的堆积密度趋向于增大，故重整催化剂的堆积密度一般在 700kg/m³ 以上。

(二)种类

重整贵金属催化剂按其所含金属元素的种类分为单金属催化剂如铂催化剂、双金属催化剂如铂铼催化剂、铂铱催化剂等，以及以铂为主体的三元或四元多金属催化剂，如铂铱钛催化剂或含铂、铱、铝、铈的多金属催化剂。

目前工业实际使用的主要是两类催化剂，即主要用于固定床重整装置的铂铼催化剂和主要用于移动床连续重整装置的铂锡催化剂。从使用性能来比较，铂铼催化剂有更好的稳定性，而铂锡催化剂则有更好的选择性及再生性能。对于催化剂的选择应当重视其综合性能是否良好。一般来说，可以从以下三个方面来考虑：

①反应性能　对固定床重整装置，重要的是要有优良的稳定性，同时也要有良好的活性和选择性。催化剂的稳定性可以从容炭能力与生焦速率之比来进行比较。如果使用稳定性好的催化剂，则在必要时还可适当降低反应压力和氢油比，从而带来提高液体产品收率和降低能耗的效果。对连续重整装置，则要求催化剂要有良好的活性、选择性以及再生性能，而稳定性不是主要矛盾。

②再生性能　良好的再生性能无论是对固定床重整装置还是对连续重整装置都是很重要的，而对连续重整装置则尤为重要。连续重整催化剂要经历频繁的再生，通常每3~7天系统中的催化剂就得循环再生一遍。催化剂再生性能主要决定于它的热稳定性。

③其他理化性质　如比表面积对催化剂保持氯的能力有影响；机械强度、外形和颗粒均匀度对反应床层压降有重要影响，对连续重整装置，此等性能尤为重要；催化剂的杂质含量及孔结构在一定程度上会对其稳定性有影响。

我国自己研制的催化剂的性能与国外催化剂的性能基本上水平相当。

随着催化剂性能的不断改进，催化重整工艺技术也有了很大的进步，从而明显地提高了重整装置的效率和经济效益。

二、重整催化剂的双功能

重整反应中包括两大类反应：脱氢反应和裂化、异构化反应。这就要求重整催化剂具有两种催化功能。铂重整催化剂就是一种双功能催化剂，其中的铂构成脱氢活性中心，促进脱氢、加氢反应；而酸性载体提供酸性中心，促进裂化、异构化等正碳离子反应。氧化铝载体本身只有很弱的酸性，甚至接近于中性，但含少量氯或氟的氧化铝则具有一定的酸性，从而提供了酸性功能。

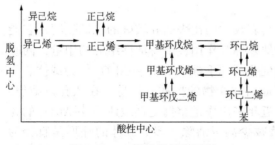

图 5-1　C$_6$ 烃重整反应历程

重整反应的历程可用图 5-1 表示。图中平行于横坐标写出的反应在催化剂的酸性中心上发生，平行于纵坐标写出的反应在加氢-脱氢活性中心上发生。反应物若为正己烷，正己烷首先在金属中心上脱氢生成正己烯，正己烯转移到附近的酸性中心上，在那里接受质子产生仲正碳离子，然后仲正碳离子发生异构化，进而作为异己烯解吸并转移到金属中心，在那里被吸附并加氢成异己烷。另一方面，仲正碳离子能够反应生成甲基环戊烷，再进一步反应生成环己烯，最后生成苯。

由此可见，在正己烷转化为苯的过程中，烃分子交替地在催化剂的两种活性中心上进行反应。因此，正己烷转化为苯的反应速率取决于过程中各个步骤的反应速率，而其中反应速率最慢的步骤则起控制作用。因此重整催化剂的两种功能必须适当配合才能得到满意的结果。也就说，重整催化剂这两种功能在反应中是有机配合的，而不是互不相干的。如果只是脱氢活性很强，则只能加速六元环烷的脱氢，而对于五元环烷和烷烃的芳构化及烷烃的异构化则反应不足，不能达到提高汽油辛烷值和芳烃产率的目的。反之，如果只是酸性功能很强，则会有过度的加氢裂化，使液体产物收率下降，五元环烷和烷烃转化为芳烃的选择性下降，同样也不能达到预期的目的。因此，如何保证这两种功能得到适当的配合是制备重整催化剂和生产操作中的一个重要问题。

在这里还须指出：金属铂除了具有加氢-脱氢的功能之外，也还具有异构化、环化脱氢及氢解的功能，但是其反应机理不是酸性催化剂的正碳离子反应机理。也就是说，重整反应不仅仅按图 5-1 的反应历程，在单独的活性金属表面上也能发生异构化、环化脱氢和氢解反应。

因此，对工业重整催化剂主要有以下几点使用要求：

①活性高　芳烃转化率高，或重整汽油辛烷值高；

②选择性好　氢解反应少，液体产物收率高，裂解气体产率低、氢气产率高；

③稳定性好　在高温下能保持良好的金属分散度，积炭倾向小，能在保持高活性下长周期运转；

④机械强度高　催化剂不被粉碎、床层压降要小。

三、双（多）金属催化剂的特点及发展方向

（一）铂铼系列

铂铼催化剂是工业上应用最早、最广泛的一种催化剂系列。与铂催化剂相比，主要有以下优点：

①适于低压、高温、低氢油比的苛刻条件，从而有利于重整生成芳烃的化学反应。

②在苛刻条件下操作，稳定性和选择性都较好。其活性下降的速率只有最好的铂催化剂的 1/5，芳烃转化率超过 100%，可达 130%，而且液体收率和氢气纯度都较高，汽油的 RON 可高达 100。

③再生性能好，使用寿命长，一般为单铂催化剂的 2~4 倍，国外一般可使用 5 年以上。

铂铼催化剂最突出特点是稳定性和选择性好。这是因为铼的引入改善了铂的分散度，使铂能够更均匀地分布在载体上，而抑制了铂晶粒的凝聚，这样，就使积炭较分散，而不是集中地沉积在催化剂的活性中心。这就使铂铼催化剂的容炭能力比铂的强。另外，铼的加入还增强了加氢能力，尤其是可促进二烯烃加氢，使积炭前身物（如环戊二烯类）的数量减至最小，抑制了积炭生成。所以铂铼催化剂有较好的稳定性。脱氢功能的增强，也提高了铂铼催化剂的选择性。

铂铼催化剂的不足之处：

①只改进了催化剂的稳定性而没有提高其活性。

②开工时，因催化剂的加氢裂解性能太强，会放出大量的热，产生超温现象，因此，必须掌握好开工技术，防止烧坏催化剂。

③铼为稀有贵金属，成本高。

（二）铂-锡系列

由于铼是稀有贵金属，为了降低催化剂的制造成本，又发展了铂-非铼系列催化剂，它是在铂催化剂中加入了IV族金属，如锗、锡、铅等。这几种金属比铼更容易得到，价格也便宜得多，特点是活性高，产率高和稳定性好，寿命长。铂锡重整催化剂有较好的低压稳定性能，因此目前工业上的连续重整催化剂以铂锡重整催化剂为主。

最近 UOP 和美国标准催化剂公司（Criterion）又研制出新一代连续重整催化剂，开发目标是降低催化剂积炭速率，以消除装置扩能改造的"瓶颈"，从而采用既经济又有效的方案实现装置处理能力的提高。

（三）铂铱系列

这类催化剂为多金属催化剂，在引入铱的同时，还常常要引入第三种金属组分作为抑制剂，以改善其选择性和稳定性。

该系列催化剂的特点是活性很高、稳定性好。如埃索公司的 KX-130 多金属催化剂其活性比铂和铂铼催化剂高 2~3 倍，汽油的 RON 可达 102，操作周期延长近 4 倍。这种催化剂活性很高是因为铱也是活性组分，其脱氢环化能力很强。因此，在铂催化剂中引入铱后可大幅度地提高催化剂的脱氢环化能力。

四、重整催化剂的失活

在生产过程中，重整催化剂的活性下降有多方面的原因，例如催化剂表面上积炭，卤素流失，长时间处于高温下引起铂晶粒聚集使分散度（催化反应中实际能够促进反应的铂原子即外露铂原子与所有铂原子的比值，它是衡量重整催化剂活性的一个指标）减小，以及催化剂中毒等。一般来说，在正常生产中，催化剂活性的下降主要是由于积炭引起的。

五、催化剂的再生

重整催化剂的再生过程包括烧焦、氯化更新和干燥三个工序。

（一）烧焦

重整催化剂上焦炭的主要成分是碳和氢。在烧焦时，焦炭中氢的燃烧速率比碳的燃烧速率快得多，因此在烧焦时主要是考虑碳的燃烧。

在工业装置的再生过程中，最重要的问题是要通过控制烧焦反应速率来控制好反应温度。过高的温度会使催化剂的金属铂晶粒聚集，如果铂晶粒长大到 70 Å，就会使重整产率下降，另外，过高的温度还可能会破坏载体的结构，而载体结构的破坏是不可恢复的。一般来说，应当控制再生时反应器内的温度不超过 500~550℃。

（二）氯化更新

在烧炭过程中，催化剂上的氯会大量流失，铂晶粒也会聚集，补充氯和使铂晶粒重新分散，以便恢复催化剂的活性。

氯化时采用含氯的化合物，工业上一般选用二氯乙烷，在循环气中的浓度稍低于 1%（体积）。循环气采用空气或含氧量高的惰性气体。单独采用氮气作循环气不利于铂晶粒的分散。主要原因可能是在氯化过程中会生成少量焦炭，而循环气中的氧可以把生成的焦炭烧去。为了使氯不流失，应控制循环气中的水含量不大于 1‰。

工业上氯化多在 510℃、常压下进行，一般是进行 2h。经氯化后的催化剂还要在 540℃、空气流中氧化更新，使铂晶粒的分散度达到要求。氧化更新的时间一般为 2h。

（三）干燥

再生烧焦时，焦中的氢燃烧会生成水而使循环气中含水量增加。为了保护催化剂，循环气返回反应器前应经过硅胶或分子筛干燥。

干燥工序多在 540℃ 左右进行。干燥时循环气体中若含有碳氢化合物会影响铂晶粒的分散度，甲烷的影响不明显，但较大相对分子质量的碳氢化合物会产生显著的影响。采用空气或高含氧量气体作循环气可以抑制碳氢化合物的影响。另外，在氮气流下，铂铼和铂锡催化剂在 480℃ 时就开始出现铂晶粒聚集的现象；但是当氮气流中含有 10% 以上的氧气时，能显著地抑制铂晶粒的聚集。因此催化剂干燥时的循环气体以采用空气为宜。

六、催化剂的还原和硫化

从催化剂厂来的新鲜催化剂及经再生的催化剂中的金属组分都是处于氧化状态，必须先还原成金属状态后才能使用。铂铼催化剂和某些多金属催化剂在刚开始进油时可能会表现出强烈的氢解性能和深度脱氢性能，前者导致催化剂床层产生剧烈的温升，严重时可能损坏催化剂和反应器；后者导致催化剂迅速积炭。使其活性、选择性和稳定性变差。因此在进原料油以前须进行预硫化以抑制其氢解活性和深度脱氢活性。铂锡催化剂不需预硫化，因为锡能起到与硫相当的抑制作用。

还原过程是在480℃左右及氢气气氛下进行。还原过程中有水生成，应注意控制系统中的含水量。

预硫化时采用硫醇或二硫化碳作硫化剂，用预加氢精制油稀释后经加热进入反应系统。硫化剂的用量一般为百万分之几。预硫化的温度为350~390℃，压力为0.4~0.8MPa。

第三节 催化重整原料及其预处理

重整催化剂比较昂贵和"娇嫩"，易被多种金属及非金属杂质中毒，而失去催化活性，为了保证重整装置能够长周期运转，目的产品收率高，则必须选择适当的重整原料并予以精制处理。

一、重整原料的选择

对重整原料的选择主要有三方面的要求，即馏分组成、族组成和杂质含量。

(一) 馏分组成

重整原料的馏分组成是根据重整过程的目的来选定的。若要生产高辛烷值汽油调合组分，则选用90~180℃的馏分为原料。沸点低于80℃的环烷烃已具有较高的调合辛烷值，因而这部分较轻的馏分无需再去重整，因此，重整原料一般应切取大于 C_6 馏分，即初馏点在90℃左右。而终馏点选取180℃的原因，一是因为烷烃和环烷烃转化为芳烃后其沸点会升高，如果原料的终馏点过高则重整汽油的干点会超过规格要求，二是由于>180℃的馏分易于在重整催化剂上积炭，使液体收率降低，缩短生产周期。

若要生产 C_6~C_8 芳烃，则选用60~145℃的馏分为原料。这是根据 C_6~C_8 芳烃的沸点来确定的， C_6 烃类沸点为60~80℃， C_7 沸点为90~110℃， C_8 沸点大部分为120~144℃。<60℃的馏分烃分子的碳原子数小于6，如也作为重整原料进行反应系统，它并不能生成芳烃，而沸点高于145℃的已属于 C_9 烃类。

(二) 族组成

我国目前的重整原料主要是直馏轻汽油馏分(石脑油)，但其来源有限。芳烃潜含量高即含环烷烃多的原料是良好的重整原料，环烷烃含量高的原料不仅在重整时可以得到较高的芳烃产率和氢气产率，而且可以采用较大的空速，催化剂积炭少，运转周期较长。

(三) 杂质含量

重整原料中含有少量的砷、铅、铜、铁、硫、氮等杂质会使催化剂中毒失活。水和氯的含量控制不当也会造成催化剂减活或失活。为了保证催化剂在长周期运转中具有较高的活性，必须严格限制重整原料中杂质含量。

二、重整原料的预处理

重整原料的预处理由预分馏、预加氢、预脱砷、脱氯和脱水等单元组成，其典型工艺流程见图5-2，其目的是切取符合重整要求的馏分和脱除对重整催化剂有害的杂质及水分。

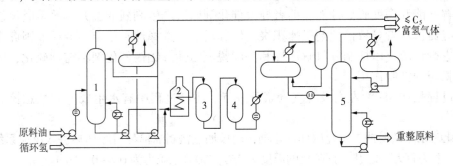

图5-2　重整原料预处理工艺原则流程

1—预分馏塔；2—预加氢加热炉；3，4—预加氢反应器；5—脱水塔

(一) 预分馏

预分馏就是根据目的产品的生产要求对原料进行精馏以切取适当的馏分。在多数情况下，进入重整装置的原料是原油蒸馏装置的初馏塔和/或常压蒸馏塔塔顶<180℃(生产高辛烷值汽油时)或<130℃(生产轻芳烃时)汽油馏分。在预分馏塔，切去<80℃或<60℃的轻馏分(拔头油)，同时也脱去原料油中的部分水分。

(二) 预加氢

预加氢就是通过加氢脱除原料中的硫、氮、氧等杂质和砷、铅等重金属，并同时使烯烃饱和以减少催化剂的积炭，从而延长运转周期。

预加氢催化剂在铂重整中常用钼酸钴或钼酸镍。在铂铼等双金属或多金属重整中常用适应低压预加氢的钼钴镍催化剂。重整预加氢催化剂应满足以下要求：①能够使原料中的烯烃加氢饱和而不使芳烃加氢饱和；②能够脱除原料中各种不利于重整反应的杂质；③对金属砷、铅、铜等毒物有一定的抵抗性；④有很好的机械强度。

预加氢催化剂在使用过程中也会因表面积炭及受有害杂质的影响而失去活性。催化剂由于积炭过多而失活可通过再生的方法恢复活性。

(三) 预脱砷

砷不仅是重整催化剂最严重的毒物，也是各种预加氢精制催化剂的毒物。因此，必须在加氢预精制前把砷降至较低程度。重整原料含砷量限制在 1～2ng/g 以下。如果原料油的含砷量<100ng/g，可以不经过预脱砷，只需预加氢精制后即符合要求。

目前，工业上使用的预脱砷方法主要有三种：吸附法、氧化法和加氢法。

吸附法常用浸渍有 5%～10%硫酸铜的硅铝小球作为吸附剂将原料油中的砷化合物吸附在脱砷剂上而被脱除。氧化法常采用过氧化氢异丙苯氧化剂与原料油混合在 80℃下进行氧化反应。氧化法可脱除原料油中 95%左右的砷化物，但产生的大量含砷废液易引起新的环境污染。加氢法实质上与预加氢精制基本相同，采用的催化剂是四钼酸镍加氢精制催化剂。

(四) 脱氯

直馏石脑油中氯主要以有机氯的形式存在，其含量与原油来源有关，一般在 30～40μg/g 左右。含有有机氯的原料油经过预加氢后，有机氯转化为氯化氢，会造成设备腐蚀。同时氯化氢与预加氢生成的氨结合生成氯化铵，造成管线堵塞。此外氯对重整催化剂也有毒害作用。

为了解决氯化氢造成的腐蚀设备、堵塞管线和对重整催化剂的危害，工业上在预加氢单元后增加脱氯罐，在与预加氢相同的条件下，使氯化氢与脱氯剂反应而脱除。可以使用的脱氯剂有 Fe_2O_3、Cu、Mn、Zn、Mg、Ni、$NaOH$、KOH、Na_2O、Na_2CO_3、CaO、$CaCO_3$ 等。

第四节 催化重整工艺流程

根据生产的目的产品不同，催化重整的工艺流程也不一样。当以生产高辛烷值汽油为目的时，其工艺流程主要包括原料预处理和重整反应两部分；而当以生产轻质芳香烃为目的时，则工艺流程还包括芳香烃分离部分(包含芳香烃溶剂抽提、混合芳香烃精馏分离等几个单元过程)。

一、重整反应系统的工艺流程

(一)典型的铂铼重整工艺流程

工业重整装置广泛采用的反应系统流程可分为两大类：固定床半再生式工艺流程和移动床连续再生式工艺流程。典型的铂铼重整工艺流程为固定床半再生式工艺流程。

固定床半再生式重整的特点是装置运行一段时间后，装置停下来进行催化剂的再生，反应与再生是间断进行。以生产芳烃为目的的铂铼双金属半再生式重整工艺原则流程如图5-3所示。

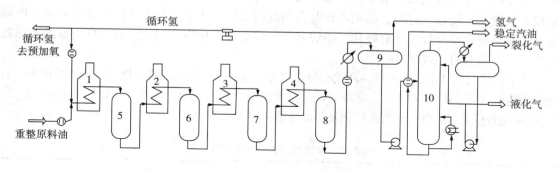

图5-3 铂铼重整反应原则流程

1，2，3，4—加热炉；5，6，7，8—重整反应器；9—高压分离器；10—稳定塔

经预处理的原料油与循环氢混合，再经换热、加热后进入重整反应器。重整反应是强吸热反应，反应时温度下降，为避免温降太大，一般的重整反应器由 3~4 个绝热式反应器串联，反应器之间用加热炉加热以达到反应所需的反应温度。由最后一个反应器出来的反应产物经过换热、冷却后进入高压分离器，分离出的气体含有85%~95%(体积)的氢气，经循环压缩机增压后大部分作为循环氢使用，少部分去预处理部分。分离出的重整生成油进入稳定塔，塔顶出少量裂化气和液化石油气，塔底出高辛烷值汽油。当以生产轻质芳香烃为目的时，需要在稳定塔之前加一个后加氢反应器，使重整产物中的少量烯烃饱和。运转半年至一年停止进油，全部催化剂就地再生一次。

半再生式重整过程的工艺特点是：工艺反应系统简单，运转、操作与维护比较方便，建设费用较低，应用很广泛。但该方法有如下一些缺点，由于催化剂活性变化，要求不断变更运转条件(主要是反应温度)，到了运转末期，反应温度相当高，导致重整油收率下降，氢纯度降低，稳定气增加。而且停工再生影响全厂生产，装置开工率较低。随着双(多)金属催化剂的活性和选择性得到改进，使其能在苛刻条件下长期运转，发挥了它的优势。

(二)重整反应的主要操作参数

影响重整反应的主要操作因素除催化剂的性能外，还有反应温度、反应压力、氢油比、空速等。

1. 反应温度

由于催化重整的主要反应六元环烷烃脱氢和烷烃的脱氢环化都是强吸热反应，所以从化学平衡的角度，希望采用较高的反应温度。高温可以提高重整生成油的辛烷值。但提高反应温度会导致裂化反应加剧从而降低液体产物的收率和催化剂上的积炭速度加快，缩短操作周期以及受到设备材质的限制。因此，在选择反应温度时应综合考虑各方面的因素。工业重整反应器的加权平均入口温度多在480~530℃范围。在操作过程中随着反应时间的推移，催化剂因积炭而活性下降，为了维持足够的反应速率，需用逐步提温办法来弥补催化剂活性的损失，故操作后期的反应温度要高于初期。

重整反应器一般是3~4个串联，而且催化剂床层的温度是变化的。由于重整反应是强吸热反应，所以在每个绝热反应器中体系的温度都会明显降低，而且催化剂的活性越好，其温降也越大。在第一个反应器中温降可达40~80℃，因为反应速度最快且吸热最多的六元环烷烃脱氢反应主要在第一个反应器中进行。第二反应器里主要进行五元环烷烃异构脱氢，还伴随一些放热的裂化反应，因而第二反应器的温降比第一反应器显著减少；到后部第三和第四反应器时，环烷脱氢几乎很少，所发生的吸热反应是以烷烃环化脱氢反应为主，但这种反应速率较慢，比较难于进行，必须在较苛刻的反应条件下才能进行。这样，伴随的副反应就更多了，除裂化反应外，还有歧化、脱烷基等，多是放热反应，因此，后部反应器的温降就更小了，一般只有10℃左右。

为了促进反应速率较慢的烷烃环化和异构化等反应，重整各反应器催化剂常采用前面少，后面多的装填方式。在使用四个反应器串联时，催化剂的装入比例一般为1∶1.5∶3.0∶4.5。表5-2是重整各反应器的催化剂装入比例及各反应器床层温降。

表5-2　催化剂装入比例及床层温降

项　　目	第一反应器	第二反应器	第三反应器	第四反应器	总计
催化剂装入比例	1	1.5	3.0	4.5	10
温降/℃	76	41	18	8	143

2. 反应压力

提高反应压力对生成芳烃的环烷脱氢、烷烃脱氢环化反应都不利，但对加氢裂化反应却有利。因此，从增加芳烃产率的角度来看，希望采用较低的反应压力。在较低的压力下可以得到较高的汽油产率和芳烃产率，氢气的产率和纯度也较高。但是在低压下催化剂受氢气保护的程度下降，积炭速率较快，从而使操作周期缩短。解决这个矛盾的方法有两种：一种是采用较低压力，经常再生催化剂；另一种是采用较高的压力，虽然转化率不太高，但可延长操作用期。如何选择最适宜的反应压力，还要考虑到原料的性质和催化剂的性能。例如高烷烃原料比高环烷烃原料容易生焦，重馏分也容易生焦，对这类易生焦的原料通常要采用较高的反应压力。催化剂的容焦能力大、稳定性好，则可以采用较低的反应压力。

重整技术的发展就是围绕着反应压力从高到低的变化过程，反应压力已成为能反映重整技术水平高低的重要指标。在现代重整装置中，最后一个反应器的催化剂通常占催化剂量的50%。所以，通常选用最后一个反应器入口压力做为反应压力是合适的。

3. 空速

单位时间，单位催化剂上所通过的原料油流量，重整空速以催化剂的总用量为准，定义如下：

$$重量空速 = \frac{原料油流量（t/h）}{催化剂总用量（t）}$$

$$体积空速 = \frac{原料油流量（m^3/h，按20℃ 液体计）}{催化剂总用量（m^3）}$$

空速反应了原料与催化剂的接触时间长短，降低空速可以使反应物与催化剂的接触时间延长。催化重整中各类反应的反应速率不同，空速的影响也不同。环烷烃脱氢反应的速率很快，在重整条件下很容易达到化学平衡，空速的大小对这类反应影响不大；但烷烃环化脱氢反应和加氢裂化反应速率慢，空速对这类反应有较大的影响。所以，在加氢裂化反应影响不大的情况下，适当采用较低的空速对提高芳烃产率和汽油辛烷值有好处。

通常在生产芳烃时，采用较高的空速；生产高辛烷值汽油时，采用较低的空速，以增加反应深度，使汽油辛烷值提高，但空速太低加速了加氢裂化反应，汽油收率降低，导致氢消耗和催化剂结焦加快。

选择空速时还应考虑到原料的性质。对环烷基原料，可以采用较高的空速；而对烷基原料则需采用较低的空速。我国铂重整装置的空速一般采用 3.0h^{-1}，铂-铼重整装置一般采用 1.5h^{-1}。

一般在催化剂藏量和装置处理量一定的情况下，空速不作为调节手段。

4. 氢油比

氢油比常用两种表示方法，即

$$氢油摩尔比 = \frac{循环氢流量（kmol/h）}{原料油流量（kmol/h）}$$

$$氢油体积比 = \frac{循环氢流量（Nm^3/h）}{原料油流量（m^3/h，按20℃ 液体计）}$$

在重整反应中，除反应生成的氢气外，还要在原料油进入反应器之前混合一部分氢，这部分氢并不参与重整反应，工业称之为循环氢。通入循环氢的目的一是为了抑制生焦反应，减少催化剂上积炭，起到保护催化剂的作用；二是起到热载体的作用，减小反应床层的温降，使反应温度不致降得太低；三是稀释原料，使原料更均匀地分布于催化剂床层。

在总压不变时，提高氢油比，意味着提高氢分压，有利于抑制催化剂上积炭，但会增加压缩机功耗，减少反应时间。

由此可见，对于稳定性高的催化剂和生焦倾向小的原料，可以采用较小的氢油比，反之则需用较大的氢油比。铂重整装置采用的氢油摩尔比一般为 5~8，使用铂铼催化剂时一般 <5，新的连续再生式重整则进一步降至 1~3。

综上所述，可以将各类反应的特点和各种因素的影响简要地归纳为表5-3。

表5-3 催化重整中各类反应的特点和操作因素的影响

项 目		六元环烷脱氢	五元环烷异构脱氢	烷烃环化脱氢	异构化	加氢裂化
反应特性	热效应	吸热	吸热	吸热	放热	放热
	反应热/kJ·kg^{-1}	2000~2300	2000~2300	~2500	很小	~840
	反应速率	最快	很快	慢	快	慢
	控制因素	化学平衡	化学平衡或反应速率	反应速率	反应速率	反应速率
对产品产率的影响	芳烃	增加	增加	增加	影响不大	减少
	液体产品	稍减	稍减	稍减	影响不大	减少
	C$_1$~C$_4$气体	—	—	—	—	增加
	氢气	增加	增加	增加	无关	减少
对重整汽油性质影响	辛烷值	增大	增大	增大	增大	增大
	密度	增大	增大	增大	稍增	增大
	蒸气压	降低	降低	降低	稍增	增大
参数增大时产生的影响	温度	促进	促进	促进	促进	促进
	压力	抑制	抑制	抑制	无关	促进
	空速	影响不大	影响不很大	抑制	抑制	抑制
	氢油比	影响不大	影响不大	影响不大	无关	促进

二、重整芳烃的抽提过程

重整产物中的芳香烃和其他烃类的沸点很接近，难以用精馏分方法分离，一般采用溶剂抽提的办法从重整产物中分离出芳香烃。现在世界各国从重整油中分出的芳烃(称为重整芳烃)已成为低分子芳烃的一个重要来源。

(一)芳烃抽提的基本原理

溶剂液-液抽提原理是根据芳烃和非芳烃在溶剂中的溶解度不同，从而使芳烃与非芳烃得到分离。在芳烃抽提过程中，溶剂与重整油接触后分为两相(在容器中分为两层)，一相由溶剂和能溶于溶剂中的芳烃组成，称为提取相(又称富溶剂、抽提液或抽出层)；另一相为不溶于溶剂的非芳烃，称为提余相(又称提余液、非芳烃)，两相液层分离后，再用汽提的方法将溶剂和溶质(芳烃)分开，溶剂循环使用。

各种烃类在溶剂中的溶解度不同，其顺序为：芳烃>环二烯烃>环烯烃>环烷烃>烷烃。对同一种溶剂来说，沸点相近的烃类，其溶解度的比值大致为

芳烃∶环烷烃∶烷烃=20∶2∶1

对同种烃类来说，其溶解度随着相对分子质量的增大而降低，对芳烃而言，其溶解度的次序为

重芳烃<二甲苯<甲苯<苯

不同溶剂，对同一种烃类的溶解度是有差异的，通常用甲苯的溶解度与正庚烷溶解度之

比来表示这种差异，其比值称作溶剂的选择性。

溶剂使用性能的优劣，对芳烃抽提装置的投资、效率和操作费用起着决定性的作用。在选择溶剂时，要考虑对芳烃具有较强的溶解能力和较高的选择性；二者要有较大的相对密度差，使形成的提取相和提余相便于分离；相界面张力要大，不易乳化，不易发泡，容易使液滴聚集而分层；化学稳定性好，不腐蚀设备；溶剂沸点要高于原料的干点，不生成共沸物，以便用分馏的方法回收溶剂；价格低廉，来源充足。

目前，工业上采用的主要溶剂有二乙二醇醚、三乙二醇醚、四乙二醇醚、二丙二醇醚、二甲基亚砜、环丁砜、N-甲基吡咯烷酮等。

（二）芳烃抽提的工艺流程

芳烃抽提的工艺流程一般包括抽提、溶剂回收和溶剂再生三个系统。典型的二乙二醇醚抽提装置的工艺流程如图5-4。

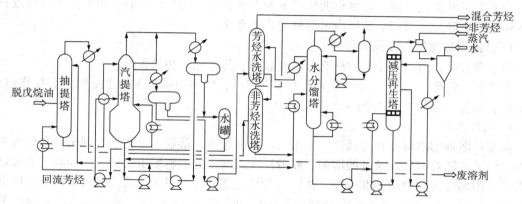

图5-4　芳烃抽提过程工艺流程

1. 抽提部分

原料（脱戊烷油）从抽提塔（萃取塔）的中部进入。抽提塔是一个筛板塔。溶剂（主溶剂）从塔的顶部进入与原料进入逆流接触抽提。从塔底出来的是提取液，其中主要是溶剂和芳烃，提取液送去溶剂回收部分的汽提塔以分离溶剂和芳烃。为了提高芳烃的纯度，塔底进入经加热的回流芳烃。

2. 溶剂回收部分

溶剂回收部分的任务是：从提取液中分离出芳烃；回收溶剂并使之循环使用。溶剂回收部分的主要设备有汽提塔、水洗塔和水分馏塔。

汽提塔是顶部带有闪蒸段的浮阀塔，全塔分为三段：顶部闪蒸段、上部抽提蒸馏段和下部汽提段。汽提塔在常压下操作。由抽提塔底来的提取液经换热后进入汽提塔顶部。提取液中的轻质非芳烃、部分芳烃和水因减压闪蒸出去，余下的液体流入抽提蒸馏段。抽提蒸馏段顶部引出的芳烃也还含有少量非芳烃（主要是 C_6），这部分芳烃与闪蒸产物混合经冷凝并分去水分后作为回流芳烃返回抽提塔下部。产品芳烃由抽提蒸馏段上部以气相引出。汽提塔底部有重沸器供热。为了避免溶剂分解（二乙二醇醚在164℃开始分解），在汽提段引入水蒸气以降低芳烃蒸气分压使芳烃能在较低的温度（一般约150℃）下全部蒸出。

水洗塔有两个：芳烃水洗塔和非芳烃水洗塔。这是两个筛板塔。在水洗塔中，是用水洗去（溶解脱除）芳烃或非芳烃中的二乙二醇醚，从而减少溶剂的损失。这部分水是循环使用的，其循环路线为：水分馏塔→芳烃水洗塔→非芳烃水洗塔→水分馏塔。

水分馏塔的任务是回收溶剂并取得干净的循环水。对送去再生的溶剂，先通过水分馏塔分出水，以减轻溶剂再生塔的负荷。水分馏塔在常压下操作，塔顶采用全回流，以便使夹带的轻油排出。大部分不含油的水从塔顶部侧线抽出。国内的水分馏塔多采用圆形泡帽塔板。

3. 溶剂再生部分

二乙二醇醚在使用过程中由于高温及氧化会生成大分子的叠合物和有机酸，导致堵塞和腐蚀设备，并降低溶剂的使用效能。为保证溶剂的质量，一方面有溶剂存在并可能和空气接触的设备中通入含氢气体(称复盖气)，要注意经常加入单乙醇胺以中和生成的有机酸，使溶剂的 pH 值经常维持在 7.5~8.0，另一方面要经常从汽提塔底抽出的贫溶剂中引出一部分溶剂去再生。再生是采用减压蒸馏的方法将溶剂和大分子叠合物分离。

减压蒸馏在减压再生塔中进行。塔顶抽真空，塔中部抽出再生溶剂，一部分作塔顶回流，余下的送回抽提系统，已氧化变质的溶剂因沸点较高而留在塔底，用泵抽出后与进料一起返回塔内，经一定时间后从塔内可部分地排出老化变质溶剂。

(三)抽提过程的主要操作参数

衡量芳烃抽提过程的主要指标有芳烃回收率、芳烃纯度和过程能耗。

在原料、溶剂(二乙二醇醚)及抽提方式决定后，影响抽提效果的主要因素有操作温度、溶剂比、回流(反洗)比、溶剂含水量及压力。

1. 操作温度

温度对溶剂的溶解度和选择性影响很大。温度升高，溶解度增大，有利于芳烃回收率的增加，但是，随着芳烃溶解度的增加，非芳烃在溶剂中的溶解度也会增大，而且比芳烃增加的更多，因而使溶剂的选择性变差，使产品芳烃纯度下降。对于二乙二醇醚来说，温度低于140℃时，芳烃的溶解度随着温度升高而显著增加；高于150℃时，随着温度的提高，芳烃溶解度增加不多，选择性下降却很快。而温度低于100℃时，溶剂用量太大，而且还会因黏度增大使抽提效果下降，因此抽提塔的操作温度一般为125~140℃。

2. 溶剂比

溶剂比是进入抽提塔的溶剂量与进料量之比。溶剂比增大，芳烃回收率增加，但提取相中的非芳烃量也增加，使芳烃产品纯度下降。同时溶剂比增大，设备投资和操作费用也增加，所以在保证一定的芳烃回收率的前提下应尽量降低溶剂比。溶剂比的选定应当结合操作温度的选择来综合考虑。提高溶剂比或升高温度都能提高芳烃回收率。实践经验表明，大约温度升高10℃相当于溶剂比提高0.78。对于不同的原料应选择适宜的温度和溶剂比。一般选用溶剂比在15~20。

3. 回流(反洗)比

回流比是指回流芳烃量与进料量之比。回流比是调节产品芳烃纯度的主要手段。回流比大则产品芳烃纯度高，但芳烃回收率有所下降。且回流芳烃，显然要耗费额外的热交换，并使抽提塔的物料平衡关系变得复杂。回流比的大小，应与原料中芳烃含量多少相适应，原料中芳烃含量越高，回流比可越小。回流比和溶剂比也是相互影响的，降低溶剂比时，产品芳烃纯度提高，起到提高回流比的作用。反之，增加溶剂比具有减低回流比的作用，因而，在实际操作中，在提高溶剂比之前，应适当加大回流芳烃的流量，以确保芳烃产品纯度。一般选用回流比 1.1~1.4，此时，产品芳烃的纯度可达99.9%以上。

4. 溶剂含水量

溶剂含水量愈高，溶剂的选择性愈好，因而，溶剂含水量的变化是用来调节溶剂选择性的一种手段。但是，溶剂含水量的增加，将使溶剂的溶解能力降低。因此，每种溶剂都有一个最适宜的含水量范围。对于二乙二醇醚来说，温度在 140~150℃ 时，溶剂含水量选用 6.5%~8.5%。

5. 压力

抽提塔的操作压力要保证原料处于泡点下液相状态，使抽提在液相下操作。并且抽提压力与界面控制有密切关系，因此，操作压力也是芳烃抽提系统的重要操作参数之一。

当以 60~130℃ 馏分作重整原料时，抽提温度在 150℃ 左右，抽提压力应维持在 0.8~0.9MPa。

三、芳烃精馏

由溶剂抽提出的芳烃是一种混合物，其中包括苯、甲苯和各种二甲苯异构体、乙基苯和各种不同结构的 C_9 和 C_{10} 芳烃，利用精馏可得到具有使用价值的各种单体芳烃。

芳烃精馏与一般石油蒸馏相比有如下特点：

①产品纯度高，应在 99.9% 以上，同时要求馏分很窄，如苯馏分的沸程是 79.6~80.5℃；

②塔顶和塔底同时出合格产品，不能用抽侧线的方法同时取出几个产品，此两种产品不允许重叠，否则将会造成产品不合格；

③由于产品纯度要求高，所以用一般油品蒸馏塔产品质量控制方法不能满足工艺要求。以苯为例，若生产合格的纯苯产品，常压下，其沸点只允许波动 0.0194℃，这采用常规的改变回流量控制顶温是难以做到的，须采用温差控制法。

芳烃精馏的工艺流程见图 5-5。

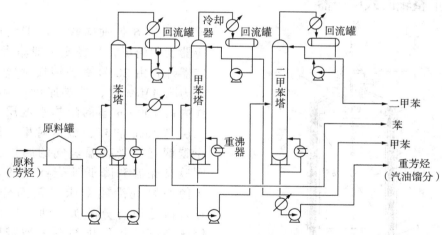

图 5-5　芳烃精馏工艺流程图

芳烃混合物经加热到 90℃ 左右后，进入苯塔中部，塔底物料在重沸器用热载体加热到 130~135℃，塔顶产物经冷凝冷却器冷却至 40℃ 左右进入回流罐，经沉降脱水后，打至苯塔顶作回流，苯产品是从塔侧线抽出，经换热冷却后进入成品罐。

苯塔底芳烃用泵抽出打至甲苯塔中部，塔底物料由重沸器用热载体加热至 155℃ 左右，甲苯塔顶馏出的甲苯经冷凝冷却后进入甲苯回流罐。一部分作甲苯塔顶回流，另一部分去甲苯成品罐。

甲苯塔底芳烃用泵抽出后，打至二甲苯塔中部，塔底芳烃由重沸器热载体加热，控制塔的第八层温度为 160℃ 左右，塔顶馏出的二甲苯经冷凝冷却后，进入二甲苯回流罐，一部分作二甲苯塔顶回流，另一部分去二甲苯成品罐。塔底重芳烃经冷却后入混合汽油线。

二甲苯塔所得为混合二甲苯，其中有间位、对位、邻位及乙基苯，有的装置为了进一步分离单体二甲苯，而将二甲苯塔顶得到的混合二甲苯送入乙苯塔，在塔顶得到沸点低的乙基苯，塔底为脱乙苯的 C_8 芳烃，再采用二段精馏将脱乙苯的 C_8 芳烃进行分离。所谓两段精馏就是需要首先将沸点较低的间、对二甲苯在一塔中脱除，然后在第二个塔中脱除沸点比邻二甲苯高的 C_9 重芳烃。间、对二甲苯，它们的沸点差仅有 0.7℃，难于用精馏的方法分开。但由于它们具有很高的熔点差，可以用深冷法进行分离。或者利用吸附剂对它们的选择性，用吸附法进行分离。

苯塔、甲苯塔、二甲苯塔均在常压下操作。

第五节　重整反应器

按反应器类型来分，半再生式重整装置采用固定床反应器，连续再生式重整装置采用移动床反应器。

从固定床反应器的结构来看，工业用重整反应器主要有轴向式反应器和径向式反应器两种结构形式。它们之间的主要差别在于气体流动方式不同和床层压降不同。

一、重整轴向式反应器

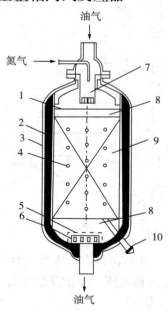

图 5-6　轴向式反应器简图

1—合金钢衬里；2—耐火水泥层；3—碳钢壳体；4—测温点；5—钢丝网；6—油气出口集合管；7—分配头；8—惰性小球；9—催化剂；10—催化剂卸出口

图 5-6 是轴向式反应器的简图。反应器为圆筒形，高径比一般略大于 3。反应器外壳由 20 号锅炉钢板制成，当设计压力为 4MPa 时，外层厚度约 40mm。壳体内衬 100mm 厚的耐热水泥层，里面有一层厚 3mm 的高合金钢衬里。衬里可防止碳钢壳体受高温氢气的腐蚀，水泥层则兼有保温和降低外壳壁温的作用。为了使原料气沿整个床层截面分配均匀，在入口处设有分配头。油气出口处设有钢丝网以防止催化剂粉末被带出。入口处设有事故氮气线。反应器内装有催化剂，其上方及下方均装有惰性瓷球以防止操作波动时催化剂层跳动而引起催化剂破碎，同时也有利于气流的均匀分布。催化剂床层中设有呈螺旋形分布的若干测温点，以便检测整个床层的温度分布情况，这在再生时尤为重要。

二、重整径向式反应器

图5-7是径向式反应器的简图。反应器壳体也是圆筒形。与轴向式反应器比较，径向式反应器的主要特点是气流以较低的流速径向通过催化剂床层，床层压降较低。径向反应器的中心部位有两层中心管，内层中心管的壁上钻有许多几毫米直径的小孔，外层中心管的壁上开了许多矩形小槽。沿反应器外壳壁周围排列几十个开有许多小的长形孔的扇形筒，在扇形筒与中心管之间的环形空间是催化剂床层。反应原料油气从反应器顶部进入，经分布器后进入沿壳壁布满的扇形筒内，从扇型筒小孔出来后沿径向方向通过催化剂床层进行反应，反应后进入中心管，然后导出反应器。中心管顶上的罩帽是由几节圆管组成，其长度可以调节，用以调节催化剂的装入高度。径向式反应器的压降比轴向式反应器小得多，这一点对连续重整装置尤为重要。因此，连续重整装置的反应器都采用径向式反应器，而且其再生器也是采用径向式的。

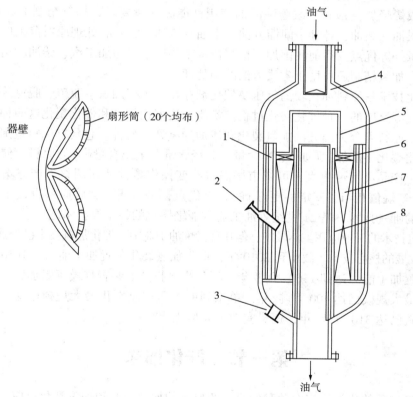

图5-7　径向反应器简图

1—扇形筒；2—催化剂取样口；3—催化剂卸料口；4—分配器；5—中心管罩帽；

6—瓷球；7—催化剂；8—中心管

第六章　催化加氢

催化加氢是在催化剂存在下，把氢原子加到烃类化合物中，促使化合物烃类分子结构变化和有害元素脱除的技术，也即石油馏分(包括渣油)在氢气存在下的催化加工过程的通称。石油加氢技术是提高原油加工深度、合理利用石油资源、改善产品质量、提高轻质油收率和重油加工的重要手段，可以反映炼油水平高低。催化加氢技术包括加氢处理和加氢裂化两类。

加氢过程按生产目的不同可划分为加氢精制、加氢裂化、渣油加氢处理、临氢降凝和润滑油加氢等。

加氢精制主要用于油品精制，目的是除去油品中的硫、氮、氧等杂原子及金属杂质，并对部分芳烃或烯烃加氢饱和，改善油品的使用性能和质量要求，加氢精制的原料有重整原料、汽油、煤油、柴油、各种中间馏分油、重油及渣油。它具有处理原料范围广，液体收率高，产品质量好等优点。目前我国加氢精制技术主要用于二次加工汽、柴油的精制以及重整原料的精制，加氢精制还可用于劣质渣油的预处理。

加氢裂化技术是原料油在较高氢压及催化剂存在下进行加氢、脱硫、脱氮、分子骨架结构重排和裂解等反应的一种催化转化过程。实质上是催化加氢和催化裂化这两种反应的有机结合。按加工原料可分为馏分油加氢裂化和渣油加氢裂化两种。它具有原料范围更宽，特别适合加工催化裂化不能加工(如 S、N 含量、芳烃含量、金属含量高)的原料，使原油加工深度大大提高；产品灵活性更大，可依市场需求改变操作条件从而调整生产方案；产品收率高、质量好(辛烷值相当，安定性更好)的突出优点，是重质、劣质原料直接生产优质燃料和化工产品的唯一技术，是 21 世纪炼油工业重油轻质化的最主要技术之一。

催化加氢技术的工业应用虽然较晚，但在现代炼油工业中，催化加氢技术已经成为新世纪炼油行业大力发展的核心技术。截止到 2010 年，世界加氢裂化装置加工能力达到 5616 万吨/年，渣油加氢装置加工能力达到 1160 万吨/年。近年来已投产的装置规模不断加大，馏分油固定床加氢裂化最大规模已达 400 万吨/年，单系列的中压加氢裂化最大规模已达 360 万吨/年，渣油加氢脱硫已达 310 万吨/年，逐步实现了大型化。

第一节　催化加氢

催化加氢过程的化学反应在此我们只介绍典型的加氢精制和加氢裂化反应。

一、加氢精制的化学反应

(一)加氢脱硫(HDS)反应

石油馏分中的含硫化合物通过氢解反应，转化为不含硫的相应烃类和 H_2S。加氢脱硫反应是加氢处理过程中最主要的化学反应。如

$$硫醇\quad RSH+H_2 \longrightarrow RH+H_2S$$

$$硫醚\quad R—S—R+2H_2 \longrightarrow 2RH+H_2S$$

在加氢精制过程中，各种类型硫化物的氢解反应都是放热反应。

各种有机含硫化合物在加氢脱硫反应中的反应活性，因分子结构和分子大小不同而异。按以下顺序递增：

噻吩 < 四氢噻吩 ≈ 硫醚 < 二硫化物 < 硫醇

(二) 加氢脱氮(HDN)反应

石油馏分中的含氮化合物通过氢解反应，转化为不含氮的相应烃类和 NH_3。如：

脂肪胺及芳香胺 $R—CH_2—NH_2 + H_2 \longrightarrow R—CH_3 + NH_3$

吡啶 $ + 5H_2 \longrightarrow C_5H_{12} + NH_3$

加氢脱氮反应速度与氮化物的分子结构和分子大小有关。脂肪胺类的反应能力最强，芳香胺类次之，碱性或非碱性氮化物，特别是多环氮化物很难反应。

馏分越重，加氢脱氮越困难。这主要是因为馏分愈重，氮含量越高；另外重馏分氮化物的分子结构复杂，空间位阻效应增强，且氮化物中芳香杂环氮化物增多。

(三) 加氢脱氧(HDO)反应

在石油馏分中经常遇到的含氧化合物是环烷酸，在二次加工产品中还有酚类等，它们通过氢解反应生成相应的烃类及水。如：

酚类

—OH $+ H_2 \longrightarrow$ $+ H_2O$

环烷酸

—COOH $+ 3H_2 \longrightarrow$ —CH_3 $+ 2H_2O$

含氧化合物反应活性的顺序是：呋喃环类 > 酚类 > 酮类 > 醛类 > 烷基醚类。

从反应能力来看，含氧化合物处于反应能力较高的硫化物和有一定脱氮稳定性的氮化物之间，即当分子结构相似时，这三种杂原子化合物的加氢反应速度大小依次为：含硫化合物 > 含氧化合物 > 含氮化合物。

(四) 加氢脱金属(HDM)反应

加氢脱金属是渣油加氢精制的主要反应，随着加氢原料的拓宽，尤其是渣油加氢技术的发展，加氢脱金属的问题越来越受到重视。渣油中对反应性能影响较大的金属有镍、钒、铁、钙等。

渣油中的金属可分为卟啉化合物(如镍和钒的络合物)和非卟啉化合物(如环烷酸铁、钙、镍)。以非卟啉化合物存在的金属反应活性高，很容易在 H_2/H_2S 存在条件下，转化为金属硫化物沉积在催化剂表面上。而以卟啉型存在的金属化合物是先可逆地生成中间产物，然后中间产物进一步氢解，生成的硫化态镍以固体形式沉积在催化剂上。

渣油中镍和钒等金属的脱除与硫和氮的脱除大不相同。一般来讲，镍和钒是以金属硫化物的形式沉积在催化剂上，并随着沉积物的积累而引起催化剂失活。因此，HDM 反应产物对催化剂性能的影响比 HDS 和 HDN 的反应产物对催化剂的影响更大。

（五）烯烃加氢饱和

烯烃通过加氢，转化为相应的烷烃，使产品得到饱和。例如：

$$R\text{—}CH=\!\!=CH_2+H_2 \longrightarrow R\text{—}CH\text{—}CH_3$$

$$R\text{—}CH=\!\!=CH\text{—}CH=\!\!=CH_2+2H_2 \longrightarrow R\text{—}CH_2\text{—}CH_2\text{—}CH_2\text{—}CH_3$$

焦化汽油、焦化柴油和催化裂化柴油在加氢精制的操作条件下，其中的烯烃加氢反应是完全的。因此，在油品加氢精制过程中，烯烃加氢反应不是关键的反应。

值得注意的是，烯烃加氢饱和反应是放热效应，且热效应较大。因此对不饱和烃含量高的油品进行加氢时，要注意控制反应温度，避免反应器超温。

（六）芳烃加氢饱和

催化加氢的加氢饱和，主要是稠环芳烃(萘系烃、蒽类、菲类化合物)的加氢饱和。例如：

在一般的工艺条件下，芳烃加氢饱和困难，尤其是单环芳烃，需要较高的压力及较低的反应温度。在芳烃的加氢反应中，多环芳烃转化为单环芳烃比单环芳烃加氢饱和要容易得多。

稠环芳烃加氢有两个特点：一是每个环加氢脱氢都处于平衡状态，二是稠环芳烃的加氢是逐环依次进行的，并且加氢难度逐环增加。

二、加氢裂化过程的化学反应

下面主要讨论各种烃类在由加氢组分和酸性载体构成的双功能催化剂上的C—C键裂解加氢反应。

（一）烷烃及烯烃的加氢裂化反应

烷烃加氢裂化包括原料分子C—C键断裂的裂化反应以及生成的不饱和烃分子碎片的加氢饱和反应。

1. 裂化反应

$$C_{16}H_{34} \longrightarrow C_8H_{18} + \underset{\underset{\displaystyle \longrightarrow C_8H_{18}}{\big\downarrow H_2}}{C_8H_{16}}$$

烷烃加氢裂化反应的通式可表示为：

$$C_nH_{2n+2}+H_2 \longrightarrow C_mH_{2m+2}+C_{n-m}H_{2(n-m)+2}$$

烷烃加氢裂化的反应速度随着烷烃分子量的增加而加快。

2. 异构化反应

烷烃在双功能催化剂上不仅发生裂化反应，同时还发生异构化反应。它包括原料分子及裂化产物分子的异构化两部分。这种异构化反应虽然是在氢压下进行的，但氢并未进入反应的化学计量中，在反应完成之后氢并没有消耗。异构化的速度随着分子量的增大而加快。

3. 环化反应

烷烃和烯烃分子可在加氢活性中心上经脱氢而发生少量的环化作用。

$$CH_3(CH_2)_5CH_3 \rightleftharpoons \text{(环戊烷)} \begin{array}{c} CH_3 \\ CH_3 \end{array} +H_2$$

（二）环烷烃的加氢裂化反应

环烷烃在加氢裂化催化剂上的反应主要是脱烷基、六元环的异构和开环反应以及不明显的脱氢反应。

（三）芳香烃的加氢裂化反应

苯在加氢条件下反应首先生成六元环烷，然后再异构化，五元环烷断环和侧链断开。

多环芳烃的加氢裂化反应也包括以上过程，只是加氢和断环逐渐进行，反应的最终产物可能主要是苯类及较小分子烷烃的混合物，而不像催化裂化条件下主要是缩合生焦。多环芳烃的加氢裂化因其在提高轻质产品收率、改善产物质量和延长装置运转周期等方面的重要作用，长期以来备受研究者们的关注。

加氢裂化反应中加氢反应是强放热反应，而裂解反应则是吸热反应。但裂解反应的吸热效应远低于加氢反应的放热效应，总的结果表现为放热效应。

加氢裂化是一个复杂的反应体系，它在进行加氢裂化的同时，还进行加氢脱硫、加氢脱氮、加氢脱金属等反应，它们之间相互影响。

加氢裂化反应的特点：

①稠环芳烃加氢裂化是通过逐环加氢裂化，生成较小分子的芳烃及芳烃-环烷烃。

②双环以上环烷烃在加氢裂化条件下，发生异构、裂环反应，生成较小分子的环烷烃，随着转化深度增加，最终生成单环环烷烃。

③单环芳烃和环烷烃比较稳定，不易裂开，主要是侧链断裂或生成异构体。

④烷烃异构化与裂化同时进行，反应产物中异构烃含量一般超过热力学平衡值。

⑤烷烃裂化在正碳离子的 β 位置断裂，所以加氢裂化很少生成 C_3 以下的小分子烃。

⑥非烃基本上完全转化，烯烃也基本全部饱和。

加氢裂化主要是以生产轻质发动机燃料、中间馏分油或重油改质为目的。在加氢裂化反应进行的同时，还发生加氢脱硫、脱氮、脱金属及其他脱杂质反应，两种反应相互影响。因此，研究这一复杂体系中的某一具体的反应，已难以说明问题，也无太大的意义，必须将体系中的绝大多数反应统筹考虑，才能得到具有实际意义的动力学模型，以指导科研和实际生产。

第二节　加氢催化剂

催化加氢技术是炼油工业中重油轻质化及改善油品最有效的手段之一，其技术关键在于加氢催化剂。加氢催化剂主要分为加氢精制催化剂和加氢裂化催化剂两大类。

一、加氢精制催化剂

加氢精制催化剂是由活性组分、助剂和载体组成的，其作用是加氢脱除硫、氮、氧和重金属以及多环芳烃加氢饱和。以上表明加氢精制催化剂需要加氢和氢解双功能，而氢解所需的酸度要求不高。

(一)加氢精制催化剂的活性组分

加氢精制催化剂的活性组分主要是 W、Mo、Co、Ni、Fe、Pt 和 Pd 等几种金属或硫化物，这些金属的特点都具有未填满 d 电子层的过渡元素，同时它们都具有体心或面心立方晶格或六角晶格。最常用的加氢精制催化剂金属组分最佳组合为 Co-Mo、Ni-Mo、Ni-W、Ni-Mo-W、Co-Ni-Mo 等，选用哪种金属组分搭配，取决于原料性质及要求达到的主要目的。

提高活性组分的含量，对提高活性有利。但综合生产成本及活性增加幅度分析，活性组分的含量应有一最佳范围。目前加氢精制活性组分含量一般在 15%~35%之间。

(二)加氢精制催化剂中的助剂

为了改善加氢精制催化剂活性、选择性、稳定性、机械强度等方面的性能，在制备催化剂过程中，往往要添加少量的助剂或添加剂，如 P、B、F、Ti、Zr、Mg、Zn。

助剂可分为结构性助剂和调变性助剂。结构性助剂的作用是增大表面，防止烧结，提高催化剂的结构稳定性；调变性助剂的作用是改变催化剂的电子结构、表面性质或者晶型结构，从而改变催化剂的活性和选择性。

助剂本身活性并不高，但与主要活性组分搭配后却能发挥良好作用。加氢精制催化剂的化学组成对其活性的影响，主要表现在主金属和助催化剂的比例上，主金属与助剂两者之间应有合理的比例。

(三)加氢精制催化剂的载体

加氢精制催化剂的担体分为两大类：一类为中性担体，如活性氧化铝、活性炭、硅藻土等；另一类为酸性担体，如硅酸铝、硅酸镁、活性白土、分子筛等。一般来说，担体本身并没有加氢活性，但可提供适宜反应与扩散所需的孔结构，使活性组分很好的分散在其表面上从而节省活性组分的用量，同时载体作为催化剂的骨架结构，提高催化剂的稳定性和机械强度，并保证催化剂具有一定的形状和大小，使之符合工业反应器中流体力学条件的需要，减少流体流动阻力。

二、加氢裂化催化剂

加氢裂化技术的核心是催化剂，加氢裂化催化剂是由金属加氢组分和酸性担体组成，具有加氢活性、裂解及异构化活性的双功能催化剂。金属组分是加氢活性的主要来源，酸性担体是保持催化剂具有裂化和异构化活性。

（一）加氢裂化催化剂的活性组分

加氢裂化催化剂的活性组分与加氢精制催化剂是一样的，不再细述。在此要说明的是改变催化剂的加氢组分和酸性担体的配比关系，便可以得到一系列适用于不同场合的加氢裂化催化剂以适应不同的加工原料和生产目的如轻油型催化剂、中油型催化剂及重油型催化剂等。国内加氢裂化催化剂主要品种见表6-1。

表 6-1　国内加氢裂化催化剂主要品种

品　　种	牌　　号
轻油型加氢裂化催化剂	3905　3955　FC-24　RT-5　RHC-5　RHC-3
灵活型加氢裂化催化剂	3824　3903　3971　3976　FC-12　FC-32
中油型加氢裂化催化剂	3652 107 3812 3974 ZHC-01 FC-16　FC-26　FC-40　FC-50　RT-1　RHC-1　RHC-1M
多产柴油中油型加氢裂化催化剂	3901　3973　ZHC-02　FC-14　FC-28　FC-3
加氢裂化预精制催化剂	3996　FF-16　FF-26　FF-36　FF-46　RN-2　RN-32　RN-X

（二）加氢裂化催化剂的助剂

加氢裂化催化剂曾用过的少量助剂为 P、F、Sn、Ti、Zr、La 等，目的是调变担体的性质，减弱主金属与担体之间、主金属与助金属之间强的相互作用，改善负载型催化剂的表面结构，提高金属的还原能力，促使还原为低价态，以提高金属的加氢性能；另一目的是将助剂引入沸石，影响酸强度变化，改善沸石裂化性能和耐氮性能。

（三）加氢裂化催化剂的担体（载体）

加氢裂化的担体作用除具有赋予催化剂机械强度，帮助消散热量防止熔结，增加活性组分的表面，保持活性组分微小晶粒的隔离，以减少熔结和降低对毒物的敏感性的共性外，还具有特殊作用。即加氢裂化的载体还担负催化剂裂解活性中心的作用，这是加氢裂化催化剂担体最重要的作用。

担体分为酸性和弱酸性两种：酸性担体有无定形硅铝、硅镁和分子筛；中性载体主要是氧化铝。

第三节　加氢过程的主要影响因素

加氢工艺种类繁多，它们加工的原料不同，所用催化剂不同，得到的产品也不同。影响加氢过程的因素很多，它们关系到各种产品，特别是目的产品的分布和质量以及催化剂的使用寿命及装置运转周期，同时也影响到工业装置的公用工程消耗及操作成本。因此，研究加氢过程的影响因素具有十分重要的意义。本节着重讨论反应压力、温度、空速及氢油比这四大工艺参数对加氢过程的影响。

一、氢分压

在加氢过程中，反应压力起着十分关键的作用，这一点与其他炼油轻质化工艺，如催化裂化、焦化等有较大的不同。

反应压力的影响是通过氢分压来体现的，系统中氢分压决定于反应总压、氢油比、循环氢纯度、原料油的汽化率以及转化深度等。为了方便和简化，一般都以反应器入口的循环氢纯度乘以总压来表示氢分压。

氢分压对反应过程的影响，总的来说是提高氢分压有利于加氢过程反应的进行，加快反应速率。

(一) 压力对加氢精制过程的影响

1. 加氢脱硫和脱氮过程

增加氢分压对加氢脱硫和加氢脱氮反应都有促进作用，脱硫率和脱氮率都随压力的升高而增加，但对两者的影响程度不同，压力对提高加氢脱氮反应速率的影响远远大于脱硫。这是由于加氢脱氮反应需要先进行氮杂环的加氢饱和所致，而提高压力可显著地提高芳烃的加氢饱和反应速率。

对于硫化物的加氢脱硫，在压力不太高时就可达到较高的转化深度。而对于馏分油的加氢脱氮，由于比加氢脱硫困难，因此需要提高压力。二次加工柴油馏分含有较多的氮化物，其加氢处理通常需要在中等压力下进行。蜡油和渣油中杂原子化合物分子量大，较难进行加氢反应，其加氢处理和加氢裂化通常在高压下进行。

2. 加氢脱芳烃过程

芳烃加氢反应的转化率也是随反应压力升高而显著提高。

(二) 压力对加氢裂化过程的影响

烷烃和环烷烃的加氢裂化反应不需要很高的氢分压就可以达到高的反应速度。但由于加氢裂化还需要转化芳烃，特别是双环以上的芳烃，这些芳烃的裂化需要经历芳环加氢饱和过程，因此需要较高的氢分压。

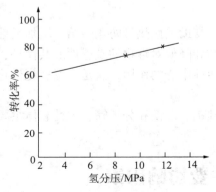

图 6-1　氢分压对裂化转化率的影响
原料：沙特 VGO；温度：380℃；空速 $1.5h^{-1}$；
氢油体积比 900

1. 对裂化转化深度的影响

图 6-1 表示了压力对转化深度的影响。结果表明，在固定反应温度及其他条件下，压力对转化深度有正的影响。

2. 对产品分布和质量的影响

反应压力对裂化产品的产品分布和质量影响如表 6-2 所示。

从表中可以看出，压力对产品分布没有影响，这是因为加氢裂化反应遵循正碳离子反应和 β-断裂的反应机理，而这一催化反应过程基本上与氢气分压无关。但产品的质量受氢分压影响较大，重质原料在轻质化过程中都要进行脱硫、脱氮和芳烃饱和等加氢反应，从而大大改变了产品质量，随着压力增加，喷气燃料烟点和柴油十六烷值都显著增加。

加氢裂化特别是在压力比较高时，是一种能在重油轻质化的同时，柴油产品质量可直接满足清洁柴油标准的工艺技术。

表 6-2　不同压力下裂化产品的分布及质量

反应氢分压/MPa	14.0(高压)	7.0(中压)
产品分布/%		
H_2S+NH_3	2.5	2.5
C_1+C_2	0.5	0.5
C_3+C_4	3.8	4.1
石脑油	19.0	20.0
喷气燃料	34.8	34.0
柴油	41.7	40.6
产品性质		
喷气燃料烟点/mm	30	23.0
柴油十六烷值	68	58

注：试验原料为馏程 340～530℃ 的 VGO，硫含量 2.3%，氮含量 0.08%，两段工艺流程，裂化段采用含沸石分子催化剂，尾油全循环。

虽然提高氢分压时可显著地促进加氢脱氮、芳烃加氢饱和、加氢裂化等反应的进行，但同时氢耗和反应热明显增加，催化剂床层温升增加。在考虑采用较高氢分压时，需要分析新氢量的供给、系统压力的平稳及冷氢量的调节等是否具备，还要考虑到催化剂的合理使用寿命。

综上所述，氢分压对加氢过程的影响可以得出以下几点基本结论：

①氢分压与物料组成和性质、反应条件、过程氢耗和总压等因素有关。

②随着氢分压的提高，脱硫率、脱氮率、芳烃加氢饱和转化率也随之增加。

③对于 VGO 原料而言，在其他参数相对不变的条件下，氢分压对裂化转化深度产生正的影响。

④重质馏分油的加氢裂化，当转化率相同时，其产品的分布基本与压力无关。

⑤反应氢分压是影响产品质量的重要参数，特别是产品中的芳烃含量与反应氢分压有很大的关系。

⑥反应氢分压对催化剂失活速度也有很大影响，过低的压力将导致催化剂快速失活而不能长期运转。

在工业加氢过程中，反应压力不仅是一个操作因素，而且也关系到工业装置的设备投资和能量消耗，目前工业上装置的操作压力一般在 7.0～20.0MPa 之间。

二、反应温度

(一)温度对加氢精制过程的影响

1. 加氢脱硫和脱氮过程

温度对 HDS 和 HDN 反应速率的影响遵循阿累尼乌斯方程。在一定的反应压力下，反应速率常数的大小与反应的活化能和反应温度有关。对于特定的原料油和催化剂，反应的活化能是一定的。因此，提高温度时反应速率常数增加，反应速率加快。

对于不同原料、不同的催化剂，反应的活化能不同，温度对反应速率的影响也不同。活化能越高，提温时反应速率提高得也越快。但是，由于 HDS 和 HDN 反应是放热反应，从化学平衡上讲，提高反应温度会减少正反应的平衡转化率，对正反应不利。不过 HDS 反应在常规工业加氢反应温度范围内不受热力学控制，因此提高温度脱硫速率增加；而对于 HDN 反应，由于原料中大量存在的氮杂环化合物的脱氮过程，首先需要经历环的加氢饱和，而此反应为受热力学限制的化学平衡反应，因此加氢脱氮究竟是受热力学控制还是受动力学控制需做具体分析。

2. 加氢脱芳烃过程

加氢脱芳烃是一个可逆的放热过程，且受热力学的限制。当反应温度增加时，脱氢反应速率亦随之增加，这将抵消温度增加对于芳烃加氢反应速率的影响。

(二)温度对加氢裂化过程的影响

1. 对裂化转化率的影响

温度对加氢裂化过程的影响，主要体现对裂化转化率的影响。图 6-2 为反应温度对转化率的影响。在其他反应参数不变的情况下，提高温度可加快反应速率，也就意味着转化率的提高，这样随着转化率的增加导致低分子产品的增加而引起反应产品分布发生很大变化，这必然要导致产品质量的变化。还应指出，加氢裂化为双功能多相催化反应，过程中的加氢、脱氢反应同样受到反应温度的影响，它与产品的饱和率、杂质脱除率直接有关，从而导致产品质量的变化。转化率是实际操作中的一个主要控制指标。转化率的调整一般通过调整裂化反应温度来实现。在一定转化范围，反应温度与转化率基本上呈线性关系。

2. 对产品分布和质量的影响

反应温度与转化率呈线性关系，当反应温度提高，转化率增加时，亦必然会对产品分布和性质产生影响。图 6-3 示出了大庆 VGO 在高压加氢裂化时的规律性结果，随转化率增加 <130℃轻石脑油持续增加，且在转化率增为 60% 时增长速率加快；而柴油组分收率则在转化率为 60% 左右有一最大值，然后随即下降，说明过高的转化率将导致二次裂解的加剧。

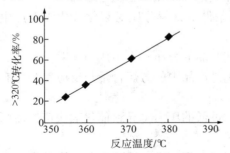

图 6-2　反应温度对转化率的影响

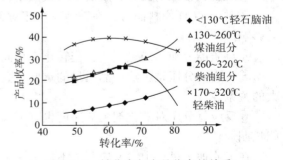

图 6-3　转化率与产品收率的关系

表 6-3 的数据为转化率对产品质量的影响，变化明显的是与芳香性有关的物化性质。重石脑油具有高的芳烃潜含量，且随转化率增加而有所减少，但仍维持一个较高的水平。而柴油组分的十六烷值则逐步增加，尾油的 BMCI 值则大幅度降低，是十分理想的乙烯原料。

转化率与产品分布的变化规律说明，由于二次裂解的加剧而增加了气体及轻组分的产率，从而降低了中间馏分油的收率，总液收率也有所降低，这种过度地追求高的单程转化率是不经济的。当转化率高于 60% 时，不仅目的产品的收率减少，同时过程化学氢耗也将增加，这亦说明为什么在 100% 转化的加氢裂化工艺过程中，一般都控制单程转化率为 60% ~

70%。然后将未转化尾油进行循环裂化，以提高过程的选择性。

在实际应用中，应根据原料性质和产品要求来选择适宜的反应温度。

表6-3　产品质量与转化率的关系

>320℃裂解率/%(体积)	22.1	33.9	48.4	60.6
65~180℃重石脑油				
密度(20℃)/kg·m^{-3}	765.3	762.7	761.5	759.5
芳烃潜含量/%	66.6	62.9	56.6	56.1
180~320℃柴油				
密度(20℃)/kg·m^{-3}	832.7	822.0	814.1	810.8
凝点/℃	-19	-18	-19	-19
十六烷值	46.0	47.0	50.0	54.0
>320℃尾油性质				
密度(20℃)/kg·m^{-3}	812.1	805.1	803.5	801.9
凝点/℃	29	29	28	30
氮含量/μg·g^{-1}	1.4	<1	<1	<1
BMCI值	6.4	3.5	2.7	1.8

三、空速

空速是控制加氢过程的一个重要参数，也是一个重要的技术经济指标。因为空速的大小决定了工业装置反应器的体积，它还决定了催化剂用量，这两项所需资金，在装置总投资中占有相当大的份额。空速是根据催化剂性能、原料油性质及要求的反应深度而变化的。对于给定的加氢装置，进料量增加时，空速增大，意味着单位时间里通过催化剂的原料油量多，原料油在催化剂上的停留时间短，反应深度浅；反之亦然。因此降低空速对于提高加氢过程反应的转化率是有利的。

空速与反应温度在一定范围内是互补的，即当提高空速而要保持一定的反应深度时，可以用提高反应温度来进行补偿，反之亦然。但是从工业应用的实际来看，对某一种催化剂，当原料油固定时，温度与空速的互补范围是有限的。

(一)空速对加氢精制过程的影响

就加氢脱硫、脱氮以及烯烃饱和而言，随着馏分增重，硫、氮化合物与烯烃的结构不同，它们的加氢反应速率差别较大，如以重馏分中氮化物加氢脱氮反应速率为1，则轻馏分中氮化物为它的20倍，而硫化物在重、轻馏分中相应为它的70倍与100倍。因此，对轻质油来说，即使在3MPa压力下，加氢脱硫、脱氮及烯烃饱和，可以采用较高的空速。

在柴油深度加氢脱硫和加氢脱芳烃工艺中，通常需要降低空速，以便能在较低的反应温度下达到高的脱硫率。因为提高反应温度虽然可以增加脱硫率，使得产品中的硫含量降低，但同时会带来产品颜色变差的问题。而且，降低空速更有利于芳烃加氢饱和反应的进行。

对于含氮量高的重质油加氢精制,空速对加氢脱氮的影响更为重要。重质油加氢处理过程中,脱金属、脱硫反应最快,多环芳烃加氢成单环芳烃次之,而脱氮反应更慢,单环芳烃加氢反应最慢。因此对于含氮量高的重质油加氢处理,考虑加氢脱氮反应深度的要求,在高压下,宜采用较低的空速。

(二)空速对加氢裂化过程的影响

1. 对裂化转化率的影响

空速对裂化转化率的影响见图6-4。从中可以看出,随着空速的降低,裂化转化率增加。

2. 对产品分布及质量的影响

空速对加氢裂化产品的分布及质量也有一定的影响。图6-5示出了不同空速对产品分布的影响。当反应温度不变时,随着空速减少及转化深度的增加,轻、重石脑油产率增加很快,而中间馏分油特别是260~350℃馏分的重柴油组分产率,在高转化率(低空速)时则有所下降,这一结果与温度影响的规律是相近的,即过高的单程转化率将导致二次裂化反应的增加。

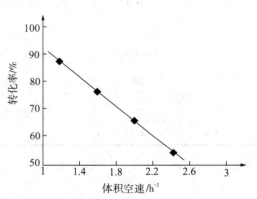

图6-4 空速对裂化转化率的影响
原料:大庆 VGO;温度:370℃;氢分压
6.37MPa;氢油体积比 1000:1

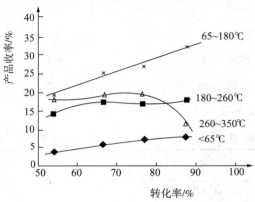

图6-5 空速变化(转化率)对产品分布的影响
原料:大庆 VGO;温度:370℃;氢分压 6.37MPa;氢
油体积比 1000:1

不同空速通过调节温度可达到相同的转化率。在这种情况下,总的液体收率,轻、重石脑油及中间馏分的收率均基本相同,说明在一定范围内温度与空速可相互补偿,在同一转化率下对过程的选择性没有什么影响。同样,轻质产品的主要性质如重石脑油的芳烃潜含量、柴油十六烷值、尾油的 BMCI 值也十分接近。

加氢过程空速的选择要根据装置的投资、催化剂的活性、原料性质、产品要求等各方面综合考虑。

一般重整料预加氢的空速为 2.0~10.0h⁻¹;煤油馏分加氢的空速为 2.0~4.0h⁻¹;柴油馏分加氢精制的空速为 1.2~3.0h⁻¹;蜡油馏分加氢处理空速为 0.5~1.5h⁻¹;蜡油加氢裂化空速为 0.4~1.0h⁻¹;渣油加氢的空速为 0.1~0.4h⁻¹。

四、氢油比

氢油比是单位时间里进入反应器的气体流量与原料油量的比值,工业装置上通用的是体积氢油比,它是指每小时单位体积的进料所需要通过的循环氢气的标准体积量。

氢油比对加氢过程的影响主要有三个方面:一是影响反应的过程;二是对催化剂寿命产

生影响；三是过高的氢油比将增加装置的操作费用及设备投资。

仅就反应而言，氢油比的变化其实质是影响反应过程的氢分压。氢油比对氢分压的主要影响：一是当过程的氢油比较低时，随着反应过程的氢耗的产生，反应生成物中分子量的减少而使汽化率增加；由反应热引起的床层温升，这些都导致反应器催化剂床层到反应器出口的氢分压与入口相比有相当大的降低。二是在其他参数不变时，如果增加氢油比，则从入口到出口的氢分压的下降将显著减少。这就是说，氢油比的增加实质上是增加了反应过程的氢分压。

(一) 氢油比对加氢精制过程的影响

在直馏喷气燃料、石油脑等加氢精制过程，除微量的硫、氮非烃化合物经加氢后物性稍有变化外，绝大多数分子尺寸没有因裂解而变小，这样反应物流中的汽化率变化很小，其次氢耗也相对较低，所使用的氢油比就相对较低。

氢油比对脱硫率的影响规律是当反应温度较低（343℃）而空速又较高（$4.0h^{-1}$）时，脱硫率先随氢油比的增加而提高；继续增加氢油比，脱硫率反而有所下降。但当反应温度较高和空速较低时，继续增加氢油比则脱硫略有增加，没有呈现下降的趋势。

氢油比对脱氮率的影响规律与脱硫率不同，无论是高、低反应温度或高、低空速，其脱氮率均有一个最高点，继续增加氢油比则脱氮率有所下降。

氢油比低，导致氢分压下降（在反应化学耗氢较大时更为突出），造成脱硫率、脱氮率有所下降。其次，如果原料中硫含量较高而氮含量较低时，包括循环氢在内的反应物流中硫化氢含量较高，则高浓度的硫化氢会抑制加氢催化剂的脱硫活性。当氢油比过高时，反应床层中的气流速度相当大，减少了催化剂床层的液体藏量，从而减少了液体反应物在催化剂床层的停留时间，以致使脱硫率、脱氮率有所降低。另一方面，对脱氮反应，反应物流中的硫化氢浓度增加对脱氮效果有促进作用，增加氢气流率使硫化氢浓度减少，降低了脱氮效果。

其次，如果原料中硫含量较高而氮含量较低时，包括循环氢在内的反应物流中硫化氢含量较高，则高浓度的硫化氢会抑制加氢催化剂的脱硫活性。当氢油比过高时，反应床层中的气流速度相当大，减少了催化剂床层的液体藏量，从而减少了液体反应物在催化剂床层的停留时间，以致使脱硫率、脱氮率有所降低。另一方面，对脱氮反应，反应物流中的硫化氢浓度增加对脱氮效果有促进作用，增加氢气流率使硫化氢浓度减少，降低了脱氮效果。

(二) 氢油比对加氢裂化过程的影响

1. 对裂化转化率的影响

氢油比对裂化转化率的影响见图6-6。从中可以看出，随着氢油比的增大，裂化转化率增加。

2. 对产品分布及质量的影响

氢油比的变化实质上主要是影响过程的氢分压，从某种意义上讲，它对裂化深度、产品分布及质量的影响机理与氢分压的影响基本上是要相同的。

氢油比对催化剂的寿命有显著影响，高的氢油比对减缓催化剂的失活速度、延长装置运转周期是十分有益的。提高氢油比可以提高氢分压，这在许多方面对反应是有利的，所以在实际生产中所用的氢油比大大超过化学反应所需的数值。但却增大了

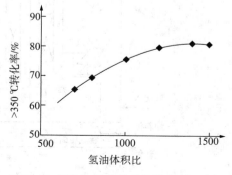

图6-6 氢油体积比对裂化转化率的影响

动力消耗，使操作费用增大，因此要根据具体条件选择最适宜的氢油比。此外，加氢过程是放热的，大量的循环氢可以提高反应系统的热容量，从而减少反应温度变化的幅度。

第四节　加氢精制工艺过程

加氢精制的工艺过程多种多样，按原料加工的轻重和目的产品的不同，可分为石脑油、煤油、柴油和润滑油等石油馏分的加氢精制，其中包括直馏馏分和二次加工产物，此外还有渣油的加氢脱硫。加氢精制装置所用氢气多数来自催化重整的副产氢气。当重整的副产氢气不能满足需要，或者没有催化重整装置时，氢气由制氢装置提供。石油馏分加氢精制尽管因原料不同和加工目的不同而有所区别，但是其化学反应基本原理相同，反应器一般都采用固定床绝热反应器，因此，各种石油馏分加氢精制的原理工艺流程原则上没有明显的差别，基本包括三部分即反应系统、生成油换热、冷却、分离系统、循环氢系统。下面以柴油加氢精制为例阐述。

柴油原料有多种来源，其中包括直馏柴油馏分、FCC 柴油、焦化柴油、加氢裂化柴油等。这些物料中除加氢裂化柴油外，其他柴油馏分都不同程度地含有一些污染杂质和各种非理想组分。它们的存在对柴油的使用性能和环境影响很大。如柴油中的硫化物一方面对机件有腐蚀作用，另一方面柴油燃烧时硫化物对废气中生成的有害颗粒物有贡献且生成的 SO_x 使柴油机尾气转化器中的催化剂中毒，使污染物排放增加，污染大气。柴油中的氮化合物、烯烃及其他极性物(如胶质)含量高时，其氧化安定性一般较差，储存中易变色、生成胶质和沉渣，使用中易生成积炭。因此各种柴油原料馏分必须经过精制和(或)改质后才能作为商品柴油组分。

柴油加氢精制装置由反应系统、产品分离系统和循环氢系统等三部分组成。由于反应中生成的 NH_3、H_2S 和低分子气态烃会降低反应系统中的氢分压，且在较低温度下还能与水生成水合物(结晶)而堵塞管线和换热器管束，因此必须在反应产物进入冷却器前注入高压洗涤水，因而在二次加工柴油加氢精制装置中，大多数还设有生成油注水系统；循环氢系统中的循环氢的主要部分(70%)送去与原料油混合，其余部分直接送入反应器做冷氢(未画出)；生成油分离系统主要是为了除去产品中的非烃和轻组分，并对产品进行分离。

典型的柴油加氢精制工艺流程如图 6-7 所示。

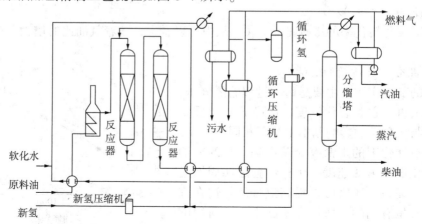

图 6-7　柴油加氢精制原理流程图

柴油加氢精制的液收率通常在97%（质）以上，生成的汽油量很少，大约为1%~2%（质），可作为重整或裂解乙烯的原料。

柴油加氢精制工艺的主要操作条件如下：

（1）反应压力

压力对柴油加氢精制深度的影响，与石脑油、煤油加氢精制相比要复杂些，因为柴油在加氢精制条件下，可能是气相，也可能是气、液混合相。处于气相时，提高反应的压力，导致反应时间的延长，从而增加了加氢精制的深度，特别是氮的脱除率有较明显的提高，而对硫没有什么影响。

当加氢精制压力逐渐提高到反应系统出现液相时，再继续提高压力，则加氢精制的效果反而变坏。这是因为有液相存在时，氢通过液膜向催化剂表面扩散的速度降低，这个扩散速度成为影响整个反应的控制因素，它与氢分压成正比，而随着催化剂表面上液层厚度的增加而降低。因此，在出现液相后，提高反应压力会使催化剂表面上的液层加厚，降低了反应速率。由此可见，为了使柴油加氢精制达到最佳效果，应当选择刚好使原料油完全汽化的氢分压。

柴油馏分（180~360℃）的反应压力一般在4.0~8.0MPa（氢分压3.0~7.0MPa）。

（2）反应温度

升温可提高脱硫的速率；对于脱氮和芳烃饱和反应，应避免在受热力学平衡制约的条件下操作。如果反应温度过高，就会发生单环和双环烷的脱氢反应而使十六烷值降低，导致柴油燃烧性能变坏。柴油馏分加氢处理的反应温度一般为300~400℃。

（3）空速和氢油比

在较低的氢分压下，适当降低空速，也可达到较高的反应深度。柴油馏分加氢精制的空速一般为$1.2~3.0h^{-1}$。

在加氢精制过程中，维持较高的氢分压，有利于抑制缩合生焦反应。为此，加氢过程中所用的氢油比远远超过化学反应所需的数值。柴油馏分加氢精制的氢油比一般为$150~600Nm^3/m^3$。

石油馏分的加氢精制操作条件因原料不同而异。直馏馏分加氢精制操作条件比较缓和，重馏分和二次加工产品则要求比较苛刻的操作条件。馏分油加氢精制的脱硫率一般可达88%~92%，烯烃饱和率可达65%~80%，脱氮率可在50%~80%之间，同时胶质含量可明显减少；油品中的微量元素如铜、铁、砷和铅等也被除去，目前我国的加氢精制装置主要是处理二次加工生产的馏分油。

第五节　加氢裂化工艺过程

目前工业上大量应用的加氢裂化工艺主要有单段工艺、一段串联工艺、两段工艺三种类型。工艺流程的选择与原料性质、产品要求和催化剂等因素有关。

一、单段加氢裂化工艺

单段加氢裂化流程指流程中只有一个（或一组）反应器，原料油的加氢精制和加氢裂化在同一个（组）反应器内进行，所用催化剂为无定形硅铝催化剂，它具有加氢性能较强，裂化性能较弱以及一定抗氮能力的特点。该工艺用于由粗汽油生产液化气，由减压蜡油、脱沥

113

青油生产航煤和柴油，是生产中间馏分油的首选工艺。

现以大庆直馏重柴油馏分(330~490℃)为例来简述单段加氢裂化流程，如图6-8所示。

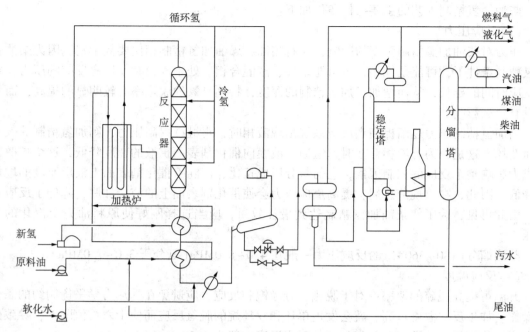

图6-8 单段加氢裂化工艺流程

原料油经泵升压至16.0MPa与新氢及循环氢混合后，再与420℃左右的加氢生成油换热至约320~360℃进入加热炉。反应器进料温度为370~450℃，原料在反应温度380~440℃、空速1.0h^{-1}、氢油体积比约为2500:1的条件下进行反应。为了控制反应温度，向反应器分层注入冷氢。反应产物经与原料换热后温度降至200℃，再经冷却，温度降到30~40℃之后进入高压分离器。反应产物进入空冷器之前注入软化水以溶解其中的 NH_3、H_2S 等，以防水合物析出而堵塞管道。自高压分离器顶部分出循环气，经循环氢压缩机升压后，返回反应系统循环使用。自高压分离器分离出部分生成油，经减压系统减压至0.5MPa，进入低压分离器，在低压分离器中将水脱出，并释放出部分溶解气体，作为富气送出装置，可以作燃料气用。生成油经加热送入稳定塔，在1.0~1.2MPa下蒸出液化气，塔底液体经加热炉加热至320℃后送入分馏塔，最后得到轻汽油、航空煤油、低凝点柴油和塔底油(尾油)。尾油可一部分或全部作循环油，与原料混合再去反应。

单段加氢裂化可以用三种方案操作：原料一次通过，尾油部分循环及尾油全部循环。大庆直馏蜡油按三种不同方案操作所得产品收率和产品质量见表6-4。由表6-4中数据可见，采用尾油循环方案可以增产航空煤油和柴油。特别是航煤增加较多，从一次通过的32.9%，提高到尾油全部循环的43.5%，而且对冰点并无影响。

单段加氢裂化工艺具有如下特点：

①采用裂化活性相对较弱的无定形或含少量分子筛的无定形催化剂，其优点是：具有较强的抗原料油中有机硫、氮的能力，催化剂对温度的敏感性低，操作中不易发生飞温。

②中馏分选择性好且产品分布稳定，初末期变化小。

③流程简单，投资相对较少且操作容易。

④床层反应温度偏高，末期气体产率较高。

⑤原料适应性差，不宜加工干点及氮含量过高的 VGO 原料。

⑥装置的运转周期相对较短。

表 6-4　单段加氢裂化不同操作方案的产品收率及产品性质

操作方案		一次通过				尾油部分循环			尾油全部循环		
指标		原料油	汽油	航煤	柴油	汽油	航煤	柴油	汽油	航煤	柴油
收率(质)/%		—	24.1	32.9	42.4	25.3	34.1	50.2	35.0	43.5	59.8
ρ_{20}/g·cm^{-3}		0.8823	—	0.7856	0.8016	—	0.7280	0.8060	—	0.7748	0.7930
沸程/℃	初馏点	333	60	153	192.5	63	156.3	196	—	153	194
	干点	474	172	243	324	182	245	326	—	245.5	324.5
冰点/℃		—	—	−65	—	—	−65	—	—	−65	—
凝点/℃		40	—	—	−36	—	—	−40	—	—	−43.5
总氮/μg·g^{-1}		470									

二、单段串联工艺

在单段串联工艺流程中设置两个(组)反应器，第一反应器(一反)装有脱硫脱氮活性好的加氢精制催化剂，以脱除重质馏分油进料的硫、氮等杂质，同时使部分芳烃被加氢饱和。第二反应器(二反)装有含分子筛的裂化催化剂，两个反应器的反应温度及空速可以不同，而且很重要的一点是要控制精制反应器出口精制油中的氮含量，以保证进入裂化反应器中的进料不会因氮含量过高而引起裂化催化剂中毒。

单段串联工艺简化流程见图 6-9。按此流程，重质馏分油进料经预热后与氢气混合进入一反，在加氢精制催化剂上进行加氢脱硫、加氢脱氮以及芳烃饱和等反应，精制油不经任何冷却、分离直接进入二反，物流中含有硫、氮化合物加氢后转化成的硫化氢、氨及少量的轻烃。主要裂化反应在二反中进行。未转化的重馏分油(尾油)可循环回反应器再裂化，也可按一次通过方式操作，不将尾油循环。尾油可做优质的催化裂化或制取乙烯的原料，还可用作润滑油的原料。

与单段工艺相比，单段串联工艺具有如下优点：

①产品方案灵活，仅通过改变操作方式及工艺条件或者更换催化剂，可以根据市场需求对产品结构在相当大范围内进行调节。

②原料适应性强，可以加工更重的原料，其中包括高干点的重质 VGO 及溶剂脱沥青油。

③可在相对较低的温度下操作，因而热裂化被有效抑制，可大大降低干气产率。

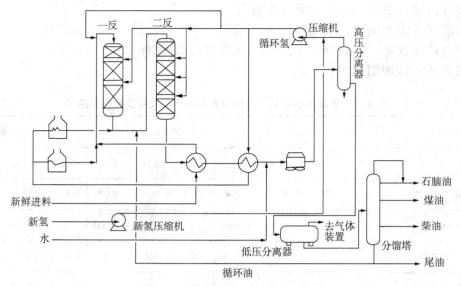

图 6-9　串联加氢裂化工艺原理流程

三、两段加氢裂化工艺流程

在两段加氢裂化的工艺流程中设置两个(组)反应器,但在单个或一组反应器之间,反应产物要经过气-液分离或分馏装置将气体及轻质产品进行分离,重质的反应产物和未转化反应产物再进入第二个或第二组反应器,这是两段过程的重要特征。它适合处理高硫、高氮减压蜡油,催化裂化循环油,焦化蜡油,或这些油的混合油,亦即适合处理单段加氢裂化难处理或不能处理的原料。

两段工艺简化流程见图6-10。该流程设置两个反应器,一反为加氢处理反应器,二反为加氢裂化反应器。新鲜进料及循环氢分别与一反出口的生成油换热,加热炉加热,混合后进入一反,在此进行加氢处理反应。一反出口物料经过换热及冷却后进入分离器,分离器下部的物流与二反流出物分离器的底部物流混合,一起进入共用的分馏系统,分别将酸性气以及液化石油气、石脑油、喷气燃料等产品进行分离后送出装置,由分馏塔底导出的尾油再与循环氢混合加热后进入二反。这时进入二反物流中的硫化氢及氨均已脱除干净,硫、氮化合物含量也很低,消除了这些杂质对催化剂裂化活性的抑制作用,因而二反的温度可大幅度降低。此外,在两段工艺流程中,二反的氢气循环回路与一反的相互分离,可以保证二反循环氢中仅含很少量的硫化氢及氨。

与单段工艺相比,两段工艺具有如下特点:

①气体产率低,干气少,目的产品收率高,液体总收率高。

②产品质量好,特别是产品中芳烃含量非常低。

③氢耗较低。

④产品方案灵活大。

⑤原料适应性强,可加工更重质、更劣质原料。

两段工艺流程较为复杂,因而装置投资和操作费用较高。宜在装置规模较大时或采用贵金属裂化催化剂时选用。

加氢裂化产品与其他石油二次加工产品的比较有下列特点:

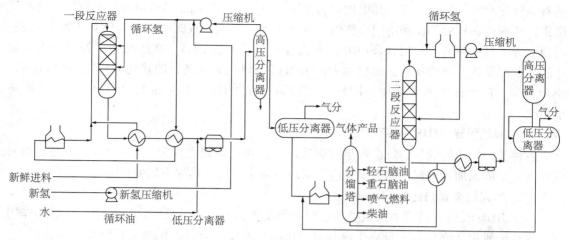

图 6-10 两段加氢裂化工艺原理流程

①加氢裂化的液体产率高，C_5 以上液体产率可达 94%～95% 以上，体积产率则超过 110%。而催化裂化液体产率只有 75%～80%，延迟焦化只有 65%～70%。

②加氢裂化的气体产率很低，通常 C_1～C_4 只有 4%～6%，C_1～C_2 更少，仅 1%～2%。而催化裂化 C_1～C_4 通常达 15% 以上，C_1～C_2 达 3%～5%。延迟焦化的产气量较催化裂化略低一些，C_1～C_4 约 6%～10%。

③加氢裂化产品的饱和度高，烯烃极少，非烃含量也很低，故产品的安定性好。柴油的十六烷值高，胶质低。

④原料中多环芳烃在进行加氢裂化反应时经选择断环后，主要集中在石脑油馏分和中间馏分中，使石脑油馏分的芳烃潜含量较高，中间馏分中的环烷烃也保持较好的燃烧性能和较高的热值。而尾油则因环状烃的减少，*BMCI* 值降低，适合作为裂解制乙烯的原料。

⑤加氢裂化过程异构能力很强，无论加工何种原料，产品中的异构烃都较多，例如气体 C_3、C_4 中的异构烃与正构烃的比例通常在 2～3 以上，<80℃ 石脑油具有较好的抗爆性，其 RON 可达 75～80。喷气燃料冰点低，柴油有较低的凝点，尾油中由于异构烷烃含量较高，特别适合于制取高黏度指数和低挥发性的润滑油。

⑥通过催化剂和工艺的改变可大幅度调整加氢裂化产品的产率分布，汽油或石脑油馏分可达 20%～65%，喷气燃料可达 20%～60%，柴油可达 30%～80%。而催化裂化与延迟焦化产品产率可调变的范围很小，一般都小于 10%。

第六节 渣油加氢技术

随着原油的重质化、劣质化(硫、氮、金属杂质含量增加)，以及环保法规的日益严格，对炼油企业生产清洁油品并做到清洁生产的要求越来越高。渣油加氢技术在解决这些问题时显出了诸多优点，因此受到人们愈来愈多的关注。渣油加氢主要有固定床、移动床、沸腾床及悬浮床等，它们主要应用于生产低硫燃料油；脱除渣油中硫、氮和金属杂质，降低残炭值，为下游重油催化裂化或焦化提供优质原料；渣油加氢裂化生产轻质馏分油。

一、渣油加氢的化学反应

渣油加氢过程中，发生的主要反应有加氢脱硫、脱氮、脱氧、脱金属等反应，以及残炭前身物转化和加氢裂化反应。其中加氢裂化反应对生成轻质油品具有最重要的作用。这些反应进行的程度和相对的比例不同，渣油的转化程度也不同。根据渣油加氢转化深度的差别，习惯上曾将其分为渣油加氢处理（RHT）和渣油加氢裂化（RHC）。在渣油加氢处理中主要发生脱除杂原子化合物的反应，原料油中>538℃部分转化为轻馏分的转化率（称为轻质化率）小于50%。在渣油加氢裂化中，同样发生脱除杂原子化合物的反应，但此时轻质化率高于50%。

（一）加氢脱硫（HDS）反应

各种类型硫化物的氢解反应都是放热反应，总体反应热大约为 $2300kJ/Nm^3$ 氢耗。加氢脱硫反应是渣油加氢过程中的主要反应，对反应器中总反应热的贡献率最大。

（二）加氢脱金属（HDM）反应

渣油 HDM 反应也是渣油加氢处理过程中所发生的重要化学反应之一。在催化剂的作用下，各种金属化合物与 H_2S 反应生成金属硫化物，生成的金属硫化物随后沉积在催化剂上，从而得到脱除。脱除的金属在催化剂颗粒内的沉积分布规律是：

①围绕着催化剂颗粒中心，沉积的金属基本呈对称分布。

②铁主要沉积在催化剂的外表面，呈薄层状。

③镍、钒沉积的最大浓度出现在催化剂颗粒内，靠近边缘的地方。镍的穿透深度比钒大得多，这与其化合物的反应性和扩散性有关。

（三）加氢脱氮（HDN）反应

原油中的氮约有 70%~90% 存在于渣油中，而渣油中的氮又大约有 80% 富集在胶质和沥青质中。研究表明，胶质、沥青质中的氮绝大部分以环状结构（五元环吡咯类和六元环吡啶类的杂环）形式存在。

一般杂环氮化物的加氢脱氮反应首先是芳环和杂环加氢饱和，然后是环的一个 C—N 键断裂（即氢解），因此，采用芳烃加氢饱和性能好的催化剂以及较高的氢分压，对加氢脱氮反应有利。

加氢脱氮反应也是放热反应，反应热大约为 $2720kJ/Nm^3$ 氢耗，但由于原料油中氮含量低，脱除率只有 50%~60%，因此它对反应器中总反应热的贡献率不大。

（四）加氢脱残炭（HDCR）反应

加氢脱残炭反应也是渣油加氢过程中的重要反应，残炭的降低率是渣油加氢工艺一项重要指标。渣油的残炭值高，则意味着其中的多环芳烃、胶质和沥青质等高沸点组分含量高，在加工过程中的生焦趋势大。

研究表明，五环以及五环以上的稠环芳烃都是生成残炭的前身物。渣油中胶质和沥青质的残炭值最高，这与胶质和沥青质中含有大量的稠环芳烃和杂环芳烃有关。

在渣油加氢反应过程中，作为残炭前身物的稠环芳烃逐步被加氢饱和，稠环度逐步降低，有些变成少于五环的芳烃，就已不再属于残炭前身物了。加氢脱残炭实际上就是减少残炭的前身物含量，其反应过程大致包括如下步骤：

①杂环上的 S、N 等杂原子的氢解，以及镍和钒等重金属络合物的解离。

②稠环芳烃的加氢饱和，包括残炭前身物稠环芳烃加氢饱和为环数少的芳烃，以及芳烃饱和为同等环数的环烷烃。

③环烷烃的加氢开环生成烷烃。

④大分子的已部分饱和的多环芳烃、环烷烃及烷烃加氢裂化为小分子的芳烃、环烷烃和

烷烃，异构化反应也同时进行。

（五）加氢裂化反应

渣油加氢过程中发生的裂化反应以临氢热裂化反应为主，遵从自由基反应机理。

二、固定床渣油加氢技术

到目前为止，馏分油的加氢大多数采用固定床加氢技术，而渣油加氢已开发了四种工艺类型，即固定床、沸腾床（膨胀床）、浆液床（悬浮床）和移动床。在实际生产中，可以单独采用这些工艺，也可将其组合使用。例如为加工劣质渣油，可将移动床和固定床结合，增长开工周期。

四种渣油加氢反应器示意见图6-11。

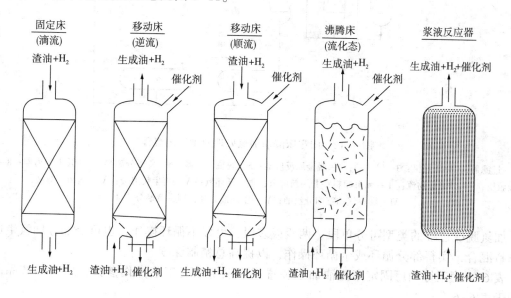

图6-11　渣油加氢反应器类型

在渣油加氢四种工艺中固定床渣油加氢工艺的工业应用最多。

图6-12为固定床渣油加氢工艺流程图。

已过滤的原料在换热器内首先与由反应器来的热产物进行换热，然后进入炉内，使温度达到反应温度。一般是在原料进入炉前将循环氢气与原料混合。此外，还要补充新鲜氢。由炉出来的原料进入串联的反应器。反应器内装有固定床催化剂。大多数情况是采用液流下行式通过催化剂床层。催化剂床层可以是一个或数个，床层间设有分配器，通过这些分配器将部分循环氢或液态原料送入床层，以降低因放热反应而引起的温升。控制冷却剂流量，使各床层催化剂处于等温下运转。催化剂床层的数目决定于产生的热量、反应速度和温升限制。

由反应段出来的加氢生成油首先被送到热交换器，用新鲜原料冷却，然后进入冷却器，在高、低压分离器中脱除溶解在液体产物中的气体。将在分离器内分离出的循环氢通过吸收塔，以脱除其中大部分的硫化氢。在某些情况下，可以将循环气进行吸附精制，完全除去低沸点烃。有时还要对液体产物进行碱洗和水洗。加氢生成油经过蒸馏可制得柴油（200～350℃馏分）、催化裂化原料油（350～500℃馏分）和>500℃残油。

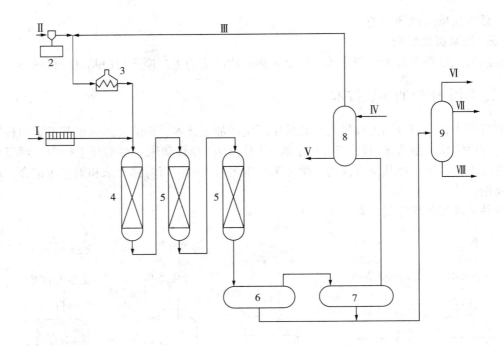

图 6-12　固定床渣油加氢处理原则工艺流程

1—过滤器；2—压缩机；3—管式炉；4—脱金属反应器；5—脱硫反应器；6—高压分离器；7—低压分离器；8—
吸收塔；9—分馏塔物流；Ⅰ—新鲜原料；Ⅱ—新鲜氢；Ⅲ—循环氢；Ⅳ—再生胺溶液；Ⅴ—饱和胺溶液；
Ⅵ—燃料气和宽馏分汽油；Ⅶ—中间馏分油；Ⅷ—宽馏分渣油

加氢脱硫过程的类型可分单段、两段或多段，可以不循环操作，也可令部分加氢生成油
与原料混合，实行部分循环或全循环操作，以提高总精制深度。

表 6-5 为某炼油厂固定床渣油加氢装置反应系统主要工艺操作参数，原料和产品的性
质列于表 6-6。

表 6-5　固定床渣油加氢装置(S-RHT)反应系统设计主要工艺条件

项　　目	运转初期(SOR)	运转末期(EOR)
反应温度/℃	385	404
反应平均氢分压/MPa	14.7	14.7
反应器入口气油体积比	650	650
体积空速/h^{-1}	0.2	0.2

表 6-6　固定床渣油加氢装置(S-RHT)设计原料和主要产品性质

项　　目	原料油	石脑油		柴油		加氢渣油	
		SOR	EOR	SOR	EOR	SOR	EOR
密度(20℃)/kg·m^{-3}	987.5	758.2	754.1	867.5	865.6	927.5	934.9
S/%	3.10	0.0015	0.0018	0.015	0.0245	0.52	0.61
N/μg·g^{-1}	2800	15	17	305	320	1500	2000
残炭/%	12.88	—	—	—	—	6.48	8.00

项 目	原料油	石脑油		柴油		加氢渣油	
		SOR	EOR	SOR	EOR	SOR	EOR
凝点/℃	18	—	—	−15	−15	—	—
黏度(100℃)/mm² · s⁻¹	200	—	—	—	—	—	—
Ni/μg · g⁻¹	26.8	—	—	—	—	9.0	11.6
V/μg · g⁻¹	83.8	—	—	—	—	8.7	11.4
Fe/μg · g⁻¹	<10	—	—	—	—	1.1	1.2
Na/μg · g⁻¹	<3	—	—	—	—	2.1	2.4
Ca/μg · g⁻¹	<5	—	—	—	—	0.3	0.5
初馏点/℃	—	100	97	197	194	—	—
50%馏出温度/℃	—	134	136	297	294	—	—
终馏点/℃	—	176	178	352	351	—	—

第七节　催化加氢主要设备

一、固定床反应器

加氢反应器是加氢过程的核心设备。它操作于高温高压临氢环境下，且进入到反应器内的物料中往往含有硫和氮等杂质，将与氢反应分别形成具有腐蚀性的硫化氢和氨。另外，由于加氢过程是放热过程，且反应热较大，会使床层温度升高，但又不应出现局部过热现象。因此，反应器在内部结构上应保证：气、液流体的均匀分布；及时排除过程的反应热；反应器容积的有效利用；催化剂的装卸方便；反应温度的正确指示和精密控制。

在加氢过程中，到目前为止仍然还是采用固定床的工艺过程为多，下面只介绍固定床的反应器。

(一)反应器筒体

根据介质是否直接接触金属器壁，分为冷壁反应器和热壁反应器两种结构。

冷壁反应器内壁衬有隔热衬里。因此，筒体工作条件缓和，设计制造简单，价格较低，早期使用较多。但是由于隔热衬里大大降低了容积利用率(系反应器中催化剂装入体积与反应器容积之比)，一般只有50%~60%，因此单位催化剂容积平均用钢量较高。同时因衬里损坏而影响生产的事故也时有发生。随着冶金技术和焊接制造技术的发展，热壁反应器已逐渐取代冷壁反应器。热壁结构与冷壁结构相比，具有以下优点：

①器壁相对不易产生局部过热现象，从而可提高使用的安全性。而冷壁结构在生产过程中隔热衬里较易损坏，热流体渗(流)到壁上，导致器壁超温，使安全生产受到威胁或被迫停工。

②可以充分利用反应器的容积，其有效容积利用率可达80%~90%。

③施工周期较短，生产维护较方便。

(二)反应器内构件

催化加氢反应器的特点是多层绝热、中间氢冷、挥发组分携热和大量氢气循环的气−

液-固三相反应器，在进行反应器设计时应考虑：

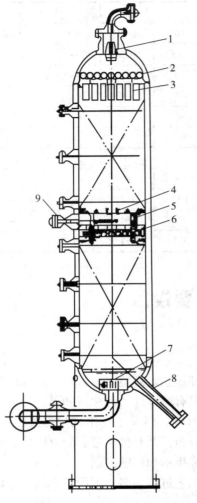

图6-13 热壁反应器
1—入口扩散器；2—气液分配器；3—去垢篮筐；
4—催化剂支持盘；5—催化剂连通管；
6—急冷氢箱及再分配盘；7—出口收集器；
8—催化剂卸出口；9—急冷氢管

①反应器具有良好的反应性能。液固两相能接触良好，以保持催化剂内外表面有足够的润湿效率，使催化剂活性得到充分发挥，系统反应热能及时有效地导出反应区，尽量降低温升幅度与保持反应器径向床层温度的均匀，尽量减少二次裂化反应。

②反应器压力降小，以减少循环压缩机的负荷，节省能源。

反应器内部结构应以达到气液均匀分布为主要目标。典型的反应器内构件包括入口扩散器、气液分配盘、去垢篮筐、催化剂支持盘、急冷氢箱及再分配盘、出口集合器等，如图6-13所示。

1. 入口扩散器

入口扩散器位于反应器顶部，对反应物料起到预分配的作用，同时也可以防止物流直接冲击气液分配盘的液面。上开两个长口，物料在两个长口及水平缓冲板孔的两个环形空间中分配。

2. 气液分配盘（板）

气液分配盘一般采用泡帽形式。液体被气流携带通过泡帽的降液管，控制适当的气液流速可使泡帽降液管出口气液流处于喷射流型。泡帽齿缝的高度和宽度对液体均匀分布都至关重要。这种分配盘使整个床面液相分配均匀，不论气相、液相负荷如何变化，分配盘上的液面会自动调节，不会出现断流、液泛而影响操作。一般降液管开孔率15%，安装水平度允许误差为±5mm，压降为980～1470Pa，泡帽式分配结构可以获得床层截面温差小于1℃的效果。

3. 去垢篮筐

为了使反应进料携带的固体杂质能够在较大的流通面积上沉积，减少床层压降，在每3个泡帽下面，安装1个金属网编织成的篮筐，外部均匀装填粒度上大下小的瓷球。篮框用铁链固定在分配盘梁上。由于篮筐表面积大，即使部分被堵，气液流也可得到较好的分配。

4. 催化剂床层支持件

催化剂床层支持件由T形横梁、格栅、金属网及瓷球组成。T形横梁横跨筒体，顶部逐步变尖，以减少阻力。

5. 冷氢箱与再分配盘（板）

冷氢箱与再分配盘置于两个固定床层之间。在冷氢箱中打入急冷用的冷氢，是为了导走加氢反应所放出的反应热，控制床层的反应温度不超过规定值。冷氢管喷出的氢气流呈均匀的两股与上床层来的反应物初步混合后进入冷氢箱，在此进行均匀混合。冷氢箱底部是均布开孔的喷液塔盆，气液两相均匀喷射到下层的再分配盘上，再分配盘与顶分配盘结构一样，起到对下床层截面均匀分配的作用。有些设计自催化剂支持盘到再分配盘之间设置几个连通管，内填充瓷球，卸催化剂只要打开底封头上的卸料口，就可以卸出全部催化剂。

二、加氢加热炉

加氢装置反应器进料加热炉，一般简称为加氢炉。加氢炉是为装置进料提供热源的关键设备。管内被加热的是易燃、易爆的氢气或烃类物质，危险性大、使用条件比较苛刻。根据装置所需的炉子热负荷（一般相对于常减压装置炉子热负荷小）和反应流出物换热流程（炉前混氢工艺或炉后混氢工艺）等特点，主要使用箱式炉、圆筒炉和阶梯炉等炉型，且以箱式炉居多。

在箱式炉中，对于辐射炉管布置方式有立管和卧管排列两类。这主要是从热强度分布和炉管内介质的流动特性等工艺角度以及经济性（如施工周期、占地面积等）考虑后确定的。仅加热氢气的加氢加热炉，都采用立管形式，因为它是纯气相加热，不存在结焦的问题，且占地少。而对于氢和原料油混合后才进入加热炉加热的混相流情况，有许多是采用卧管排列方式的。这是因为只要采取足够的管内流速就不会发生气液相分层流，且还可避免如立管排列那样，每根炉管都要通过高温区（当采用底烧时），这对于两相流来说，当传热强度过高时很容量引起局部过热、结焦现象。而卧管排列就不会使每根炉管都通过高温区，可以区别对待。

在炉型选择时，还应注意到加氢加热炉的管内介质都存在着高温氢气，有时物流中还含有较高浓度的硫或硫化氢，将会对炉管产生各种腐蚀，在这种情况下，炉管往往选用比较昂贵的高合金炉管。为了能充分地利用高合金炉管的表面积，应优选双面辐射的炉型，因为像单排管双面辐射与单排管单面辐射相比，其热的有效吸收率要高 1.49 倍。相应地炉管传热面积可减少 1/3，既节约昂贵的高合金管材，同时又可使炉管受热均匀。

三、高压换热器

加氢装置使用较多的是螺纹环锁紧式和密封盖板封焊式两种具有独特特点的高压换热器，且以前者使用得更多。

螺纹环锁紧式换热器的管束多采用 U 形管式。它的特点是：

①由于管箱与壳体锻成或焊成一体，所以密封性能可靠。

②由于它的螺栓很小，很容易操作，所以拆装方便。同时，拆装管束时，不需移动壳体，可节省许多劳力和时间。

③金属用量少，结构紧凑，占地面积小。

密封盖板封焊式换热器的管箱与壳体主体结构也和螺纹环锁紧式换热器一样，为一整体型。它的特点是管箱部分的密封是依靠在盖板的外圆周上施行密封焊来实现的。

此种换热器也具有密封性能可靠，且结构简单，金属耗量比螺纹环锁紧式换热器还省，以及像螺纹锁紧式换热器那样由于管箱与壳体为一体型所带来的各种优点。主要缺点是当需要对管束进行抽芯检查或清洗时，首先需要用砂轮将密封盖板外圆周上的封焊焊肉打磨掉，才能打开盖子完成这一作业，然后重装时再行封焊。这样的多次作业对于高温高压设备来说是不理想的。

四、冷却器

加氢反应的产物与反应进料、氢气及分馏塔进料多次换热后，温度约120~200℃，需要再冷却到37~66℃后，在高压分离器中分离气液，一般采用空气冷却器来冷却。

反应生成物的主要组分是烃类和氢气，还有硫化氢、氨和水。空气冷却器的腐蚀主要发生在回弯头和管子的入口等能改变流向和流体搅动剧烈的部位，属于冲刷腐蚀。

加氢装置所用冷却器有喷淋式、套管式和管壳式三种。为了节省用水、减少对环境的污染，近来多采用空冷器。空冷器的传热系数低，翅片管一般只有63~83kJ/(m²·h·t)。空冷器要求热流入口温度不超过250℃，否则会使铝翅片受热膨胀，加大了翅片与光管间的间隙，影响传热。

五、高压分离器

高压分离器(高分器)是加氢装置中的重要设备，反应器出来的油气混合物经冷却后，在高压分离器分离为气体、液相生成油和水。高分器有热高分和冷高分两类。

热高分是在高温(操作温度一般高于300℃)、高压临氢(含H_2S)条件下操作，设备的选材原则与热壁加氢反应器的相同；冷高分的操作温度一般小于120℃，介质中含油、H_2、H_2S、NH_3和H_2O，设备选材主要考虑防止低温硫化氢应力腐蚀和氢致开裂腐蚀等。

高压分离器有卧式和立式两类。催化加氢过程常用立式高压分离器。与卧式相比，立式占地少，金属耗量低。

六、加氢反应器的防腐蚀

由于反应系统条件苛刻，加氢反应系统的材质选择及保护要满足高温、高压、临氢及含有硫化氢等要求。材质选用除满足强度条件外，还需考虑氢脆、氢腐蚀、硫化氢腐蚀、铬钼钢的回火脆化、硫化物应力腐蚀开裂和奥氏体不锈钢堆焊层剥离现象等因素。

(一)氢脆

所谓氢脆，就是由于氢残留在钢中所引起的脆化现象。产生了氢脆的钢材，其延性和韧性降低甚至产生裂纹。但是，在一定条件下，若能使氢较彻底地释放出来，钢材的力学性能仍可得到恢复，因此说氢脆是可逆性的，也称作一次脆化现象。高温高压临氢反应器在操作状态下，金属筒体材料会吸收一定量的氢。在停工过程中，若冷却速度太快，使吸藏的氢来不及扩散出来，造成过饱氢残留在器壁内，就可能在温度低于150℃时引起亚临界裂纹扩展，对设备的安全使用带来威胁。

氢脆多发生在反应器内件支持圈角焊缝上以及堆焊奥氏体不锈钢的梯形槽法兰密封面的槽底拐角处。这种损伤和反应器堆焊层奥氏体基体中的铁素体含量有密切的关系。不锈钢焊缝金属中的铁素体越多，氢脆后的延性和韧性就越差。

为防止氢脆损伤发生，主要应从结构设计上、制造过程中和生产操作方面采取措施。如在操作过程中，在装置停工时冷却速度不应过快，且停工过程中应采用使钢中吸藏的氢能尽量释放出去的工艺过程，以减少器壁中的残留氢含量。另外，尽量避免非计划的紧急停工，因为此状况下器壁中的残留氢浓度会很高。

(二)高温氢腐蚀

高温氢腐蚀是在高温高压条件下扩散侵入钢中的氢与不稳定的碳化物发生化学反应，生成甲烷气泡(它包含甲烷的成核过程和成长),即 $Fe_3C+2H_2 \longrightarrow CH_4+3Fe$,并在晶间空穴和非金属夹杂部位聚集,引起钢的强度、延性和韧性下降与劣化,同时发生晶间断裂。由于这种脆化现象是发生化学反应的结果,所以它具有不可逆性,也称永久脆化现象。

高温氢腐蚀是一个金属脱碳过程,它有两种形式:表面脱碳和内部脱碳。当温度较高(550℃以上)而压力较低(1.4MPa以下)时,碳钢会发生表面脱碳;温度大于221℃且压力大于1.4MPa时,则发生内部脱碳。

表面脱碳不产生裂纹,在这点上,与钢材暴露在空气、氧气或二氧化碳等一些气体中所产生的脱碳相似。表面脱碳的影响一般很轻,其钢材的强度和硬度局部有所下降而延性提高。

内部脱碳是由于氢扩散侵入到钢中发生反应生成了甲烷,而甲烷又不能扩散出钢外,就聚集于晶界空穴和夹杂物附近,形成了很高的局部应力,使钢产生龟裂、裂纹和鼓包,其力学性能发生显著的劣化。

刚开始发生高温氢腐蚀时裂纹很微小,但到后期,无数裂纹相连,形成大裂纹以致突然断裂。

在甲烷气泡的形成过程中,包含着甲烷气泡的成核过程和长大,因此,关键的问题不在于气泡的产生,而是气泡的密度、大小和生长速率。在气泡形成初期,机械性能不发生明显改变,这一阶段称为"孕育期"(或称潜伏期)。"孕育期"对于工程上的应用是非常重要的,它可被用来确定设备所采用钢材的大致安全使用时间。"孕育期"的长短取决于钢种、杂质含量、氢压和温度等。为了抗高温氢腐蚀,加氢反应器必须使用加有铬、钼、钨、钒、钛等形成稳定碳化物的合金钢。

(三)硫化氢腐蚀

硫化氢对铁的腐蚀在260℃以上加快,生成 FeS 和 H_2。硫化铁锈皮的形成,会阻碍 H_2S 接触母材,减缓腐蚀速度;而当氢气和硫化氢共存时,腐蚀速度加快,因为原子氢能不断侵入硫化物的垢层中,造成垢层疏松多孔,使 H_2S 介质扩散渗透。另一方面,H_2S 的存在,会阻止氢原子再结合成 H_2,使溶解在钢中的原子氢浓度增大到 $10\mu g/g$ 以上(一般为 $2\sim6\mu g/g$),容易造成氢脆开裂。

采用不锈钢堆焊层和非金属耐热衬里均可防止硫化氢对铬钼的腐蚀。

目前,加氢设备的发展趋势,是随加氢工业的发展和装置规模的逐渐增大而向大型化方向发展。随着设备大型化的发展,高强度低合金钢的推广,高压设备新型结构的研制,以及其他方面的科技成就,都将使加氢装置的基建投资进一步降低,经济效益大大提高。所有这些都是加快发展加氢工艺、提高原油加工深度的有利因素。

第七章 乙烯生产过程

按加工与用途划分，石化工业可分为石油炼制工业体系和石油化工体系，也可简单地说石油下游的加工业一个是做燃料，一个是做化工。前面几章已介绍了石油炼制工业体系中主要的加工工艺，从第七章开始将阐述石油化工体系中"三烯"、"三苯"的合成方法及其高分子材料的合成方法，本章主要阐述乙烯的生产过程。

乙烯是石油化工的主要代表产品，在石油化工中占主导地位。乙烯装置在生产乙烯的同时，还副产数量可观的丙烯、丁烯和苯、甲苯、二甲苯。"三烯"和"三苯"是石油化工的基础原料。石油化工的大多数中间产品和最终产品都是它们的后加工产物。如乙烯可用于生产聚乙烯、乙二醇、氯乙烯、环氧乙烯、苯乙烯等。烯烃（乙烯、丙烯等）和芳烃（苯、甲苯等）的分子中有双键存在，化学性质活泼，容易与许多物质发生加成反应，又容易聚合成高分子化合物，可以生产出成千上万种化学品，包括合成塑料、合成纤维、合成橡胶、合成洗涤剂、溶剂、涂料、农药、染料、医药等与国民经济密切相关的重要产品，乙烯装置在炼化一体化中已经成为关系全局的龙头和核心，乙烯工业的发展，带动着其他有机化工产品的发展。因此，乙烯产量不仅标志着一个国家石油化工的发展水平，而且，乙烯的生产能力已经成为反映一个国家综合国力的重要标志之一。

2009 年世界乙烯产能达到 1.33 亿吨，需求量为 1.12 亿吨，装置开工率为 84.2%。美国是世界上最大的乙烯生产国，2009 年全球 266 家乙烯生产厂的平均规模为 50.0 万吨/年，已建和在建的生产能力在 100 万吨/年以上的乙烯裂解装置多达 30 多套。2010 年 7 月，阿联酋 Borouge 公司的生产能力为 150 万吨/年的乙烯装置建成投产，成为全球最大的单系列乙烯装置。

我国乙烯工业通过改扩建与新建相结合、独资与合资相结合，生产能力迅速增加，装置规模快速扩大。截至 2010 年年底，我国共有乙烯生产企业 22 家，生产装置 24 套，装置平均规模已由 2005 年的 39.5 万吨/年提高到 54.1 万吨/年，接近世界平均水平；全国乙烯产能已由 2005 年的 785.9 万吨猛增至 2010 年的 1488.9 万吨，增加了 89.4%，超过日本，由 2005 年的世界第三位升至 2010 年的第二位。预计今后 5 年，我国乙烯工业将持续推进规模化、一体化、基地化、多元化"四化"发展，努力实现由大走强的新转变。

早在 20 世纪 30 年代就开始了石油烃的高温水蒸气裂解生产乙烯的研究，并于 40 年代初建成了管式炉裂解生产装置。经过 70 多年的发展，乙烯生产无论是规模，还是技术，都达到了前所未有的高度，成为各国发展国民经济的重点之一。

目前世界上乙烯生产的主要技术是管式炉裂解和深冷分离流程。早期开发的蓄热炉、砂子炉裂解等由于技术落后已先后在 60~70 年代被淘汰。

60 年代以来，乙烯生产不断在提高裂解温度、缩短裂解时间、降低裂解烃分压等方面进行了改革与发展，使得石脑油裂解的单程乙烯收率已从 60 年代的 23% 左右提高到目前大于 30%，从而大大降低了原料消耗。同时裂解炉的热效率也从 60 年代的 85% 以下发展到目前的 93% 以上。

随着乙烯生产技术的发展，生产装置规模也趋于大型化。70 年代以前一般规模为 30 万吨/年。1979 年世界上第一套 72.5 万吨/年的乙烯装置在美国得克萨斯州建成。现在，大于

100万吨/年的乙烯装置世界上已有几十套，其中中国有5套。乙烯生产装置也是石油化工行业中庞大、复杂、投资最大的装置之一。

第一节　乙烯装置的原料和产品

一、原料

目前烃类裂解原料大致可以分为气态烃和液态烃两大类。气态烃包括天然气、油田伴生气和炼厂气等。炼厂气是炼油厂各生产装置(如常减压、催化裂化、焦化等)所产气体的总称。大型石油化工厂气态烃原料主要是炼厂气。其价格便宜、裂解工艺简单、烯烃收率高，但来源有限，远远满足不了乙烯生产的需要。常用的液态烃有石脑油(粗汽油)、直馏汽油、轻柴油等轻油。由液态烃生产烯烃是目前制取乙烯、丙烯等低级烯烃的主要方法。有些国家因轻质液态烃来源困难或价格较贵，也采用部分重质油，如重柴油、重油、渣油或原油作裂解原料。液态烃原料资源丰富，便于贮存和运输，虽然乙烯收率比气态烃低，但能获得较多的丙烯、丁烯和芳烃。目前世界上广泛采用的裂解原料是液态烃，我国的液态烃原料以轻柴油为主。乙烯原料来源见图7-1。

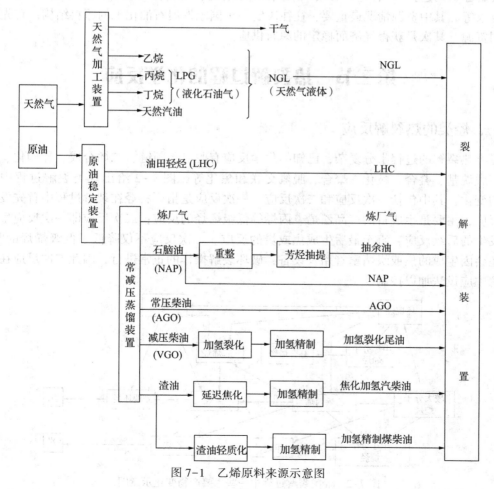

图7-1　乙烯原料来源示意图

127

表征原料特性参数主要有族组成、氢含量、平均相对分子质量、相对密度、馏程、特性因数、关联指数、残炭、沥青质、溴价以及化学杂质含量。其中以族组成值、氢含量、特性因数、关联指数最重要。各种乙烯原料都是石油烃的混合物。按其结构可以分为四大族，即烷烃、烯烃、环烷烃和芳烃。烷烃含量越高，氢含量越高的原料，其裂解性能越好。

二、产品

乙烯装置以生产乙烯为主，同时联产丙烯、碳四馏分，副产裂解汽油。碳四馏分经抽提可得到丁二烯，裂解汽油切除碳五和碳九，余下的碳六至碳八馏分经两段加氢可得到加氢裂解汽油。它含芳烃多，一般高达60%以上，经芳烃抽提可得到苯、甲苯和二甲苯。

各种原料由于性质不同，裂解条件各异，所得到的裂解产物也不同。比如，乙烷裂解的乙烯收率可高达80%，副产品少，原料消耗了也少；而柴油裂解的乙烯收率一般为25%左右，联产品、副产品达到70%以上，原料消耗为乙烷裂解的3倍多，水电汽、燃料等动力消耗也增大。裂解原料的不同，不仅影响到裂解条件、产品收率、原料和动力消耗，而且还影响到产品方案、工厂规模、工艺流程、贮运设施、系统配套，最终影响到工厂投资和生产成本。

裂解原料的选择涉及许多因素，主要有资源情况、原料性质以及产品方案、运输条件、环境要求等。其中资源情况最重要，往往决定一个国家发展石油化工的原料结构。首先是考虑本国资源，其次是获得经济而稳定的原料供应。

第二节　热裂解过程的化学反应

一、烃类的热裂解反应

烃类热裂解的过程十分复杂，已知的化学反应有脱氢、断链、二烯合成、异构化、脱氢环化、脱烷基、叠合、歧化、聚合、脱氢交联和焦化等，图7-2给出烃类裂解过程中主要产物的变化，其中包括一次反应和二次反应。一次反应是指原料烃在裂解过程中首先发生的裂解反应，主要是生成目的产品乙烯、丙烯等低级烯烃的反应；二次反应即一次反应生成物继续发生的后续反应，直至最后生成焦或炭的反应。二次反应不仅降低了低级烯烃的收率，而且还会因生成的焦或炭堵塞管路及设备，破坏裂解操作的正常进行，因此二次反应在烃类热裂解中应设法加以控制。

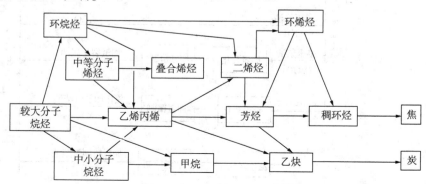

图7-2　烃类裂解过程中一些主要产物变化示意图

烃类热裂解主要的一次反应有：

（1）烷烃的裂解　烷烃热裂解的一次反应主要有：

①脱氢反应：　　　$R—CH_2—CH_3 \rightleftharpoons R—CH=CH_2+H_2$

②断链反应：　　　$R—CH_2—CH_2—R' \longrightarrow R—CH=CH_2+R'H$

（2）环烷烃的裂解　环烷烃热裂解时，发生开环分解和脱氢反应、侧链断裂等反应，生成乙烯、丁烯、丁二烯和芳烃等烃类。一般来说，环烷烃裂解有如下特点：侧链烷基比烃环易于裂解，长侧链的环烷烃比无侧链的环烷烃裂解的乙烯收率高；环烷烃脱氢生成芳烃的反应优先于开环生成烯烃的反应；五碳环烷烃比六碳环烷烃难于裂解；环烷烃比链烷烃更易生成焦油。

（3）芳烃的裂解　芳烃的热稳定性很高，在一般的裂解温度下不易发生芳烃开环反应，但能进行芳烃脱氢缩合、脱氢烷基化等脱氢反应。若不断地继续脱氢缩合可生成焦油直至焦炭。

（4）烯烃的裂解　天然石油中不含烯烃，但石油加工所得的各种油品中则可能含有烯烃，烯烃的化学性质活泼，它们在热裂解时也会发生断链和脱氢反应，生成低级烯烃和二烯烃。它们除继续发生断链及脱氢外，还可发生聚合、环化、缩合、加氢和脱氢等反应，生成焦油或焦炭。

烃类的热裂解是吸热反应，反应途径十分复杂，一般认为是自由基连锁反应。

二、影响热裂解反应的主要因素

1. 裂解温度

石油烃裂解生成烯烃的一次反应是吸热反应，其反应速度和平衡常数随着反应温度升高而增大，所以，提高裂解温度，有利于乙烯产率的增加。

但是，烃类完全分解为碳和氢的反应的平衡常数远比一次反应的平衡常数为大，即一次反应在热力学上相对地处于劣势。就是说，如果裂解反应无限延长，一直进行到化学平衡的话，烯烃的收率甚微，产物将主要是碳和氢。因此，裂解反应必须控制在一定的裂解深度范围内。同时提高反应温度受到裂解炉炉管（简称裂解管）材质的限制。因此，在石脑油裂解中的一个关键问题，是裂解管材质的改进，如应用25Cr35Ni不锈钢为基础的改性材料，允许裂解温度由750℃提高至900℃，乙烯产率可从20%左右提高到30%。若再进一步提高裂解温度，要解决以下几方面因素的问题：第一，如何继续提高裂解管材质的质量；第二，为减少二次反应，必须解决裂解气迅速冷却以终止二次反应的问题；第三，因在高温下分解反应加剧，要解决裂解管的堵塞问题。同时要综合考虑裂解温度过高，裂解产物分布变差的问题，即乙烯产量虽有所增加，但丙烯和丁烯的收率会下降。

2. 烃压力

烃分压是指进入管式裂解炉的物料中气相烃的分压。烃类裂解的一次反应是分子数增大的过程，烃类聚合和缩合的二次反应是分子数减小的过程，因此降低烃压力对一次反应是有利而不利于二次反应。降低烃分压可提高乙烯的收率，改善裂解选择性，减轻结焦程度。

裂解不允许在负压下操作，因为易吸入空气，酿成爆炸等意外事故。为此常将裂解原料和水蒸气混合，使混合气总压大于大气压，而原料的分压则可进一步降低。此时的水蒸气也被称为稀释剂。混入水蒸气还有以下优点：水蒸气可事先预热到较高的温度，用作热载体将热量传递给原料，避免原料因预热温度过高在预热器中结焦，水蒸气也有助于防止炭在炉管中的沉积。

3. 停留时间

停留时间是指裂解原料经过管式裂解炉辐射炉管的时间。此项指标是控制二次反应，使裂解反应停留在适宜的裂解深度上。裂解温度高，停留时间短，相应的乙烯收率提高，但丙烯收率下降。裂解原料在反应高温区的停留时间，与裂解温度有密切关系。裂解温度越高，允许停留的时间则越短；反之，停留时间就要相应长一些。

4. 原料

除裂解工艺条件外，原料的分子结构对产品分布也有很大影响。一般规律是：①正构烷烃最有利于生成乙烯；②环烷烃有利于生成芳烃，乙烯收率较低；③芳烃一般不开环，能脱氢缩合为稠环芳烃，进而有结焦的倾向；④烯烃大分子裂解为低分子烯烃，同时脱氢生成炔烃、二烯烃，进而生成芳烃。故而可知，原料中烷烃含量越多、芳烃越少，则乙烯产率越高。

综上所述，为了得到高的乙烯收率，裂解反应的较好工艺操作条件应该是反应温度高、停留时间短、烃分压低。美国凯洛格(Kellogg)公司设计的毫秒裂解炉，裂解温度850~890℃，停留时间0.05~0.1s，石脑油裂解的乙烯收率高达35%，轻柴油裂解乙烯收率为30%。

第三节　裂解生产乙烯工艺流程

一、乙烯装置的构成

石油烃类裂解生产乙烯的主要过程为：

原料——热裂解——裂解气预处理(热量回收、净化)——裂解气分离——乙烯、丙烯及副产物

一般乙烯生产装置有由5个基本结构单元，可将这5个基本结构单元进行不同组合。有认为乙烯生产装置由两个系统构成，即裂解系统(包括管式裂解炉、急冷+预分馏系统)和分离系统(包括压缩-净化-干燥系统、压缩制冷系统和气体分离系统)(见图7-3)。也有认为由4个系统构成，即裂解系统(包括管式裂解炉、急冷+预分馏系统)、净化与干燥系统、压缩制冷系统和气体分离系统。不难看出两种划分中装置的基本结构单元是相同的。

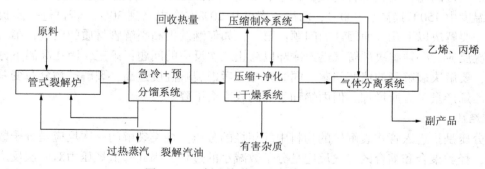

图7-3　乙烯生产装置基本单元示意图

(1)管式裂解炉　其任务是为石油烃进行热裂解反应提供场所，是乙烯装置的核心。

(2)急冷+预分馏系统　其任务一是将裂解气迅速急冷，以中止化学反应，产生高温过热蒸汽，并回收巨大热量；二是通过预分馏将反应后的裂解气与裂解汽油等较重液体烃分离。

(3)压缩-净化-干燥系统　其任务一是对裂解气进行净化，采用吸收、吸附或化学反应的方法脱除裂解气中水分、酸性气(CO₂、H₂S)、一氧化碳、炔烃等杂质；二是通过裂解气

干燥器，除去其中的水分，干燥后的净化裂解气送往气体分离系统。而上述任务是在压缩机工作环境下完成的。

（4）压缩制冷系统　其任务是为裂解气净化、干燥和分离等系统的制冷提供合理的工作环境，即为除去杂质和达到分离创造必要的低温条件。

（5）气体分离系统　其任务是实现净化裂解气的分离，以获取最终产物乙烯、丙烯及副产物。

二、管式炉裂解工艺流程

烃类热裂解是一个断链反应，为吸热反应，在850℃左右进行。用于烃类热裂解的裂解炉有各式各样。目前，世界上的大型乙烯装置99%左右都采用管式炉裂解法，管式炉裂解部分工艺流程如图7-4所示。

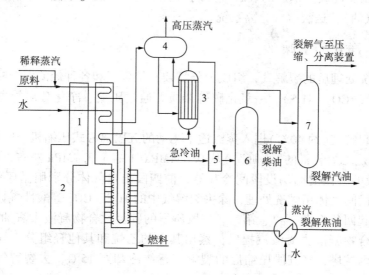

图7-4　管式炉裂解工艺流程
1—裂解炉对流室；2—裂解炉辐射室；3—急冷锅炉；4—汽包；5—急冷器；6，7—分馏塔

管式炉裂解工艺流程分为原料供给和预热、对流段、辐射段、高温裂解气急冷几部分。

（1）原料预热及稀释蒸汽注入　裂解原料的预热主要是在对流段进行。为了减少燃料消耗，通常在进入对流段之前先用急冷水、急冷油等对原料进行预热。预热到一定程度后即可注入高温过热稀释蒸汽，这一方面可降低原料烃的分压，另一方面由于这部分蒸汽带给裂解原料的热量不是通过管壁而是直接传入的，这样大大提高了单位时间对裂解原料的供热量。如裂解原料预热到650℃时和水蒸气的混合物（稀释比为0.2）进入炉管，另外过热到1000℃的过热蒸汽通入炉管与裂解原料直接混合，最终稀释比达1.2。混合后的温度为775℃，比常规裂解炉辐射段入口温度要高出125℃，可减轻辐射段传热负荷约25%。由于稀释比为1.2高（一般裂解炉稀释比为0.6），又可减轻辐射段传热负荷约15%，两种效应叠加可使辐射段热强度减轻40%，因此又可额外地增大供热量。同时炉管采用了单程直管（减小了流体流动阻力），既提高了裂解温度，又缩短了停留时间，收到较好的裂解效果。

（2）对流段回收烟气热量　管式裂解炉对流段的作用主要有两个：一是将裂解原料预热、汽化并加热到裂解反应的起始温度；二是回收烟气的余热，以提高裂解炉的热效率。

（3）辐射段裂解　原料烃和稀释蒸汽混合物在对流段预热到一般略高于裂解原料的起始裂

解温度后进入辐射炉管，炉管在辐射段内用燃料燃烧高温加热，使裂解原料在炉管内裂解。

（4）高温裂解气的急冷及热量回收　裂解炉辐射段炉管出口裂解气温度一般高达800℃以上，为了抵制二次反应，需将高温裂解气快速冷却，这就是急冷。急冷的方式有两种：一种方式是用急冷油（或急冷水）喷淋直接冷却；另一种方式是用换热器进行间接冷却。

裂解原料与过热蒸汽按一定比例混合进裂解炉，在对流室加热到500~600℃后入辐射室，加热到780~900℃，并发生裂解反应，管式裂解炉能在短时间内给物流提供大量的热（可达$3.35 \times 10^5 \sim 4.52 \times 10^5 kJ/m^2 \cdot h$）。由辐射室出来的裂解产物温度约800℃，带出的热量巨大，仍能继续进行化学反应。为防止高温裂解产物发生二次反应，在裂解炉后连接一个急冷废热锅炉，使裂解气立即进入高压骤冷环境，以中止反应，同时回收热量，副产10~12MPa的高压蒸汽。副产的高压蒸汽可用来发电，或推动蒸汽透平，或用作本装置其他供热设备的热源。出急冷废热锅炉的裂解气分别用油和水直接洗涤，进一步降温和预分馏除去重质馏分（裂解汽油），送裂解气分离系统。

三、压缩、净化与干燥

经预分馏系统处理后的裂解气，组成十分复杂，是含氢和各种烃的混合物，其中尚含一定的水分、酸性气（CO_2、H_2S）、一氧化碳等杂质。通过压缩、净化分离等方法除去裂解气中的杂质。

分馏塔顶的裂解气（约40℃）进入蒸汽透平驱动的五段离心式压缩机（该压缩机是乙烯装置"三机"之一，是乙烯装置的"心脏"。）从0.034MPa压缩至3.7MPa左右，流程见图7-5。压缩机的1~5段的各段之间均设段间冷却器，前四段出口气体分别用循环水冷却到38℃。在第三段和第四段间气体用碱洗处理，除去裂解气中的H_2S、CO_2等酸性气体，各段冷凝下来的水汇合在一起回急冷塔（器），第二、三段所得的碳氢化合物凝液去汽油汽提塔，第四、五段所得碳氢化合物凝液去凝液汽提塔，蒸出其中的乙烷和其他轻组分，气相送至脱甲烷塔，塔釜液去脱丙烷塔，经五段压缩后的裂解气逐级冷却至15℃，去裂解气干燥器，以除去其中的水分。

气体分离是在低温下进行的，水汽要结成冰，烃也会与水形成结晶物，这些固体物质会堵塞管道和阀门管件，必须先除去气体中的水分。干燥剂一般用分子筛或活性氧化铝。经干燥后的裂解气，通过冷箱逐级多次冷却和部分冷凝，气体降温至-131℃。凝液进入脱甲烷塔进行气体分离，气体即进入气体分离的脱甲烷系统。

由此可知气体分离系统的操作是处于深冷阶段，获取单位冷量所耗的功比获取单位热量所耗功要大很多，冷剂的温度愈低，获取单位冷量耗用的功也愈大。因此，冷量的回收和利用就成为深冷分离法的技术关键。如何回收和利用冷量、降低能耗，成为必须考虑的主要因素之一。

四、压缩制冷系统

乙烯装置中，常用的制冷介质有乙烯、丙烯和氨等。在低温烃类气体分馏装置中，由于乙烯和丙烯是本装置的产品，用乙烯和丙烯作为制冷剂不仅易得、成本低廉，而且没有制冷介质的运输和供应等问题。

在烃类气体分离系统中裂解气压缩是分别进行的，如丙烯制冷系统是一个经多级压缩、多级节流的循环系统，使用汽轮机驱动离心式压缩机。该系统提供四个制冷级位，即

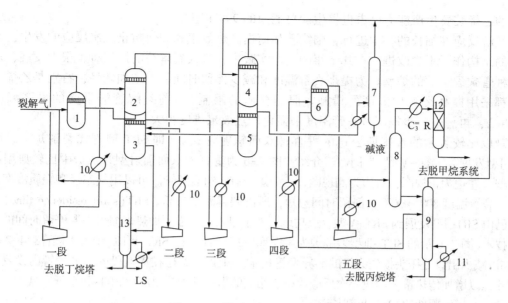

图 7-5　裂解气压缩部分示意图

1——段吸入罐；2—二段吸入罐；3—三段吸入罐；4—四段吸入罐；5—三段排出罐；6—五段吸入罐；

7—碱洗塔；8—脱苯塔；9—凝液汽提塔；10—循环冷却水；11—低压蒸汽；12—干燥塔；

13—汽油汽提塔；$C_3^=R$—丙烯冷剂

-40℃、-24℃、-7℃和15℃，还有一个级位是1℃，用来蒸发乙烯产品。压缩机的排出气用冷却水冷凝，根据用户的要求，其制冷级别可以分为不同温度等级。

乙烯制冷系统也为多级压缩、多级节流的封闭循环系统，并与丙烯制冷系统构成复叠制冷系统。乙烯制冷系统提供了三个制冷级位，即-101℃、-75℃和-63℃，为封闭式三级制冷，用汽轮机驱动离心式压缩机。压缩机排出气先用冷却水冷却，然后用丙烯冷剂部分地降低其过热度。当排出气通过乙烯分馏塔再沸器时，进一步降温，并在乙烯分馏塔中间再沸器中冷凝，并备有一台采用丙烯冷剂的开工冷凝器。

五、气体分离

目前裂解气分离主要采用深度冷冻(简称深冷，工业上将-100℃以下的冷冻称深度冷冻)分离方法，在加压和冷却条件下将裂解气冷却到-101℃(又称高压法，压力为2.942MPa)或-140℃左右(又称低压法，压力为0.686MPa)，使乙烯以上烷烃和烯烃冷凝为液体与甲烷和氢气分开，然后再用精馏塔利用它们之间的沸点差，逐个将乙烯、乙烷、丙烯、丙烷以及C_4馏分分开，从而得到聚合级高纯乙烯和聚合级高纯丙烯。这就是裂解气分离装置主要由精馏分离系统、压缩和制冷系统、净化系统所组成的依据。

第四节　烃类裂解炉

石油烃裂解生产乙烯的主要设备是立管式裂解炉。立管式裂解炉主要由辐射室和对流室两部分组成。辐射室中央悬吊的炉管是裂解炉的核心部分。为保证石油烃裂解所需要的温度，辐射室内炉管的管壁温度高达900℃左右。对流室内设有数组水平放置的换热管，用于预热原料、工艺稀释用蒸汽、急冷锅炉进水以及产生高压过热蒸汽等。目前，采用立管式裂解炉的乙烯装置生产能力已占世界生产总能力的99%以上。

裂解反应在细长的管中进行，围绕着如何提高热效率和如何防止二次反应的发生，对管式炉的结构作了不少改进，在几十年的生产实践中，管式裂解炉的炉型有了很大发展，形成了多种管式裂解炉的炉型。为提高裂解温度和减少停留时间，以增加烯烃，特别是乙烯的收率，都采用提高裂解炉温度的措施。但受材质的限制（目前裂解管能承受的最高温度为1150℃），再想进一步提高裂解管温度来强化传热效果难度很大。

现以比较著名的鲁姆斯公司的垂直管双面辐射管式炉（即SRT型管式裂解炉，它已由SRT-I型发展到SRT-V型）为例做一介绍，图7-6为垂直管双面辐射型管式炉中比较典型的一种炉型。左边为正视图，右边为侧视图，一个炉子有4组裂解管。可以用气态烃和轻质液态烃作原料，裂解温度800~900℃，停留时间愈短，所需裂解温度愈高。SRT(short residence time)型裂解炉已由SRT-I型发展到SRT-V型，成功地开发了以入口处强烈加热来缩短高温停留时间的分支炉管技术（图7-6示的SRT-III型裂解炉为4程管4-2-1-1排列，SRT-IVHC型为4程管8-4-2-1排列）和以减少出口处压头损失为目的的异型管技术。SRT-V型还在辐射段的第一程管内设置传热用翅片，以增加传热量，加快一次反应速率。相应的出口处炉管温度比SRT-IV型低，减少二次反应和结焦，运转周期比SRT-IV型长。

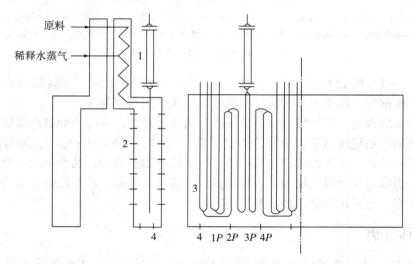

原料

稀释水蒸气

图7-6　SRT-III型裂解炉示意图

不论哪一种裂解炉，它们都在如何提高烯烃收率、如何进一步提高裂解温度和缩短裂解时间、如何让同一裂解炉可以使用多种原料等方面进行了充分的开发研究，取得了各具特色的成果。重质烃的裂解炉炉型也有发展，开始是蓄热式炉，继而是砂子裂解炉，现在正在进行工业化试验的是固定床和流化床催化裂解炉。

在提高乙烯收率的同时，为了提高裂解炉的热效率，美国和日本等国纷纷采用裂解炉-燃气轮机联合工艺技术，将燃气轮机的排气作为裂解炉燃烧用空气，其中含氧量为15%~17%，可有效利用燃气轮机的排气中所含有的60%~75%的燃料气燃烧热。通常可将燃气轮机安装在稍微离开裂解炉的地方，将空气压缩至0.981 MPa，燃料气压缩至1.37 MPa，供给燃烧器，产生的燃烧气在膨胀机中膨胀到0.00226MPa，温度达到500℃，用以发电，排气送入裂解炉燃烧器。裂解炉与燃气轮机联合使用时，裂解炉的燃料消耗量减少了8%~12%，但由于废气量增加，需要加大对流段。

第八章 芳烃生产过程

芳烃类产品通常指的是苯、甲苯、混合二甲苯、邻二甲苯、对二甲苯和重芳烃等的统称，芳烃与乙烯一样是重要的工业原料，特别是苯(B)、甲苯(T)和二甲苯(X)等尤为重要。重要的芳烃用途见图8-1。随着合成树脂、合成橡胶及合成纤维工业的发展，芳烃的生产在石油化工领域占据越来越显要的位置，芳烃产量已成为一个国家工业化程度的标志。

目前，我国有纯苯生产企业70余家，石油苯和焦化苯的总产能已超过600万吨/年，其中石油苯所占的比例约为85%左右。石油苯生产装置大部分集中在中国石化和中国石油两大集团公司，主要生产企业有扬子石化、上海石化、吉林石化、齐鲁石化等。未来几年我国的石化工业仍将处于快速发展的阶段，结合乙烯、芳烃联合、炼油厂重整及焦化苯加工项目的发展，纯苯的生产能力预计2015年将有可能达到约1150万吨/年。

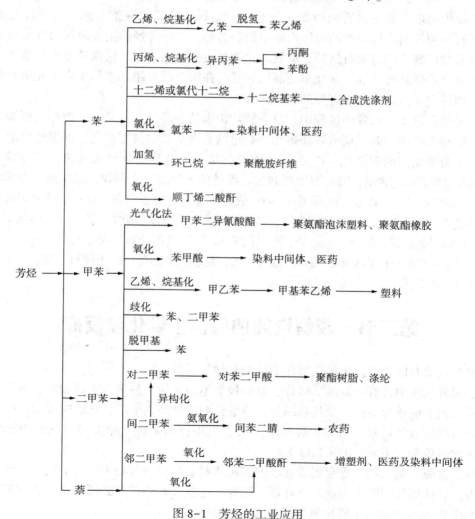

图 8-1 芳烃的工业应用

截止到 2009 年底，世界对二甲苯(PX)产能已达到 3537 万吨/年，而亚洲对二甲苯产能已达到 2542 万吨/年，世界对二甲苯生产能力位居前 5 位的依次为中国、韩国、日本、美国和印度等，其中中国 714 万吨/年，美国 472.7 万吨/年，韩国 427 万吨/年，日本 287.9 万吨/年，印度 193 万吨/年。近年来世界对二甲苯扩能项目主要位于亚洲地区，亚洲地区 PX 的生产能力占世界比例达到 72% 以上。我国已有 10 余家 PX 生产企业，PX 总产能达到每年 400 多万吨，占全世界的 15% 以上。

本章主要介绍苯、甲苯、二甲苯等轻质芳烃的生产过程。

第一节 生产芳烃的原料

芳烃最初来源于炼焦的副产物。随着化学工业的迅速发展，炼焦副产的芳烃无论从数量、质量还是种类上都远远不能满足生产的需求。与此同时，在石油化工生产中得到的芳烃比炼焦副产的芳烃优良，因而由石油制取芳烃得到了迅速的发展。现在全世界 95% 以上的芳烃都来自石油，品质优良的石油芳烃已成为芳烃的主要来源。

从石油中制取芳烃主要有两种加工工艺：一是石油脑催化重整工艺；二是烃类裂解工艺，即从石油裂解制乙烯副产的裂解汽油中回收芳烃。生产芳烃的主要原料为各类石脑油即炼油装置常减压装置的直馏石脑油、加氢裂化装置重石脑油、加氢精制装置重石脑油、焦化重石脑油以及乙烯裂解汽油。催化重整制取芳烃已在第五章介绍，本章重点阐述由石油裂解制乙烯副产的裂解汽油中回收芳烃的生产过程。

在石油烃裂解生产乙烯的过程中，自裂解炉出来的裂解气，经急冷、冷却、压缩及深冷分离，在制得乙烯的同时，还可以获得相当数量的富含芳烃的液态产物，即裂解汽油。裂解汽油集中了裂解副产的全部 $C_6 \sim C_9$ 芳烃，因而它是石油芳烃的重要来源之一。裂解汽油的产量、组成以及芳烃的含量，随裂解原料和裂解条件的不同而异。例如，用煤柴油为裂解原料时，裂解汽油产率约为 24%(质)，其中 $C_6 \sim C_9$ 的芳烃含量达 45% 左右；以石脑油为裂解原料生产乙烯时能得到大约 20%(质)的裂解汽油，其中芳烃含量为 40%~80%。裂解汽油中除富含芳烃外，还含有相当数量的二烯烃、单烯烃、少量的饱和烃(直链烷烃和环烷烃)，此外，还含有硫、氧、氮、氯等元素的有机物及苯乙烯等。近几年来，裂解汽油制芳烃由于原料丰富、产品纯度高等特点得到迅速发展。

第二节 裂解汽油加氢的主要化学反应

从裂解汽油制取芳烃发生的主要化学反应是加氢反应。

由于裂解汽油中含有大量的二烯烃、单烯烃等不饱和烃，易聚合生成胶质，在加氢过程中，胶质沉积于催化剂表面，受热后结焦，使催化剂活性急剧下降，既影响过程的操作，又影响最终所得的芳烃质量。所以，裂解汽油必须先进行预处理，除去裂解汽油中生成的胶质，使其含量控制在 10mg/100mL 以下。

此外，含硫、氮、氧、重金属等元素的有机物对后续生产芳烃工序的催化剂、吸附剂均构成危害，会使催化剂因中毒而活性降低。因此，这些元素的含量必须控制，如裂解汽油含硫要小于 0.02%，氢气中硫化氢含量要求在 5mg/g 以下。

在裂解汽油的加氢过程中主要发生的反应如下：

（1）不饱和烃加氢，生成饱和烃或芳烃。

$$CH_3CH\!=\!CHCH_2CH_2CH_3 + H_2 \longrightarrow CH_3CH_2CH_2CH_2CH_2CH_3$$

$$CH_3CH\!=\!CHCH\!=\!CHCH_3 + H_2 \longrightarrow CH_3CH\!=\!CHCH_2CH_2CH_3$$

$$\text{⟨benzene⟩}-CH\!=\!CH_2 + H_2 \longrightarrow \text{⟨benzene⟩}-CH_2-CH_3$$

（2）含硫、氮、氧、氯等有机物在加氢过程中，结构被破坏，生成饱和烃或芳烃。

$$\text{⟨thiophene: S⟩} + 4H_2 \longrightarrow CH_3CH_2CH_2CH_3 + H_2S$$

$$\text{⟨phenol: OH⟩} + H_2 \longrightarrow \text{⟨benzene⟩} + H_2O$$

$$\text{⟨pyridine: N⟩} + H_2 \longrightarrow CH_3CH_2CH_2CH_2CH_3 + NH_3$$

第三节 裂解汽油加氢工艺流程

以裂解汽油为原料生产芳烃的工艺流程包括裂解汽油加氢、芳烃抽提及分离等三部分。

一、裂解汽油加氢工艺

以生产芳烃原料为目的的裂解汽油加氢工艺普遍采用两段加氢法，其工艺流程如图8-2所示。

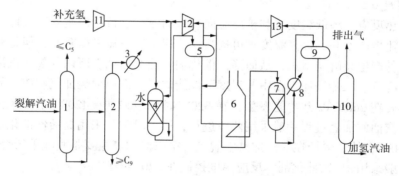

图8-2 裂解汽油二段加氢工艺流程原则图

1—脱 C_5 塔；2—脱 C_9 塔；3，8—换热器；4——段加氢反应器；5，9—气液分离器；6—加热炉；7—二段加氢反应器；10—稳定塔；11，12，13—压缩机

　　裂解汽油要进行预分馏，将不能转化为芳烃的 C_5 及以下馏分以及 C_9 及以上馏分除去。裂解汽油首先进入脱 C_5 塔，分离出 C_5 及以下馏分；再进入 C_9 塔，脱除 C_9 及以上馏分。之后，分离所得的 $C_6 \sim C_8$ 中间馏分进入一段加氢反应器，同时通入加压氢气进行液相加氢反应。一段加氢反应器为列管式固定床反应器，管内装催化剂，管间走冷却水。催化剂是以氧化铝为载体、贵金属钯为主要活性组分，该催化剂的特点是加氢活性高、寿命长。冷却水带

137

走反应放出的热量。在该反应器中进行的主要反应是将易于聚合的二烯烃转化为单烯烃，烯基芳烃转化为烷基芳烃。由于采用了活性较高的催化剂，反应在较低的温度下即可进行液相选择加氢，从而避免了因为采用高温而导致二烯烃的聚合和结焦。一段加氢反应器的工艺条件是：反应温度60~110℃、反应压力2.6MPa，加氢后的二烯烃含量接近于零，聚合物可抑制在允许限度内。为维持反应器内氢分压，需要加入过量氢气，未反应的氢气经分离后进入氢循环系统，一部分循环使用，另一部分作为二段加氢的补充氢。

从一段加氢反应器出来的物料经换热后进入气液分离器，富氢气体进入氢循环系统，液相部分与氢气混合后进入加热炉，物料在加热炉中被加热后汽化，并进一步加热到反应温度280~340℃，之后，进入二段加氢反应器。

在二段加氢反应器中进行的主要反应有：一是单烯烃加氢生成饱和烃；二是含氧、硫、氮等元素的有机物加氢，生成饱和烃或芳烃。由于第二类反应使物料中的氧、氮、硫等杂质因为分子结构被破坏而除去，为得到高质量的芳烃原料创造条件。在二段加氢反应器中普遍采用非贵金属钴-钼系列催化剂，具有加氢和脱硫性能，并以氧化铝为载体。该加氢是在300℃以上的气相条件下进行的。二段加氢反应器一般都采用绝热式固定床反应器。

经二段加氢的物料换热后进入气液分离器，分出的气相是富含氢气的气体，返回循环氢系统，液相部分送到稳定塔，目的是除去硫化氢、氨和水等杂质，塔底出来的加氢汽油被送到芳烃抽提装置。

裂解汽油加氢后得到的加氢汽油是芳烃与非芳烃的混合物，要想得到芳烃，必须进行芳烃和非芳烃的分离以及混合芳烃的分离，这一点与催化重整得到的重整生成油进行后续处理是一样的，第五章已作介绍，在此不再赘述。

二、裂解汽油加氢工艺影响因素

1. 反应温度

加氢是放热反应，降低温度有利于反应向加氢的方向进行，但是温度降低，会使反应速度降低，对工业生产不利。提高温度，可提高反应速率，缩短平衡时间，但是温度过高，会使芳烃加氢并易产生裂解与结焦，从而降低催化剂的使用周期。所以，裂解汽油加氢必须控制在合适的温度下。二烯烃加氢在中等温度下即能进行，而单烯烃加氢和硫、氧、氮等有机物的加氢一般要在260℃以上才能发生，在320℃时反应最快，420℃时催化剂表面积炭增加。所以裂解汽油的加氢过程一般采用两段进行，第一段加氢采用高活性催化剂，反应温度控制在60~110℃，使二烯烃在一段加氢中脱除；第二段加氢主要是脱除单烯烃以及氧、硫、氮等杂质，一般采用钼-钴催化剂，反应温度控制在320~360℃。

2. 反应压力

加氢反应是体积缩小的反应，提高压力有利于反应的进行，加氢反应的压力主要是氢分压。增加压力不但能加快加氢反应速率，而且可以抑制脱氢及裂解等副反应，减少催化剂表面结焦和积炭。但是，由于裂解汽油中含在大量的芳烃，过高的氢分压，会使芳烃因加氢而被破坏。所以，在加氢过程中，氢分压应控制在合适的范围内，一般第一段加氢的氢分压约为4.7MPa，第二段加氢的氢分压约为3.5MPa。

3. 氢油比

提高氢油比，可以使反应进行得更完全，对抑制烯烃聚合结焦和控制反应温度也有一定效果。然而，提高氢油比会使氢的循环量增加，从而使能耗增加，一般来说，第二段加氢反应温度高，催化剂活性低，第二段的氢油比要比第一段的氢油比大。

第四节 芳烃联合加工流程

由于原料性质和产品方案不同，联合加工流程可以有多种不同方案，主要分两大类型。

一、炼油厂型芳烃加工流程

把催化重整装置的生成油经过溶剂抽提和分馏，分离成苯、甲苯、混合二甲苯等产品，直接出厂使用或送到其他石油化工厂进一步深加工，工艺流程见图8-3。这种加工流程较简单，加工深度浅，没有芳烃之间的转化过程，苯和对二甲苯等产品收率较低。

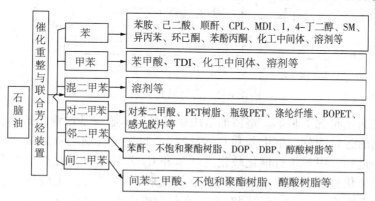

图8-3 炼油厂型芳烃加工流程

二、石油化工厂型芳烃加工流程

芳烃联合装置，是化纤工业的核心原料装置之一。它以直馏、加氢裂化石脑油或乙烯裂解汽油为原料，生产苯、对二甲苯和邻二甲苯等芳烃产品，其原则流程见图8-4。

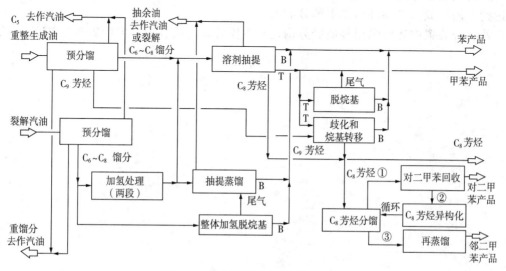

图8-4 芳烃联合装置典型流程图

芳烃中，苯、对二甲苯用途广，需求量大；甲苯、间二甲苯、C_9芳烃等用途较少。工业上要通过各种转化过程将甲苯、间二甲苯、C_9芳烃等转化为苯、对二甲苯等，见图8-5。

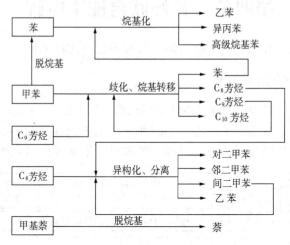

图 8-5　芳烃转化关系

甲苯可通过加氢脱烷基制苯。整体加氢脱烷基是甲苯脱烷基过程的扩展，常用于加工从裂解汽油等得到的芳烃馏分，把甲苯和C_8芳烃都一起加氢脱烷基制成苯，可以不需要预加氢和抽提分离等过程。甲苯进行催化歧化生产苯和C_8芳烃。可用此过程生产乙苯含量低的高纯二甲苯。若歧化过程的原料中加入从重整装置来的C_9芳烃，把歧化和烷基转移放在一起进行，则可生产更多的C_8芳烃，同时也生产苯和副产少量重芳烃。

二甲苯的两个需求最大的异构物是对二甲苯和邻二甲苯。在典型异构化温度454℃下，二甲苯三个异构物的平衡组成是：对二甲苯 23.5%，间二甲苯 52.5%，邻二甲苯 24.0%。为了把间二甲苯及乙苯转化成对二甲苯和邻二甲苯，采用了把间二甲苯及乙苯循环转化的办法，即在二甲苯分馏塔中将混合二甲苯先分离出沸点较高的邻二甲苯，又把分馏塔顶产物通过吸附分离或结晶分离回收对二甲苯，把剩余的含间二甲苯和乙苯的物料进行C_8芳烃异构化，达到平衡组成，再循环回二甲苯分馏塔。

此外联合装置中还可采用轻质烃芳构化和重质芳烃转化装置，生产更多的BTX芳烃。

第九章 三大合成材料生产过程

高分子材料的种类很多，而且新品种还在不断地涌现，按工艺性能可分为橡胶、塑料及纤维三大类。塑料、合成橡胶和合成纤维是重要的三大合成材料。合成材料的主要特点是原料来源丰富；用化学合成方法进行生产；品种繁多；性能多样化，某些性能远优于天然材料。它们的登台大大提高了国民生活水平，在国计民生方面具有重要的作用。

塑料制品在国民经济的各行各业都在广泛地使用。如塑料管材、板材、塑料薄膜、塑料盆、椅等。

橡胶不仅为人们提供日常生活不可或缺的日用、医用等轻工橡胶产品，而且向采掘、交通、建筑、机械、电子等重工业和新兴产业提供各种橡胶制生产设备或橡胶部件，国民经济各部门都离不开它。

纤维是天然或人工合成的细丝状物质。在现代生活中，纤维的应用无处不在，而且其中还蕴含不少高科技。纤维在纺织业、军事、环保、医药、建筑、生物科技等领域具有广泛的用途。

三大合成材料是用人工方法，由低分子化合物合成的高分子化合物，是由成千上万个原子通过化学键连接而成的，又叫高聚物。合成高分子材料的主要过程见图9-1。

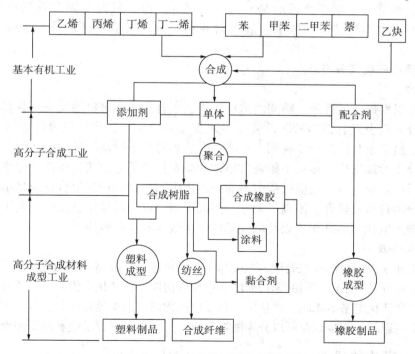

图9-1 合成高分子材料的主要过程

从图9-1可以看出，以"三烯"和"三苯"等为基本有机原料，利用基本有机合成形成单体，经聚合反应得到合成树脂和合成橡胶后，再经过高分子合成材料成型工业得到塑料、合成纤维、橡胶三大合成材料。

第一节　聚合反应

高分子或称聚合物分子或大分子，具有高的相对分子质量，其结构必须是由多个重复单元所组成，并且这些重复单元是由相应的小分子衍生而来。

高分子化合物，或称聚合物或高聚物，是由许多单个高分子（聚合物分子）组成的物质，即高分子材料是由许多单个的高分子链聚集而成。由单体转变成为聚合物的反应称为聚合反应。

一、聚合反应的类型

（一）按元素组成和结构变化关系分类

1. 加聚反应

是通过单体的加成聚合形成高聚物的反应，其产物称为加聚物。加聚物的元素组成与原料单体相同，仅仅是电子结构有所变化。加聚物的相对分子质量是单体相对分子质量的整数倍。如由单体氯乙烯加成为聚氯乙烯，由单体乙烯加成为聚乙烯等。大多数烯类高聚物都是通过加成聚合合成的。

2. 缩聚反应

是在聚合过程中，除形成聚合物外，同时还有低分子副产物产生的反应。其产物为缩聚物，如由单体对苯二甲酸和乙二醇生成聚对苯二甲酸乙二醇酯等。根据单体所带的官能团不同，其低分子副产物可能是水、醇、氨等。由于低分子副产物的析出，使缩聚物结构单元要比单体少若干个原子，故产物的相对分子质量不是单体相对分子质量的整数倍。

（二）根据反应机理分类

1. 连锁聚合反应

是单体经引发形成活性种，瞬间内与单体连锁聚合形成高聚物的反应。其基本特点是聚合过程可以分为链引发、链增长、链终止等几步基元反应，各步反应速度和活化能相差很大；相对分子质量很高的高分子瞬间内形成，以后相对分子质量不随时间变化；只有活性种进攻的单体分子参加反应，体系中始终由单体和高聚物两部分组成，单体转化率随时间的延长而增加，反应连锁进行；反应过程中不能分离出中间产物；连锁聚合反应是不可逆的。连锁聚合可以分为自由基聚合、阳离子聚合、阴离子聚合以及配位聚合反应，发生哪种反应取决于碳碳双键上取代基的结构，以及取代基的电子效应和位阻效应等。

2. 逐步聚合反应

是单体之间很快反应形成二聚体、三聚体……，再逐步形成高聚物的化学反应。其基本特点是产物的相对分子质量随时间的延长而增加；反应初期单体转化率大；反应逐步进行，每一步的反应速率和活化能基本相同，并且每一步反应产物都可以单独存在并分离出来；逐步聚合反应大多数是可逆的。逐步聚合可以分为缩聚反应、开环逐步聚合反应和逐步加聚反应。

二、聚合反应的机理

（一）自由基聚合反应

自由基聚合反应是单体借助于光、热、辐射、引发剂的作用，使单体分子活化为活性自由基，再与单体连锁聚合形成高聚物的化学反应，是连锁聚合反应中最重要、最典型的反应。经自由基聚合获得的产品产量占所有聚合物总产量的 60% 以上，占热塑性树脂的 80% 以上。低密度聚乙烯、聚氯乙烯、聚苯乙烯、聚醋酸乙烯酯、聚甲基丙烯酸甲酯、聚丙烯腈、丁苯橡胶、丁腈橡胶、氯丁橡胶、ABS 树脂等都是通过自由基聚合物产生的。最常见的连锁聚合，至少由三个基元反应组成，即链引发、链增长、链终止，还可能伴有链转移等反应。

1. 链引发

这一步骤包括从引发剂生成初级自由基，以及将它加成到单体上形成单体自由基的过程：

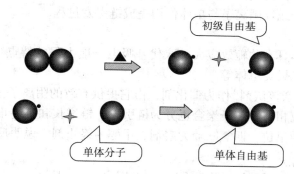

2. 链增长

在引发反应中生成的自由基的反应活性很强，很快与不饱和单体加成反应形成生长链——进行自由基连锁反应。在每一步中，自由基的反应都伴随着新自由基形成：单体自由基 M_1，二聚体自由基 M_2，等等。

$$M_n^{\cdot} + M \longrightarrow M_{n+1}^{\cdot}$$

3. 链终止

自由基有相互作用的强烈倾向，两个自由基相遇时，由于单电子消失而使链终止。终止反应有偶合和歧化两种方式。

消耗自由基

偶合终止

歧化终止

除上述链终止，也可以通过与容器壁碰撞或加入阻聚剂终止自由基连锁反应。即使是微量的某种杂质也能起到链转移剂或阻聚剂的作用，因此，所使用的单体原料必须是最纯净的石油化工产品。

自由基反应在微观上可以明显分成链引发、增长、终止、转移等基元反应。其中引发速率最小，是控制总聚合速率的关键。只有链增长反应才能使产物聚合度增加。体系中只有单体和聚合物组成，无中间体。自由基聚合反应过程的特点可以概括为：慢引发、快增长、速终止、易转移。

（二）离子型聚合反应

离子型聚合反应是单体在阳离子或阴离子作用下，活化为带正电荷或带负电荷的活性离子，再与单体连锁聚合形成高聚物的化学反应。可分为阳离子聚合反应和阴离子聚合反应。

1. 阳离子聚合反应

阳离子聚合的单体是具有强推电子取代基的烯烃类单体和具有共轭效应的单体，如异丁烯、乙烯、环醚、甲醛、异戊二烯等。

阳离子聚合所用的催化剂为"亲电试剂"，如质子酸、Lewis 酸以及有机金属化合物等，主要作用是提供氢质子或碳阳离子与单体作用完成链引发过程。

2. 阴离子聚合反应

阴离子聚合的单体具有共轭效应大，取代基吸电子能力强的特点，如苯乙烯、丙烯腈、甲基丙烯酸甲酯以及二烯类单体等。

阴离子聚合常用"亲核试剂"作为催化剂，由它提供有效的阴离子去引发单体。

和自由基聚合反应相似，离子聚合也分为链引发、链增长和链终止等步骤。现以正丁基锂为催化剂，苯乙烯为单位，四氢呋喃为溶剂，甲醇为终止剂，说明反应过程的机理。

链引发
$$n\text{-}C_4H_9Li + CH_2{=}CH(C_6H_5) \longrightarrow C_4H_9-CH_2-\bar{C}HLi^+(C_6H_5)$$

链增长
$$\sim CH_2-\bar{C}HLi^+(C_6H_5) + CH_2{=}CH(C_6H_5) \longrightarrow \sim CH_2-CH(C_6H_5)-CH_2-\bar{C}HLi^+(C_6H_5)$$

链终止
$$\sim CH_2-\bar{C}HLi^+(C_6H_5) + CH_3OH \longrightarrow \sim CH_2-CH_2(C_6H_5) + LiOCH_3$$

可见，离子聚合过程中，单体在催化剂的作用下形成活性中心离子（活性单体），在活性中心离子附近还有反离子（带相反电荷的离子）存在，直到链终止前，它们通常都以离子对形式存在于反应体系中。

离子聚合主要用于制取聚异丁烯、丁基橡胶、聚亚苯基、聚甲醛、聚硅氧烷、聚环氧乙烷、高密聚乙烯、等规聚丙烯、顺丁橡胶等。

（三）配位聚合反应

配位聚合反应是烯烃单体的碳-碳双键与引发剂活性中心的过渡元素原子的空轨道配位，然后发生位移使单体分子插入到金属-碳之间进行链增长形成高聚物的化学反应。

配位聚合的单体有两类：一类是非极性单体如乙烯、丙烯、1-丁烯、苯乙烯、共轭双烯及环烯烃等；另一类是极性单体如甲基丙烯酸甲酯、丙烯酸酯等。

配位聚合的催化剂为 Ziegler-Natta 催化剂，它是由主催化剂和助催化剂组成的。主催化剂分三类，用于 α-烯烃的配位聚合的是第Ⅳ~第Ⅵ族过渡金属卤化物、氧氯化物、乙酰丙酮或环戊二烯基过渡金属卤化物；用于环烯烃开环聚合的是 $MoCl_5$ 和 WCl_5；用于双烯烃配位阴离子聚合的是第Ⅷ过渡元素的卤化物羟盐。

Ziegler-Natta 催化剂在发现后仅 2~3 年便实现了工业化，并由此把高分子工业带入了一个崭新的时代。

乙烯的自由基聚合必须在高温高压下进行，由于较易向高分子的链转移，得到支化高分子，即低密度聚乙烯（LDPE）。Ziegler-Natta 催化剂的乙烯配位聚合则可在低（中）压条件下进行，不易向高分子链转移，得到的是线形高分子，分子链之间堆砌较紧密，密度大，常称高密度聚乙烯（HDPE）。

丙烯利用自由基聚合或离子聚合，由于其自阻聚作用，都不能获得高分子量的聚合产物，但用 Ziegler-Natta 催化剂则可获得高分子量的聚丙烯。

Ziegler-Natta 催化剂由于其所含金属与单体之间的强配位能力，使单体在进行链增长反应时立体选择性更强，可获得高立体规整度的聚合产物，其聚合过程是定向的。

Ziegler-Natta 催化剂的配位聚合反应机理是：将烯键插入到金属与生长的烷基之间的键上去，甲基只能朝一个方向，因此聚合物的等规度高。故该反应也称定向聚合反应，产生的聚合物也叫定向聚合物。该聚合反应过程在控制聚合物结构方向具有重大价值。

（四）缩聚反应

缩聚反应是由含有两个或两个以上官能团的单体或各种低聚物之间的缩合反应。按产物大分子的几何形状可分为线型缩聚和体型缩聚。线型缩聚是单体都带有两个官能团，反应中形成的大分子向两个方向发展，得到的产物为线型结构；体型缩聚是参加反应的单体至少有一种单体带有两个以上官能团，反应中大分子向三个方向发展，产物为体型结构。

线型缩聚反应机理分两步：第一步，线型大分子的生长过程。开始阶段，两种单体分子相互作用形成二聚体；然后二聚体与单体作用形成三聚体或二聚体之间相互作用形成四聚体；继而，三聚体和四聚体可以与单体或二聚体及它们之间相互作用形成不同链长的四聚体、五聚体、六聚体、七聚体、八聚体；然后，各种低聚物之间相互反应形成高聚物，高聚物与高聚物之间相互反应形成更高相对分子质量的高聚物。第二步，线型大分子生长过程的停止。从线型大分子生长过程来看，体系内不同链长的大分子链端都带有可供反应的官能团，只要官能团不消失，就应该一直反应下去，形成相对分子质量无限大的高聚物大分子。但事实并非如此，实际线型缩聚反应产物的相对分子质量比加聚反应产物的相对分子质量要小得多，其主要原因：一是，随着反应的进行，体系内反应物浓度降低，析出的小分子副产物浓度增加；同时由于水解、醇解、胺解等使逆反应速率越来越明显，以致达到平衡而使过程停止。此外，由于缩聚产物浓度的增大，体系的黏度增大，使小分子副产物排出困难；黏度增大后使官能团反应的几率降低，对正反应不利而造成过程停止。二是，反应到一定阶段后，体系内所有"大"分子两端带相同的官能团，而失去再反应的对象，即封端失活。此外，官能团也可能发生其他化学变化而失去缩聚反应活性。尤其是催化剂耗尽或反应温度降低也会使官能团失去活性。

体型缩聚反应机理是首先生成线型聚合物或者具有反应活性的低聚物（在反应器中进行，控制一定的反应程度），然后再通过加热或者加入固化剂等方法使其转变为体型缩聚物的最终产品（在模具中进行）。

第二节　聚合生产工艺

高聚物的合成因聚合机理的不同而采取不同的生产工艺。连锁聚合反应的实施方法有本体聚合、溶液聚合、悬浮聚合和乳液聚合等。逐步聚合反应的实施方法有熔融聚合、溶液聚合、界面聚合和固态聚合等。

一、连锁聚合的实施方法

(一) 本体聚合

本体聚合是单体本身,加入(或不加)少量引发剂的聚合,是四种方法中最简单的方法。本体聚合根据参加反应的单体的状态,可分为气相、液相、固相本体聚合,其中液相本体聚合应用最广泛。适用于自由基聚合反应和离子型聚合反应。主要用于有机玻璃的板材与型材的制造,聚苯乙烯热塑性材料的生产,低相对分子质量黏合剂、胶泥等的制备等。并且很适用于实验研究。

本体聚合的工艺特点:①产品杂质少、纯度高、透明性好。②后处理过程简单,可以省去复杂的分离回收等操作过程,生产工艺简单,流程短,生产设备少。③反应器有效反应容积大,生产能力大,易于连续化,生产成本比较低。④气态、液态及固态单体均可进行本体聚合,其中液态单体的本体聚合最为重要。⑤反应放热量大,反应热难以排除,不易保持一定的反应温度,因此容易产生局部过热,致使产品变色,发生气泡甚至引起"爆聚"。因此,本体聚合法的工业应用受到一定的限制,不如悬浮及乳液聚合应用广泛。

影响本体聚合的主要因素:

①单体的聚合热 单体聚合时会放出大量的热量,如何排除是生产中的第一个关键问题。烯烃类单体的聚合热约为 $63 \sim 84 kJ/mol$。在聚合初期,转化率不高,体系黏度不大,利用未反应单体可以排除反应热。但随着转化率的增大,体系黏度增加,散热较难;尤其是出现凝胶现象后,放热速率加快,散热更难,不但会造成局部过热,相对分子质量分布变宽,而且还会影响机械搅拌,严重时,产生爆聚。为了克服这一问题,工业生产中一般采用两段式聚合,第一段在较大的聚合釜中进行,转化率控制在 $10\% \sim 40\%$ 之间;第二段进行薄层聚合或以较慢的速度进行。

②聚合产物的出料 工业上本体聚合的第二个问题是聚合产物的出料问题,如果控制不好不但会影响产品的质量,还会造成生产事故。根据产品特性,可以采用浇铸脱模制板材或型材,熔融体挤出造粒,粉料等出料方式。

(二) 悬浮聚合

悬浮聚合是将不溶于水的,溶有引发剂的单体,利用强烈的机械搅拌以小液滴的形式,分散在溶有分散剂的水相介质中,完成聚合反应的一种方法。体系主要由单体、引发剂、水和分散剂四组分组成,聚合的场所在每个小液滴内,每个小液滴内只有引发剂和单体,实质是在每个小液滴内进行本体聚合。因此,悬浮聚合保留了本体聚合的优点,但却克服了本体聚合难于控制温度的不足。悬浮聚合法目前仅用于合成树脂的生产。

悬浮聚合的工艺特点:①以水为分散介质,价廉、不需要回收、安全、易分离。②悬浮聚合体系黏度低、温度易控制、产品质量稳定。③由于没有向溶剂的链转移反应,其产物相对分子质量一般比溶液聚合高。④与乳液聚合相比,悬浮聚合物上吸附的分散剂量少,有些还容易脱除,产物杂质较少。⑤颗粒形态较大,可以制成不同粒径的颗粒粒子。聚合物颗粒直径一般 $0.05 \sim 0.2 mm$,有些可达 $0.4 mm$,甚至超过 $1 mm$。⑥工业上采用间歇法生产,连续法尚未工业化。⑦反应中液滴容易凝结为大块,导致聚合热难以导出,严重时造成重大事故。

影响悬浮聚合的主要因素：

①单体相　单体相是由油性单体和引发剂组成，有时也加入其他物质，它决定着聚合动力学和分子特性。

②水相　水相一般是由水、分散剂和其他成分组成，它影响悬浮聚合成粒机理和颗粒特性。

（三）溶液聚合

溶液聚合是将单体和引发剂溶于适当溶剂中进行的聚合。根据聚合机理可以分为自由基溶液聚合、离子型溶液聚合和配位溶液聚合，适用于自由基聚合反应、离子型聚合反应和配位聚合反应。主要用于生产高密度聚乙烯、聚丙烯、顺丁橡胶、乙丙橡胶、丁基橡胶等。

溶液聚合的工艺特点：①与本体聚合相比，溶剂可作为传热介质使体系传热较易，温度容易控制。②体系黏度较低，减少凝胶效应，可以避免局部过热。③易于调节产品的分子量及其分布。④由于单体浓度较低，聚合速率较慢，设备生产能力和利用率较低。⑤单体浓度低和向溶剂链转移的结果，使聚合物分子量较低。⑥使用有机溶剂时增加成本、污染环境。⑦溶剂分离回收费用高，除尽聚合物中残留溶剂困难。

溶液聚合的主要影响因素：溶液聚合的主要影响因素是溶剂。

溶剂对自由基溶液聚合的影响，一是体现在对引发剂有无诱导分解反应发生；二是链自由基对溶剂有无链转移反应。如果有这两种反应，则对聚合速率及产物相对分子质量都有影响，应尽量选择没有或较少发生这两种反应的溶剂。三是溶剂对聚合物的溶解能力大小，对凝胶效应的影响。当选用良溶剂，则对聚合物溶解性好，可以减少或消除凝胶效应；选用不良溶剂，则对聚合物溶解性不好，造成沉淀聚合，使凝胶效应显著。自由基溶液聚合可以选择的溶剂有芳烃、烷烃、醇类、醚类、胺类等有机溶剂和水等。

溶剂对离子型、配位型溶液聚合的影响，一是不能选择水、醇、酸等含有氢质子的溶剂，以防止破坏催化剂的活性；二是考虑溶剂对增长离子、紧密程度和活性的影响，确保聚合速率和产物的相对分子质量及微观结构；三是考虑向溶剂的链转移大小；四是考虑对催化剂及产物的溶解能力。一般选择烷烃、芳烃等非质子性有机溶剂。

（四）乳液聚合

乳液聚合是单体在水中以乳液状态进行的聚合，体系主要由单体、引发剂、水及乳化剂等组成，适用于自由基聚合或离子聚合。主要用于生产丁苯橡胶、丁腈橡胶、糊状聚氯乙烯、聚甲基丙烯酸甲酯、聚醋酸乙烯酯及聚四氟乙烯等。

乳液聚合的工艺特点：①以水作分散介质，价廉安全，比热较高，乳液黏度低，有利于搅拌传热和管道输送，便于连续操作。②聚合速率快，同时产物分子量高，可在较低的温度下聚合。③可直接应用的胶乳，如水乳漆、黏结剂、纸张、皮革、织物表面处理剂更宜采用乳液聚合。④不使用有机溶剂，干燥中不会发生火灾，无毒，不会污染大气。⑤需固体聚合物时，乳液需经破乳、洗涤、脱水、干燥等工序，生产成本较高。⑥产品中残留有乳化剂等，难以完全除尽，有损电性能、透明度、耐水性能等。⑦聚合物分离需加破乳剂，如盐溶液、酸溶液等电解质，因此分离过程较复杂，并且产生大量的废水；如直接进行喷雾干燥需大量热能；所得聚合物的杂质含量较高。

乳液聚合的主要影响因素：

①单体　选择能在乳液中进行聚合的乙烯基单体必须具备3个条件：可以增溶溶解但不

是全部溶解于乳化剂水溶液；可以在发生增溶溶解作用的温度下进行聚合；与水或乳化剂无任何活化作用，即不水解。单体的水溶性不但影响聚合速率，还影响乳胶粒中单体与聚合物的质量比。单体的水溶性愈大，聚合物的亲水性愈大。

②乳化剂　是能使油水变成相当稳定难以分层的乳状液的物质，在乳液聚合过程起着重要的作用。当乳化剂浓度在临界胶束浓度（CMC）以下时，溶液的表面张力和界面张力随着乳化剂浓度的增大而迅速降低；当乳化剂浓度达到 CMC 后，随着乳化剂浓度的增大其表面张力和界面张力变化甚微。在 CMC 处，溶液的其他性质如离子活性、电导率、渗透压、蒸汽压、黏度、密度、增溶性及颜色等都有明显的变化。

③pH 值　pH 值大小直接影响乳液体系的稳定性和引发剂的分解速度，不同聚合体系对 pH 值有不同的要求。

④反应温度　除对聚合反应速度产生影响外，还会对有些品种的产品性能产生重要影响。

⑤反应压力　反应器内的压力取决于单体种类和温度，含有丁二烯的产品以及氯乙烯产品须在密闭系统内压力下反应。当反应物料中游离的单体消失时，反应系统的压力会自动降低，但此时易产生温度控制问题，因为胶乳粒子中聚合转化率提高后终止速度降低，聚合速度增加，因而放出的热量增加，温度升高。

连锁聚合反应的四种聚合方法比较见表 9-1。对于按自由基聚合反应机理进行聚合反应，一般上述四种方法都可以选择；离子型聚合和配位聚合的活性中心容易被水破坏，只能选择以有机溶剂为介质的溶液聚合或本体聚合。至于生产中选择哪一种方法，须由单体的性质和聚合产物的用途来决定。

表 9-1　四种聚合方法比较

项　目	本 体 聚 合	溶 液 聚 合	悬 浮 聚 合	乳 液 聚 合
原料主要成分	单体、引发剂	单体、引发剂、溶剂	单体、引发剂、水、分散剂	单体、水溶性引发剂、水、乳化剂
聚合场所	本体内	溶液内	液滴内	胶束和乳胶粒内
聚合机理	自由基聚合，提高速率的因素往往使相对分子质量降低	伴有向溶剂的链转移反应，一般相对分子质量较低，速率也较低	与本体聚合相同	能同时提高聚合速率和相对分子质量
生产特性	反应热不易移出，多为间歇操作，聚合设备简单，宜制板材和型材	散热容易，可连续生产，也可间歇生产，不宜制成干粉状或粒状树脂	散热容易，间歇生产，需有分离、洗涤、干燥等工序	散热容易，可连续生产，也可间歇生产，制成固体树脂时，需经凝聚、洗涤、干燥等工序
产物特性	聚合物纯净，宜于生产透明浅色制品，相对分子质量分布较宽	一般聚合液可以直接使用	聚合物比较纯净，可能留有少量分散剂	乳状液可以作粘合剂直接使用，固体物留有少量乳化剂和其他助剂

项　目	本体聚合	溶液聚合	悬浮聚合	乳液聚合
控制条件	反应热、产物出料	溶剂溶解性、转移反应、溶剂性质(离子聚合)	分散剂种类、用量、搅拌速度	乳化剂种类、用量、搅拌速度、pH值
主要应用	聚苯乙烯、聚甲基丙烯酸甲酯、聚乙烯	聚苯乙烯、聚丙烯腈、聚丙烯、橡胶等	聚氯乙烯、聚甲基丙烯酸甲酯、聚苯乙烯等	丁苯橡胶、丁腈橡胶等

二、逐步聚合的实施方法

逐步聚合没有活性中心，是通过一系列单体上所带的能相互反应的官能团间的反应逐步实现的，绝大多数缩聚反应都是逐步增长聚合反应。逐步聚合反应有熔融聚合、溶液聚合、界面聚合、固态聚合等方法。采用不同的方法可以得到同一种缩聚产物，但由于反应进行的条件不同，其性能是不一样的。

(一)熔融聚合

熔融聚合的聚合体系中只加单体和少量的催化剂，不加入任何溶剂，聚合过程中原料单体和生成的聚合物均处于熔融状态，主要用于平衡缩聚反应，如聚酯、聚酰胺等的生产。

熔融聚合的工艺特点：①反应需要在高温(200~300℃)下进行；②反应时间较长，一般都在几小时以上；③为避免高温时缩聚产物的氧化降解，常需要在惰性气体的保护下进行；反应后期需要在高真空度下进行，以保证充分脱除低分子副产物。同时，在生产工艺上和设备上还需采用相应的措施以脱除低分子副产物。

影响熔融缩聚反应的主要因素：

①单体配料比　对产物平均相对分子质量有决定性影响，所以在熔融缩聚的全过程都要严格控制配料比。但在高温下单体挥发或稳定性等原因造成配料比不好控制，因此，生产上一般将混缩聚转变为均缩聚。如将对苯二甲酸转变为易于提纯的对苯二甲酸二甲酯，与乙二醇进行酯交换生成对苯二甲酸乙二酯，再进行缩聚反应得到涤纶树脂。

②反应程度　通过排出低分子副产物的办法提高反应程度。具体可以采用提高真空度，增强机械搅拌，改善反应器结构，采用能增加低分子副产物扩散速率的扩链剂，通入惰性气体等方法。

③温度、氧、杂质　先高温后低温，由于高温下氧能使产物氧化变色、交联，因此，要通入惰性气体，并加入抗氧剂；杂质的带入会影响配料比，因此要清除。

④催化剂　加入一定量的催化剂能提高反应速率。

(二)溶液聚合

溶液聚合分为高温溶液聚合和低温溶液聚合，是单体溶解在适当溶剂中进行聚合反应的一种实施方法。其溶剂可以是单一的，也可以是几种溶剂混合。规模仅次于熔融缩聚，广泛用于涂料、胶黏剂等的制备，特别适用于分子量高且难熔的耐热聚合物，如聚酰亚胺、聚苯醚、芳香聚酰胺等。

溶液聚合的工艺特点：①由于有溶剂存在，体系温度和黏度降低，有利于热量交换，防止局部过热，反应平稳。②不需要高真空度；可将小分子副产物共沸除去。③缩聚产物可直接制成清漆、成膜材料、纺丝。③使用溶剂后，工艺复杂，需要分离、精制、回收。④生产成本较高。溶剂大多有毒，易燃，污染环境。

溶液聚合的主要影响因素：

①单体配料比　对产物平均相对分子质量有决定性影响，要控制好配料比。

②反应程度　影响趋势与熔融聚合相同，但当反应程度过大时，会发生副反应。同时加料速度也有一定影响。

③单体浓度　单体浓度增加时，可以增加反应速率并提高产物的相对分子质量；但增加得过大时却反而有所下降，因而单体浓度有最佳范围。

④温度　升高温度，反应平衡常数下降。对于活性小的单体，为加快反应，必须在一定温度下进行，否则，反应太慢。在一定范围内升高温度，可以增加产物的相对分子质量及收率；对于活性大的单体，一般采用低温溶液缩聚。因为采用高温时，副反应增加，产物相对分子质量和产率下降。

⑤催化剂　对于活性大的单体，可以不用加催化剂，但对活性小的单体，则需要适量加入催化剂。

⑥溶剂　溶剂的作用是溶解单体，促进单体间混合，降低体系黏度，吸收反应热，有利于热量交换，使反应平稳；溶解或溶胀增长着的大分子链，使其伸展便于继续增长，增加反应速率，提高相对分子质量。但溶剂的性质对大分子链在溶剂中的状态有影响，有利于低分子副产物的排除和抑制环化反应。溶剂对反应速率与相对分子质量都有影响，一般情况是溶剂的极性大，可提高缩聚反应的速度和相对分子质量；但当使用的溶剂发生副反应时，会降低产物相对分子质量，同时对分子量分布及产物组成也有一定的影响。溶液缩聚时，不但可以选用单一溶剂，也可以选用混合溶剂。

（三）界面聚合

界面聚合是将两种单体分别溶于两种不互溶的溶剂中，再将这两种溶液倒在一起，在两液相的界面上进行缩聚反应，聚合产物不溶于溶剂，在界面析出。主要适用于分别存在于两相中的两种反应活性高的单体之间的缩聚反应。主要用来生产聚碳酸酯、芳香族聚酰胺以及芳香族聚酯等。

界面聚合的工艺特点：①界面缩聚是一种不平衡缩聚反应，小分子副产物可被溶剂中某一物质所消耗吸收。②界面缩聚反应速率受单体扩散速率控制。③单体为高反应活性，聚合物在界面迅速生成，其分子量与总的反应程度无关。④对单体纯度要求不严。⑤反应温度低，可避免因高温而导致的副反应，有利于高熔点耐热聚合物的合成。⑥需要大量溶剂，产品不易精制。

界面聚合的主要影响因素：

①单体配料比　界面缩聚属于复相反应，对产物相对分子质量产生影响是反应区两种单体的摩尔比而不是整个体系中两种单体的摩尔比。

②单官能团化合物　它的存在与其他缩聚一样，会降低产物相对分子质量。但下降的程度不但与该物质的含量有关，还与该物质的反应活性及向反应区扩散的速率有关。含量大，反应活性大，并且扩散速率快，则产物相对分子质量降低严重。

③温度　由于单体活性较大，反应速率快，反应活化能小，所以温度对界面聚合的影响不是主要因素。

④溶剂性质　一般情况下，为了保证产物相对分子质量较高，气-液界面缩聚中，液相最好

是水；液-液界面缩聚中，一个液相是有机相，另一液相是水。溶剂的选择多凭经验。

⑤水相的 pH 值　聚合产率、相对分子质量与水相 pH 值存在有最佳值。

⑥乳化剂　加入少量乳化剂可以加快反应速率，提高产率，反应的重复性好。

(四) 固态聚合

固态聚合指单体或预聚体在固态条件下的缩聚反应。采用该方法可以制备高相对分子质量、高纯度的缩聚物；对于熔点很高或超过熔点容易分解的单体的缩聚以及耐高温缩聚物的制备，特别是无机缩聚物的制备，非常合适。

固态聚合的工艺特点：①固态聚合的反应速率慢，表观活化能大，因而反应时间较长。②聚合过程中单体从一个晶相扩散到另一个晶相，是扩散控制过程。③反应速率随时间的延长而增加，到反应后期，由于官能团浓度很小，反应速率才迅速下降。

固态聚合的主要影响因素：

①单体配料比　混缩聚时，一种单体过量会使产物相对分子质量降低，但影响程度没有熔融聚合大。

②反应程度　同于一般缩聚反应，增加真空度可以降低低分子副产物的浓度，提高缩聚产物的相对分子质量。

③温度　一般在熔点以下 $15\sim30℃$ 左右进行，温度范围较窄；此外，反应温度还影响产物的物理状态，如在单体熔点以下 $1\sim5℃$ 反应时，产物为块状；而在单体熔点以下 $5\sim20℃$ 进行时，产物为密实的粉末。

④添加物　对添加物比较敏感，其中有催化作用的添加物使反应加速，无催化作用的则反应减速。

⑤原料粒度　原料粒度越小，反应速率越快。

第三节　几种典型高分子材料合成工业实例

高分子合成工业，主要包括以下生产过程和完成这些生产过程的相应设备与装置。

(1)原料准备与精制过程　包括单体、溶剂、去离子水等原料的贮存、洗涤、精制、干燥、调整浓度等过程和设备。

(2)催化剂(引发剂)配制过程　包括聚合用催化剂、引发剂和助剂的制造、溶解、贮存、调整浓度等过程与设备。

(3)聚合反应过程　包括聚合和以聚合釜为中心的有关热交换设备及反应物料输送过程与设备。

(4)分离过程　包括未反应单体的回收，脱除溶剂、催化剂，脱除低聚物等过程与设备。

(5)聚合物后处理过程　包括聚合物的输送、干燥、造粒、均匀化、贮存、包装等过程与设备。

(6)回收过程　主要是反应单体和溶剂的回收与精制过程及设备。

此外还有与炼油厂相似的的三废处理和公用工程如供电、供气、供水等。

对于某一品种高聚物的生产而言，由于生产工艺条件不同，可能不需要通过上述全部生产过程；而且各过程所占的比重也因品种、生产方法等不同而有所不同。本节主要介绍几种典型的高聚物合成工艺。

一、低密度聚乙烯(LDPE)的生产工艺

LDPE 的生产按反应器的形式可分为管式法和釜式法，工艺流程如图 9-2 所示(虚线部分为管式反应器)。原料新鲜乙烯来自乙烯精制车间，其压力通常为 3.0~3.3MPa，此时可进入一次压缩机的中段压缩至 25MPa。来自低压分离器的循环乙烯与分子量调节剂混合后进入二次压缩机，二次压缩机的最高压力因聚合设备的要求而不同。管式反应器要求最高压力达 300MPa 或更高些；釜式反应器要求最高压力为 250MPa。经二次压缩达到反应压力的乙烯经冷却后进入聚合反应器，目前有两种不同形式的聚合反应器：釜式反应器和管式反应器。引发剂则用高压泵送入乙烯进料口，或直接注入聚合设备。反应物料经适当冷却后进入高压分离器，减压至 25MPa。未反应的乙烯与聚乙烯分离并经冷却脱去蜡状低聚物以后，回到二次压缩机吸入口，经加压后循环使用，聚乙烯则进入低压分离器，减压到 0.1MPa 以下，使残存的乙烯进一步分离。乙烯循环使用，聚乙烯树脂在低压分离器与抗氧化剂等添加剂混合后经挤出切粒，得到粒状聚乙烯，被水流送往脱水振动筛，与大部分水分离后，进入离心干燥器，以脱除表面附着的水分，然后经振动筛分去不合格的粒料后，成品用气流输送至计量设备计量，混合后为一次成品。然后再次进行挤出、切粒、离心干燥，得到二次成品。二次成品经包装出厂为商品聚乙烯。

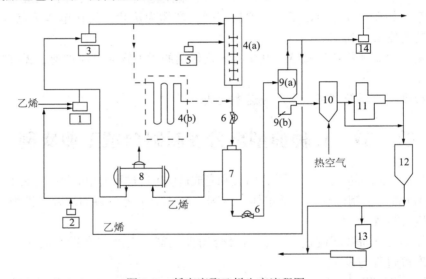

图 9-2　低密度聚乙烯生产流程图

1——次压缩机；2—分子量调节剂泵；3—二次高压压缩机；4(a)—釜式反应器；4(b)—管式聚合反应器；
5—催化剂泵；6—减压阀；7—高压分离器；8—废热锅炉；9(a)—低压分离器；9(b)—挤出切粒机；
10—干燥器；11—密炼机；12—混合机；13—混合造粒机；14—压缩机

管式法的最大特点是聚合反应在 1000 多米长内径为 30~60mm 的管内完成，操作压力为 300MPa，停留时间一般为 35~50s，单程转化率为 20%~30%。一般说来，管式法由于反应器内压力和温度梯度大，分子量分布较宽，分子支链较少，管式法 LDPE 更适宜于生产树脂和共聚物。

二、聚氯乙烯(PVC)的生产工艺

聚氯乙烯是由氯乙烯经自由基聚合而来的，聚合的方法以悬浮聚合为主。它具有操作简

单、生产成本低、产品质量好、经济效益好、用途广泛等特点。其典型工艺流程如图9-3所示。

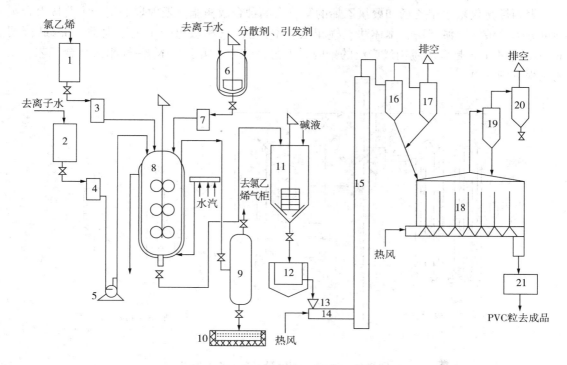

图9-3 氯乙烯悬浮聚合工艺流程简图

1—氯乙烯计量罐；2—去离子水计量罐；3、4、7—过滤器；5—多级水泵；6—配制釜；8—聚合釜；
9—泡沫捕集器；10—沉降池；11—碱处理釜；12—离心机；13—料斗；14—螺旋输送器；15—气流干燥管；
16、17、19、20—旋风分离器；18—沸腾床干燥器；21—振动筛

先将去离子水用泵注入聚合釜内，启动搅拌器，依次将分散剂、缓冲剂等助剂和引发剂加入。然后抽空，用纯氮气置换釜内空气使残留氧含量降至最低，最后加入单体。单体由计量罐经过滤器加入聚合釜内，向聚合釜夹套内通入蒸汽和热水，当聚合釜内温度升高到聚合温度（50~58℃）后，改通冷却水，控制聚合温度不超过规定温度的±0.5℃。当转化率达60%~70%时，会有自加速现象发生，反应加快，放热激烈，应加大冷却水用量。当釜内压力从最高0.687~0.981 MPa降到0.294~0.196 MPa时，可泄压出料，使聚合物膨胀。

末聚合的氯乙烯单体经泡沫捕集器排入氯乙烯气柜，循环使用。被氯乙烯气体带出的少量树脂用泡沫捕集器捕集下来，流至沉降池中，作为次品处理。

聚合物悬浮液送碱处理釜，用浓度为36%~42%的NaOH溶液处理，加入量为悬浮液的0.05%~0.2%，用蒸汽直接加热至70~80℃，维持1.5~2.0h，然后用氮气进行吹气降温至65℃以下时，再送去过滤和洗涤。

在卧式刮刀自动离心机或螺旋沉降式离心机中，先进行过滤，再用70~80℃热水洗涤二次。经脱水后的树脂具有一定含水量，经螺旋输送器送入气流干燥管，以140~150℃热风为载体进行第一段干燥，出口树脂含水量小于4%；再送入以120℃热风为载体的沸腾床干燥器中进行第二段干燥，得到含水量小于0.3%的聚氯乙烯树脂。再经筛分、包装入库。

三、聚丙烯(PP)的生产工艺

聚丙烯是仅次于聚乙烯和聚氯乙烯的第三大品种合成树脂。聚丙烯的生产工艺按聚合类型可分为溶液法、淤浆法、本体法、气相法、本体法-气相法组合工艺五大类。Basell 公司的 Spheripol 工艺是全球应用最广泛的聚丙烯工艺，该工艺属于本体法-气相法组合工艺，工艺流程见图9-4。

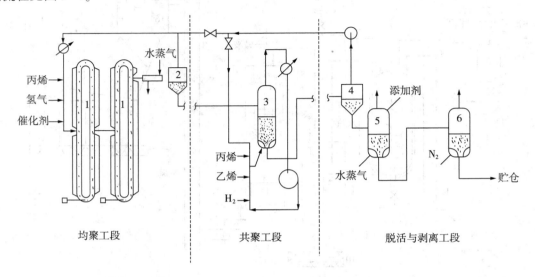

图 9-4 Speripol 聚丙烯生产工艺流程图

1— 环状反应器；2——级旋风分离器；3—流动床共聚反应器；4—二级与共聚物旋风分离器；
5—脱活器；6—剥离器

经过预聚合处理过的催化剂连续送入环式聚合反应器与液态的丙烯和调节剂氢气进行反应，在每一个环式聚合反应器中的平均停留时间为1~2h，两反应器串联操作可缩短反应时间，提高产量。反应温度为70℃左右，反应压力为4MPa。生成的聚丙烯浓度约为40%左右。每一个反应器底部装有轴流搅拌装置，使物料高速流动以加强向夹套中的冷却水传热效率，并防止聚丙烯颗粒沉降。

连续流出的聚丙烯浆液经加热器加热后送入第一个闪蒸器2，如生产均聚物则物料再直接进入第二闪蒸器4，以脱除未反应的丙烯。由第一闪蒸器逸出的丙烯经冷却水冷却后返回反应系统，第二闪蒸器逸出的丙烯气体，则经压缩机压缩液化后返回反应系统。聚丙烯粉末从第二闪蒸器进入脱活釜器5，用少量蒸汽和其他添加剂使催化剂脱活，在罐6中用热的氮气脱除残存的湿气和易挥发物，经干燥的聚丙烯粉末送往储仓或添加必要的助剂后进行挤出造粒。

生产抗冲性能优良的共聚物时，自第一闪蒸器流出的含有催化剂的聚丙烯，进入气相反应器3，它由一个或两个串联的密相流化床组成，在此反应器中具有活性的聚丙烯与送入的乙烯、丙烯以及分子量调节剂氢气进行嵌段共聚。共聚物进入第二闪蒸器去除未反应单体后，处理方法同均聚物。

Spheripol 工艺是一种液相预聚合同液相均聚合气相共聚相结合的聚合工艺，工艺采用高效催化剂，生成的聚丙烯粉料粒度呈圆球形，颗粒大而均匀，分布可以调节，既可宽又可

154

窄。可以生产全范围、多用途的各种产品。其均聚和无规共聚产品的特点是纯净度高，光学性能好，无异味。

四、聚苯乙烯(PS)的生产工艺

聚苯乙烯是最早实现工业化生产的塑料之一。苯乙烯能按离子型聚合、自由基型聚合机理进行聚合，并可以按各种聚合方式进行聚合。工业上主要采用本体聚合和悬浮聚合方法进行生产。典型的苯乙烯低温悬浮聚合工艺流程见图9-5。

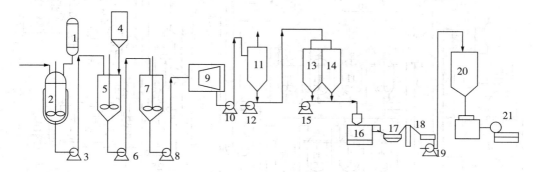

图9-5　低温悬浮聚合工艺流程

1—配制釜；2—聚合釜；3、6、8—输送泵；4—配碱槽；5—中和槽；7—浆料槽；9—脱水器；10、12、15、19—风机；11—干燥器；13、14—中间贮槽；16—挤出机；17—冷却器；18—切粒机；20—制品贮槽；21—包装机组

向聚合釜内按一定配比加入单体、水、分散剂、引发剂及内部润滑剂、离型剂等。为了控制聚合产物的相对分子质量及分布和转化率，聚合时先升温到90℃，反应6h；然后再升温到110℃和135℃两个阶段聚合，共约2~3h。釜内压力为0.3MPa，聚合后降温到60℃，得聚苯乙烯悬浮液。不包括升温和清釜，聚合时间约为8~9h。然后将此悬浮液送至中和槽，用盐酸中和。后经洗涤、离心分离，得含水量为2%~3%的聚苯乙烯珠粒。最后经80℃的热气流干燥，得含水量为0.05%的聚苯乙烯树脂，再用空气输送至成品贮槽，经挤出切粒，包装成袋。

将苯乙烯注入预聚合釜中，在氮气保护下，于80~100℃进行预聚合，当转化率达到30%~35%后，连续送入塔式反应器完成聚合。为了便于聚合过程的控制，通常分三个或三个以上加热区，控制不同温度。上部100~110℃，中部140~160℃，底部180~200℃。塔底温度高，不但可提高转化率，而且有利于聚合物中的残留苯乙烯单体的挥发。反应塔底是一个锥形的料斗，与短筒型挤出机相连。熔融聚合物连续进入挤出机，挤成条状，经冷却，切粒得到成品。

五、丁苯橡胶(SBR)的生产工艺

丁苯橡胶是由1,3-丁二烯与苯乙烯共聚而得的高聚物，简称SBR，是一种综合性能较好，产量和消耗量最大的通用橡胶。其工业生产方法有乳液聚合法和溶液聚合法，且乳液聚合法最为常用。低温乳液聚合生产丁苯橡胶工艺过程见图9-6。

用计量泵将规定数量的相对分子质量调节剂叔十烷基硫醇与苯乙烯在管路中混合溶解，再在管路中与处理好的丁二烯混合。然后与乳化剂混合液(乳化剂、去离子水、脱氧剂等)等在管路中混合后进入冷却器，冷却至10℃。再与活化剂溶液(还原剂、螯合剂等)混合，从第一个釜的底部进入聚合系统，氧化剂直接从第一个釜的底部进入。聚合系统由8~12台聚合釜组成，采用串联操作方式。当聚合到规定转化率后，在终止釜前加入终止剂终止反应。

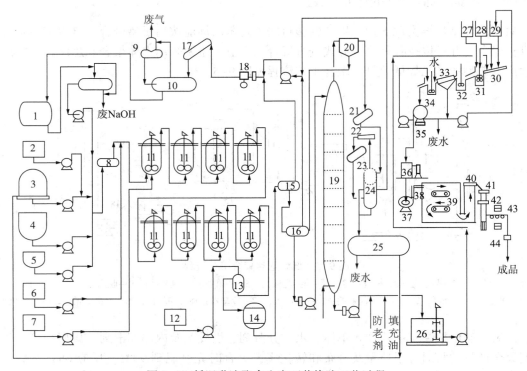

图9-6 低温乳液聚合生产丁苯橡胶工艺过程

1—丁二烯原料罐　2—调节剂槽　3—苯乙烯贮罐　4—乳化剂槽；5—去离子水贮罐；6—活化剂槽；7—过氧化物贮罐；8—冷却器；9—洗气罐；10—丁二烯贮罐；11—聚合釜；12—终止剂贮罐；13—终止釜；14—缓冲罐；15，16—闪蒸器；17，21，23—冷凝器；18—压缩机；19—苯乙烯汽提塔；20—气体分离器；22—喷射泵；24—升压器；25—苯乙烯罐；26—混合槽；27—硫酸贮罐；28—食盐水贮槽；29—清浆液贮槽；30—絮凝槽；31—胶粒化槽；32—转化槽；33—筛子；34—浆化槽；35—真空旋转过滤器；36—粉碎机；37—鼓风机；38—空气输送带；39—干燥机；40—输送器；41—自动计量器；42—成型机；43—金属检测器；44—包装机

从终止釜流出的胶液进入缓冲罐，然后经过两个不同真空度的闪蒸器回收未反应的丁二烯。第一个闪蒸器的操作条件是22~28℃，压力0.04MPa，在第一个闪蒸器中蒸出大部分丁二烯；再在第二个闪蒸器中（温度27℃，压力0.03MPa）蒸出残存的丁二烯。回收的丁二烯经压缩液化，再冷凝除去惰性气体后循环使用。脱除丁二烯的乳胶进入苯乙烯汽提塔（高约10m，内有十余块塔盘）上部，塔底用0.1MPa的蒸汽直接加热，塔顶压力为12.9kPa，塔顶温度50℃，苯乙烯与水蒸气由塔顶出来，经冷凝后，水和苯乙烯分开，苯乙烯循环使用。塔底得到含胶量20%左右的胶乳，苯乙烯含量<0.1%。

经减压脱出苯乙烯的塔底胶乳进入混合槽，在此与规定数量的防老剂乳液进行混合，必要时加入充油乳液，经搅拌混合均匀后，送入后处理工段。

混合好的乳胶用泵送到絮凝槽中，加入24%~26%食盐水进行破乳而形成浆状物，然后与浓度0.5%的稀硫酸混合后连续流入胶粒化槽，在剧烈搅拌下生成胶粒，溢流到转化槽以完成乳化剂转化为游离酸的过程，操作温度均为55℃左右。

从转化槽中溢流出来的胶粒和清浆液经振动筛进行过滤分离后，湿胶粒进入洗涤槽用清

156

浆液和清水洗涤,操作温度为40~60℃。洗涤后的胶粒再经真空旋转过滤器脱除一部分水分,使胶粒含水低于20%,然后进入湿粉碎机粉碎成5~50mm的胶粒,用空气输送器送到干燥箱中进行干燥。

干燥箱为双层履带式,分为若干干燥室分别控制加热温度,最高为90℃,出口处为70℃。履带为多孔的不锈钢板制成,为防止胶粒黏结,可以在进料端喷淋硅油溶液,胶粒在上层履带的终端被刮刀刮下落入第二层履带继续通过干燥室干燥,干燥至含水<0.1%。然后经称量、压块、检测金属后包装,得成品丁苯橡胶。

低温乳液聚合生产丁苯橡胶采用氧化-还原引发体系,可以在5℃或更低温度下进行,同时,链转移少,产物中低聚物和支链少,反式结构可达70%左右。低温乳液聚合所得到的丁苯橡胶又称为冷丁苯橡胶。为了防止高转化下发生的交联等副反应,一般控制转化率为60%~70%,多控制在60%左右,未反应的单体回收循环使用。反应时间控制在7~12h,反应过快会造成传热困难。

六、聚酯纤维(PET)的生产工艺

以聚酯为基础制得的纤维称为聚酯纤维,又称涤纶,是三大合成纤维(涤纶、锦纶、腈纶)之一,是最主要的合成纤维。按合成聚酯所用的中间体种类分,主要有三条聚酯合成路线即酯交换聚酯路线、对苯二甲酸用乙二醇直接酯化聚酯路线和环氧乙烷酯化聚酯路线。酯交换法连续生产PET的工艺流程见图9-7。

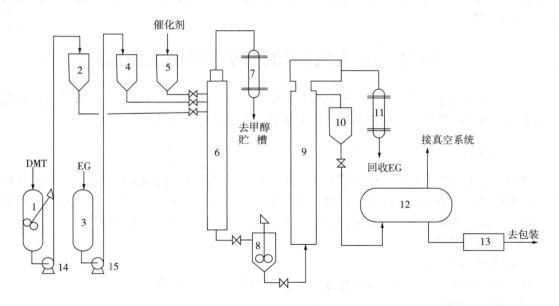

图9-7 酯交换法连续生产聚酯原则工艺流程

1—DMT熔化器;2—DMT高位槽;3—EG预热器;4—EG高位槽;5—催化剂高位槽;6—连续酯交换塔;
7—甲醇冷凝器;8—混合器;9—预缩聚塔;10—预聚物中间贮槽;11—冷凝;12—卧式连续真空缩聚釜;
13—连续纺丝、拉膜或造粒系统;14—齿轮泵;15—离心泵

酯交换法连续生产聚酯的工艺包括酯交换、预缩聚、缩聚等过程。

(1)酯交换 将原料对苯二甲酸二甲酯(DMT)连续加入熔化器中,加热到约150℃左右熔化后,用齿轮泵送入高位槽中。另将乙二醇连续加入到乙二醇预热器中预热至150~

157

160℃后，用离心泵送入高位槽中。将上述两种原料按摩尔比1.2分别用计量泵连续定量加入酯交换塔上部。分别将催化剂醋酸锌和三氧化二锑按DMT的0.02%加入量，用过量0.4mol的乙二醇配制成液体加入高位槽中，并连续定量送入连续酯交换塔上部。

连续酯交换塔是一个塔顶带有乙二醇回流的填充式精馏柱的立式泡罩塔，控制酯交换温度为190~220℃，反应所生成的甲醇蒸气通过塔内各层塔板上的泡罩齿缝上升，进入气液交换后进入冷凝器冷凝后流入甲醇贮槽中。

原料由塔顶加入后，经16个分段反应室流到最后一块塔板，完成酯交换反应，酯交换的生成物由塔底再沸器加热后流入混合器中。

（2）预缩聚　混合器中的单体经过滤器过滤后，经计量泵、单体预热器送入预缩聚塔底部。预缩聚塔由16块塔板构成，控制塔内温度在约265℃左右。单体由塔底进入后，沿各层塔析的升液管逐层上升，在上升过程中进行缩聚反应，反应所生成的乙二醇蒸气起搅拌作用，可以加快反应速率。当物料到达上一层塔板后，便得到预聚物，预聚物由塔顶物料出口流出，进入预聚物中间贮槽中。

（3）缩聚　预聚物由计量泵定量连续输送到卧式连续真空缩聚釜的入口。该釜为圆筒形的内有圆盘轮的单轴搅拌器，釜的底部有与圆盘轮交错安装的隔板隔成的多段反应室。以锌为催化剂，反应温度不超过270℃，加入稳定剂后可控制275~278℃，压力小于133.3Pa。在搅拌器的作用下，物料由缩聚釜的一端向另一端移动，在移动过程中进行缩聚反应。当物料到达另一端时，聚酯树脂的持性黏度逐渐增加到0.64~0.68。然后经过连续纺丝、拉膜或造粒得到产品。

第四节　三大合成材料的成型加工方法

高分子材料成型加工是指在一定温度下，使聚合物软化变形或熔融，经过模具或口模形成所需的形状并冷却定形，最终得到所需形状和性能制品的工艺过程。

一、塑料

塑料的主要成分是树脂，此外还有多种添加剂，用以改变塑料制品的性能，塑料的名称是根据树脂的种类确定的。例如，以聚乙烯树脂为主要成分的塑料，叫做聚乙烯塑料。添加剂的品种很多，如增塑剂、抗氧化剂、稳定剂、着色剂、润色剂、填充剂等。

（一）塑料的分类

1. 按树脂的性质分类

按合成树脂的分子结构及其特性分类，可分为热塑性塑料和热固性塑料。

（1）热塑性塑料

热塑性塑料是由可以多次反复加热而仍具有可塑性的合成树脂制得的塑料。这类塑料的合成树脂分子结构呈线型或支链型，通常互相缠绕但并不连结在一起，受热后能软化或熔融，从而进行成型加工，冷却后固化。如再加热，又可变软，可如此反复进行多次。

这类塑料有聚乙烯、聚丙烯、聚苯乙烯、聚酰胺（尼龙）、聚甲醛、聚碳酸脂等。这类塑料加工成型简便，具有较高的机械性能，但耐热性和刚性比较差。

（2）热固性塑料

热固性塑料是由加热硬化的合成树脂制得的塑料。这类塑料的合成树脂分子结构支链型呈网状，在开始受热时也为线型或支链型，因此，可以软化或熔融，但受热后这些分子逐渐结合成网状结构(称之为交联反应)，成为既不熔化又不溶解的物质，称为体型聚合物。此时，即使加热到接近分解的温度也无法软化，而且也不会溶解在溶剂中。

2. 按使用范围分类

(1)通用塑料

是应用范围广、生产量大的塑料品种之一。主要有聚氯乙烯、聚苯乙烯、聚烯烃、酚醛塑料和氨基塑料等，其产量约占塑料总产量的四分之三以上。

(2)工程塑料

能承受一定的外力作用，并有良好的机械性能和尺寸稳定性，在高、低温下仍能保持其优良工程性能(包括机械性能、耐热耐寒性能、耐蚀性和绝缘性能等)，可以作为工程结构件的塑料。主要有聚甲醛、聚酰胺、聚碳酸酯和 ABS 等四种。

(3)特种塑料

一般指具有特种功能(如耐热、自润滑等)，应用于特殊要求的塑料。常见的有聚四氟乙烯、聚三氟氯乙烯、有机硅树脂、环氧树脂等。

3. 按塑料成型方法分类

模压塑料：供模压用的树脂混合料，一般为热固性塑料。

层压塑料：指浸有树脂的纤维织物，可经叠合、热压结合而成为整体材料。

注射、挤出和吹塑塑料：一般指能在料筒温度下熔融、流动，在模具中迅速硬化的树脂混合料，一般为热塑性塑料。

浇铸塑料：在无压或稍加压力的情况下，倾注于模具中能硬化成一定形状制品的液态树脂混合料，如 MC 尼龙。

反应注射模塑料：一般指液态原材料，加压注入模腔内，使其反应固化制得成品，如聚氨酯类。

4. 按塑料半制品和制品分类

模塑粉：又称塑料粉，主要由热固性树脂(如酚醛)和填料等经充分混合、按压、粉碎而得，如酚醛塑料粉。

增强塑料：加有增强材料而某些力学性能比原树脂有较大提高的一类塑料。

泡沫塑料：整体内含有无数微孔的塑料。

薄膜：一般指厚度在 0.25mm 以下的平整而柔软的塑料制品。

(二)塑料的成型加工方法

1. 挤出成型

挤出成型又称挤塑(挤压模塑)，即借助螺杆的挤压作用，使受热融化的聚合物在压力推动下，强行通过口模而成为具有恒定截面的连续型材的一种成型方法。挤出成型生产线见图 9-8。

挤出成型的特点：生产连续化、生产效率高、应用范围广(这种加工方法在橡胶、塑料、纤维的加工中都广为采用，还可用挤出法进行混合、塑化、造粒、着色等工艺过程)、设备简单，投资少(与注射成型、压延成型相比，挤出成型设备比较简单，制造较容易，设备费用较低，安装调试较方便)。

2. 注射成型

注射成型包括塑化熔融、注射充模和冷却定型三个基本过程，是将固态聚合物材料(粒

图 9-8　挤出成型生产线

料或粉料)加热塑化成熔融状态,在高压作用下,高速注射入模具中,赋予熔体模腔的形状,经冷却(对于热塑性塑料)、加热交联(对于热固性塑料)或热压硫化(对于橡胶)而使聚合物固化,然后开模得到与模具型腔相应的制品。注塑成型机见图 9-9。

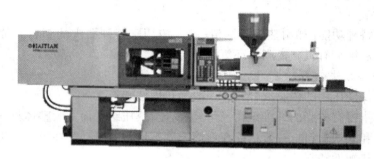

图 9-9　注塑成型机

注射成型过程包括以下几个过程:

塑化:能在规定的时间内将规定数量的物料均匀地熔融塑化,并达到流动状态;

注射:以一定的压力和速度将熔料注射到模具型腔中去;

保压:注射完毕后,有一段时间螺杆保持不动,以向模腔内补充一部分因冷却而收缩的熔料,使制品密实和防止模腔内的物料反流。

注射成型特点:一是生产周期短、适应性强、生产率高和易于自动化;二是不适合加工管、棒、板等大型制品,适合加工形状复杂、尺寸精确的制品,属间歇性生产过程。

3. 压延成型

压延成型是利用压延机辊筒之间的挤压力作用并在适当的温度条件下,使聚合物发生塑性变形,制成薄膜或片状材料的加工工艺,是加工塑料薄膜、片材如地板胶、胶布及人造革等涂层制品的主要方法。压延成型机见图 9-10。

压延成型包括两个阶段:

供料阶段:包括原料的混合、塑化和供料工艺过程。所需设备包括混合机、开炼机、密炼机和挤出机;

压延阶段:包括压延、牵引、轧花、冷却、卷取和切割工艺过程。所需设备包括压延机及上述相应辅助设备。

压延成型特点:成型速度快、生产能力大、可自动化连续生产、产品厚度尺寸精确,质量好。但设备庞大,精度要求高,辅助设备多,投资较高,维修也较复杂,而且制品宽度受限制。所以生产连续片材方面不如挤出成型发展快。

4. 压制成型

压制成型是先将粉状、粒状或纤维状塑料加入已提前预热至成型温度的模具型腔中,然后合模加压而使其成型并固化的成型方法，可适用于热固性和热塑性塑料。压制成型机见图9-11。

完整的压制成型过程是由物料准备(预压、预热)和模压两个阶段组成。

压制成型的优点：可制备较大面积的制品；缺点：生产效率低、周期长、制品尺寸精密度较差。

5. 其他成型方法

(1)中空吹塑成型

是借助于气体的压力，把在闭合模具中呈橡胶态的塑料型坯吹胀形成中空制品的二次成型技术。中空吹塑成型机见图9-12。

图9-10　压延成型机

成型方法分为：挤出型坯-挤出吹塑和注射型坯-注射吹塑。

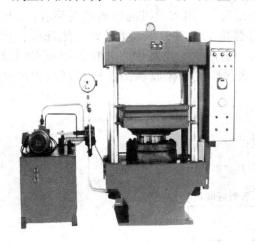

图9-11　压制成型机

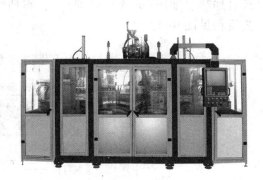

图9-12　中空吹塑成型机

挤出吹塑：用挤出机制造管状型坯，并把它置于开启的两瓣模具之间，然后闭合模具，封闭型坯的上端及底部，通入压缩空气吹胀型坯，使其紧贴模腔，经冷却后开模即可获得中空制品的加工方法。

工艺过程：挤出管坯→管坯入模→管坯吹胀→冷却定型→制品取出修饰。

注射吹塑：用注射机先在模具内注射有底的型坯，然后开模将型坯移至吹塑模内进行吹塑成型，冷却开模取出制品。

工艺过程：注射有底的型坯→移到吹塑模→吹塑成型→冷却定型→制品取出修饰。

(2)热成型

先将塑料片材裁成一定尺寸和形状，将其夹持在框架上，用加热装置将片材加热使其软化达到热弹态，然后对片材施加压力，使其覆贴于模具型面上，取得与模具型面相仿的形状，经冷却定型，从模具脱出再经修整或二次加工，即成制品。

（3）浇铸成型

浇铸来源于金属成型，又叫铸塑。是将聚合物的单体、预聚的浆状物、塑料的熔融体、高聚物的溶液、分散体等倾倒到一定形状规格的模具里，而后使其固化定型从而得到一定形状的制品的一种方法。铸塑技术包括静态铸塑、离心浇铸、流延铸塑、搪塑、嵌铸、滚塑和旋转成型等。

工艺过程：原料→浇铸液的配制→过滤和脱泡→浇铸→硬化→脱模→后处理→制品。

二、橡胶

（一）橡胶的分类

按照原料的来源，橡胶可分为天然橡胶和合成橡胶两大类。合成橡胶主要有七大品种：丁苯橡胶、顺丁橡胶、氯丁橡胶、异戊橡胶、丁基橡胶、乙丙橡胶和丁腈橡胶。习惯上按用途将合成橡胶分成两类：性能和天然橡胶接近、可以代替天然橡胶的通用橡胶和具有特殊性能的特种橡胶。

（二）橡胶加工工艺

人工合成用以制胶的高分子聚合物称为生胶（天然胶、合成胶、再生胶）。橡胶加工就是将胶和各种配合剂（硫化剂、防老化剂、填充剂），用炼胶机混炼而成混炼胶（又称胶料），再根据需要加入能保持制品形状和提高其强度的各种骨架材料（如天然纤维、化学纤维、玻璃纤维、钢丝等），经混合均匀后放入一定形状的模具中，并在通用或专用设备上经过加热、加压（即硫化处理），获得所需形状和性能的橡胶制品。橡胶制品生产基本工艺流程见图9-13。

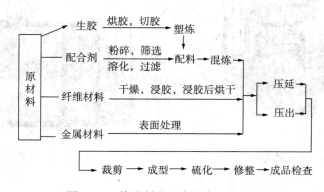

图9-13 橡胶制品生产基本工艺流程

1. 塑炼

使生胶由弹性状态转变为可塑状态的工艺过程。它分机械塑炼法和化学塑炼法。经塑炼后可获得适宜的可塑性和流动性，有利于后工序的进行，如混炼时配合剂易于均匀分散，压延时胶料易于渗入纤维织物等。

2. 混炼

将各种配合剂混入生胶中制成均匀的混炼胶的过程，它分为间歇与连续混炼法。采用开放式炼胶机混炼和用密闭式炼胶机混炼，都属于间歇混炼方法。而近年来发展的用螺杆传递式连续混炼机混炼，则属于连续混炼法。

3. 压延和压出

压延是使物料受到延展的工艺过程，主要用于胶料的压片、压型、贴胶、擦胶和贴合等作业。

压出是胶料在压出机机筒和螺杆间的挤压作用下，连续通过一定形状的口型，制成各种复杂断面形状半成品的工艺过程。可以制造轮胎胎面胶、内胎胎管、纯胶管等。

4. 成型

把构成制品的各部件通过黏贴、压合等方法组合成具有一定型状的整体过程。

5. 硫化

硫化是胶料在一定条件下，橡胶大分子由线型结构转变为网状结构的交联过程，其目的是改善胶粒的物理机械性能和其他性能。

三、纤维

纤维是指长度比其直径大很多倍而又具有一定强度的线条或丝状的高分子材料。纤维有两大特点：一是细到人们不能用肉眼直接观测，直径一般在几微米至几十微米之间或更细；二是其长径比在几十、几百至几万甚至理论上能达到无穷大。

(一)纤维的分类

纤维根据其来源可分为天然纤维和化学纤维，化学纤维又分为人造纤维和合成纤维。

人造纤维是用纸浆或棉绒(残留在棉籽上的短纤维)作为原料，用烧碱和二硫化碳处理，再经纺丝得到的。干燥时的强度超过羊毛，为棉花或蚕丝的1/2以上。如黏胶纤维、醋酸纤维、铜氨纤维等。

合成纤维是以石油、天然气、煤和石灰石等为原料，经过提炼和化学反应合成高分子化合物，再经过熔融或溶解后纺丝制得的纤维。如涤纶、锦纶等。具有强度高、密度小、弹性好、耐磨、耐酸碱性好、不霉烂、不怕虫蛀等特点。除用作衣料等生活用品外，还用于汽车、飞机轮胎帘子线、渔网、索桥、船缆、降落伞及绝缘布等。无机纤维是以天然无机物或含碳高聚物纤维为原料，经人工抽丝或直接炭化制成。包括玻璃纤维、金属纤维和碳纤维。

(二)纤维加工过程

合成纤维的制备包括纺丝和后加工两道工序。

纤维纺丝的过程首先要把高聚物做成黏稠的液体，俗称纺丝液，然后将它们从喷丝头均匀地压出来。喷丝头的原理同洗澡用的莲蓬头相似，上面有几十个到数万个很微小的孔，孔径在0.04~1mm之间。从喷丝孔压出的黏液细流在空气或其他液体中凝固成细丝，随后绕在专门的筒子上，即完成了纺丝过程。细丝的缠绕收卷方式同生产的品种有关，如果生产的是长丝，则需将每根纤维分别卷绕，如果生产的是短丝，则可将喷丝头纺出的丝集成一束收卷。

直接纺丝得到的纤维没有足够的强度，手感很粗硬，甚至很脆，不能用来制备织物，必须经过一系列的后处理加工，才能得到结构稳定、性能优良的纤维。此外，合成纤维与天然纤维的混纺过程也是在后处理工序中完成的。纺丝过程流程见图9-14。

1. 纤维纺丝方法

①熔融纺丝法　将高聚物加热熔融制成熔体，通过纺丝泵打入喷丝头，并由喷丝头喷成细流，再经冷凝而成纤维。图9-15为熔融纺丝示意图。此法生产过程比较简单，但其首要条件是该高聚物在熔融温度下不会分解，并具有足够的稳定性。在合成纤维的生产中广泛应用。如聚乙烯、聚丙烯、涤纶或尼龙等都是用熔融的方法来纺丝的。

②溶液纺丝法　溶液纺丝又分为湿法纺丝和干法纺丝。

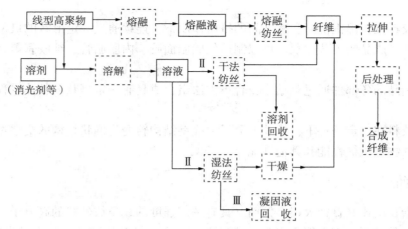

图 9-14　合成纤维的纺丝过程流程图

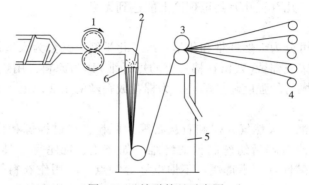

图 9-15　熔融纺丝示意图
1—齿轮泵　2—过滤填料　3—导丝辊　4—卷绕辊　5—骤冷浴　6—喷丝板

　　湿法纺丝　先配成纺丝溶液，用纺丝泵加料，通过过滤器，通入浸在凝固池中的喷丝头，喷出液体细流，这时细流中的溶剂向凝固池扩散，与此同时凝固剂则向细流渗透，这样纺丝细流同凝固池的组分之间产生双扩散过程，使聚合物的溶解度发生变化，聚合物从纺丝溶液中分离出来而形成纤维。腈纶宜采用湿法纺丝。

　　干法纺丝　首先将聚合物配成纺丝溶液，用纺丝泵喂料，经由喷丝头喷出液体细流，进入热空气套筒使细流中的溶剂遇热蒸发，蒸气被热空气带走，而高聚物则随之凝固成纤维。维纶和氯纶可采用干法纺丝。

　　2. 纺丝后加工

　　通过纺丝方法得到的纤维，分子排列不规整，纤维的结晶度低，取向度低，物理力学性能差，不能直接供纺织用，必须进行一系列的后加工，以提高性能，成为可用的产品。丝的品种、用途不同，后加工的工序也不同。

　　短纤(其长度与棉、毛相当)的后加工包括：集束→拉伸→热定形→卷曲→切断→干燥→打包等步骤。

　　长丝的后加工包括：初捻→拉伸、加捻→后加捻→热定形→络丝等步骤。

　　拉伸的目的是使高分子链沿纤维轴向排列，以增加分子链间作用力，从而提高纤维的强度。拉伸可以引发结晶，使结晶度增加，降低延伸度。热定形的目的是消除纤维的内应力，提高纤维的尺寸稳定性，并进一步改善其物理力学性能，使拉伸和卷曲的效果固定下来。

164

参 考 文 献

1　曹湘洪．中国石化工业现状和未来发展展望[J]．当代石油石化，2004，12(6)：1~4，15

2　洪定一主编．炼油与石化工业技术进展[C]．北京：中国石化出版社，2011

3　王基铭．低碳经济下中国炼油工业面临的挑战[J]．石油和化工节能，2011(4)：42~46

4　张德义．近年来世界炼油工业发展动态及未来趋势——炼油工业与原油资源述评之二[J]．当代石油石化，2005，13(8)：5~11

5　曹湘洪．我国炼油石化产业应对石油短缺时代的科技对策思考[J]．石油炼制与化工，2006，37(6)：1~8

6　王子康．石油化学工业炼油化工一体化技术的进展[J]．中外能源，2008，13(1)：64~69

7　韩飞．国内外炼油生产概况和炼油技术进展[J]．甘肃石油和化工，2007，(01)：12~17

8　钱伯章．2009年世界炼油工业述评[J]．润滑油与燃料，2010，20(2/3)：43~48

9　钱伯章．中国炼油工业的过去、现在与未来分析[J]．润滑油与燃料，2011，(1/2)．28~31

10　曹志涛．我国炼油工业技术现状及发展趋势[J]．炼油与化工，2010，(02)：1~3

11　朱和，金云．我国炼油工业发展现状与趋势分析[J]．国际石油经济，2010，(05)：5~12

12　徐海丰．世界炼油行业发展状况与趋势[J]．国际石油经济，2009，(05)：5~12

13　毛加祥．中国炼油工业发展现状及展望[J]．当代石油石化，2007，15(10)：7~10

14　侯芙生．中国炼油工业技术发展途径展望[J]．当代石油石化，2005，13(3)：7~10

15　曹志涛，王静江，石洪波．我国炼油工业面临的挑战及对应策略[J]．化学工业与工程技术，2008，29(4)：23~26

16　刘海燕，于建宁，鲍晓军．世界石油炼制技术现状及未来发展趋势[J]．过程工程学报，2007，7(1)：177~185

17　钱伯章，朱建芳．中国炼油工业现状与发展趋势[J]．天然气与石油，2009，7(2)：30~33

18　侯芙生．优化炼油工艺过程发展中国炼油工业[J]．石油学报(石油加工)，2005，21(6)：7~168

19　李鹏，贺振富，腾加伟．ARTC第九届炼油与石化年会技术综述[J]．石油炼制与化工，2006，37(10)：1~3

20　姚国欣．与时俱进　加快发展　我国石化支柱产业建设进入新阶段[J]．石化技术与应用，2002，20(3)：145~148

21　吴德荣，何琨．石油化工的发展趋势[J]．现代化工，2004，24(5)：4~8

22　杨得红．浅谈天然气化工的发展[J]．内蒙古石油化工，2008，(1)：88~89

23　沈本贤主编．石油炼制工艺学[M]．北京：中国石化出版社，2009

24　程丽华，吴金林．石油产品基础知识[M]．北京：中国石化出版社，2006

25　邬国英，李为民，单玉华．石油化工概论[M]．北京：中国石化出版社，2006

26　欧风编著．石油产品应用技术[M]．北京：石油工业出版社，1983

27　黄文轩．润滑油与燃料添加剂手册[M]．北京：中国石化出版社，1994

28　张志翔，张宝军．碳一化工技术路线简述[J]．化工中间体，2008，(11)54~57

29　吴莉莉，顾海成．常减压装置高酸原油的腐蚀和防治[J]．江苏化工，2007，35(3)：55~57

30　叶国祥，宗松，吕效平，等．超声波强化原油脱盐脱水的实验研究[J]．石油学报：石油加工，2007，23(3)：47~51

31　陈俊武．催化裂化工艺的前景展望[J]．石油学报，2004，20(5)：1~5

32　潘元青．国内外催化裂化催化剂技术新进展[J]．润滑油与燃料，2007，(02)：25~35

33　侯波，曹志涛．催化裂化工艺及催化剂的技术进展[J]．化学工业与工程技术，2009，(06)：39~44

34　马爱增．芳烃型和汽油型连续重整技术选择[J]．石油炼制与化工，2007，38(1)：1~6

35　马爱增，师峰，李彬，等．洛阳分公司连续重整装置改造工艺及催化剂方案研究[J]．石油炼制与化工，2008，39(3)：1~5

36　王广胜，高玉生．连续重整催化剂技术进展[J]．化学工业，2010，2(6)：43~46

37　胡德铭．国外催化重整工艺技术的进展(1)[J]．炼油技术与工程，2008，38(11)：1~5

38　徐承恩．催化重整工艺与工程[M]．北京：中国石化出版社，2006

39　方向晨．国内外渣油加氢处理技术发展现状及分析[J]．化工进展，2011，30(1)：95~104

40　孙丽丽．高硫劣质原油加工与渣油加氢技术的适用性[J]．当代石油石化，2005，13(9)：34~37

41　方向晨．加氢精制[M]．北京：中国石化出版社，2006

42　程之光．重油加工技术[M]．北京：中国石化出版社，1994

43　张德义．含硫原油加工技术[M]．北京：中国石化出版社，2003

44　夏恩冬，吕倩，王刚，等．国内外渣油加氢技术现状与展望[J]．精细石油化工进展，2008，8(9)：42~46

45　袁晴棠．解决乙烯原料制约　加快乙烯工业发展[J]．当代石油石化，2004，(09)：1~5

46　王基铭．乙烯原料优化问题的探讨[J]．石油化工，1999，(05)：333~337

47　李涛．乙烯生产原料的发展状况分析[J]．石油化工技术经济，2005，(05)：12~17

48　瞿国华．乙烯蒸汽裂解原料优化[J]．乙烯工业，2003，15(4)：48~53

49　宗泽成．乙烯原料优化与经济效益[J]．石油化工技术经济，2000，16(5)：14~19

50　钱伯章．LG石化公司开发石脑油催化裂解新工艺[J]．石化技术与应用，2002，20(6)：402

51　王松汉主编．乙烯装置技术[M]．北京：中国石化出版社，1994

52　李作政主编．乙烯生产与管理[M]．北京：中国石化出版社，1992

53　邹仁鉴主编．石油化工裂解原理与技术[M]．北京：化学工业出版社，1998

54　王德华，王建伟，郁灼，等．碳八芳烃异构体分离技术评述[J]．化工进展，2007，26(3)：315~319

55　丛敬．几种芳烃抽提工艺的比较[J]．当代化工，2009，38(5)：467~471

56　李燕秋，白尔铮，段启伟．芳烃生产技术的新进展[J]．石油化工，2005，34(4)：309

57　米多．芳烃抽提技术进展[J]．化学工业，2009，27(8)：34~37，45

58　陈庆龄，孔德金，杨卫胜．对二甲苯增产技术发展趋向[J]．石油化工，2004，33(10)：909~915

59　朱良．混合二甲苯生产技术现状及发展趋势[J]．河南化工，2010，27(5)：77~78

60　韩冬生主编．高分子科学与材料基础[M]．北京：学苑出版社，1996

61　张留成主编．高分子材料导论[M]．北京：化学工业出版社，1993

62　赵德仁，张慰盛主编．高聚物合成工艺学[M]．北京：化学工业出版社，1996

63　侯文顺主编．高聚物生产技术[M]．北京：化学工业出版社，2003

64　凌绳，王秀芬，吴友平编著．聚合物材料[M]．北京：中国轻工业出版社，2000

65　赵素合主编．聚合物加工工程[M]．北京：中国轻工业出版社，2001

66　谈桂春，吕召胜，赵志鸿．2010年我国工程塑料加工技术进展[J]．工程塑料应用，2011，39(5)：96~102

67　邓彦波．苯乙烯类热塑性弹性体技术进展[J]．甘肃石油和化工，2007，(03)：1~7

68　郑植艺．中国化纤工业的现状及未来主要发展趋势(上)[J]．中国棉麻流通经济，2008，(04)：7~9

69　胡志鹏．我国化纤行业发展综述[J]．中国石油和化工经济分析，2006，(22)：18~21

70　蒋士成，吴剑南．中国化纤工业现状和可持续发展对策[J]．当代石油石化，2006，(07)：1~6

71　金立国，倪如青．化纤工业现状及技术进步[J]．合成纤维，2005，(04)：1~7

72　钱伯章．丁基橡胶的国内外市场分析(下)[J]．上海化工，2010，(02)：32~36

73　钱伯章．丁基橡胶的国内外市场分析(上)[J]．上海化工，2010，(01)：34~37

74　张海，赵素合．橡胶及塑料加工工艺[M]．北京：化学工业出版社，1997